U0151451

语言数字人文系列

语言数字人文与R语言实践

施雅倩 雷 蕾◎著

上海交通大学出版社
SHANGHAI JIAO TONG UNIVERSITY PRESS

内容提要

　　本书以实践为导向,详细介绍了如何利用 R 语言进行语言数字人文数据处理,讲解深入浅出,步骤清晰,易于理解和实践操作学习。本书收录了三个具体的案例,向读者介绍了 R 语言在文献计量学、心理学和传播学领域的实际应用,有助于研究者扩大研究边界,产出语言数字人文新知,提升研究质量。本书适合语言数字人文相关领域研究者使用。

图书在版编目(CIP)数据

　　语言数字人文与 R 语言实践/施雅倩,雷蕾著. ——
上海:上海交通大学出版社,2023.8(2024.3 重印)
　　ISBN 978 - 7 - 313 - 29044 - 1

　　Ⅰ.①语… Ⅱ.①施…②雷… Ⅲ.①程序语言一程序设计 Ⅳ.①TP312

　　中国国家版本馆 CIP 数据核字(2023)第 125137 号

语言数字人文与 R 语言实践
YUYAN SHUZI RENWEN YU R YUYAN SHIJIAN

著　　者:施雅倩　雷　蕾
出版发行:上海交通大学出版社　　　　　地　　址:上海市番禺路 951 号
邮政编码:200030　　　　　　　　　　　电　　话:021 - 64071208
印　　制:上海新艺印刷有限公司　　　　经　　销:全国新华书店
开　　本:710mm×1000mm　1/16　　　印　　张:21.5
字　　数:325 千字
版　　次:2023 年 8 月第 1 版　　　　　　印　　次:2024 年 3 月第 2 次印刷
书　　号:ISBN 978 - 7 - 313 - 29044 - 1
定　　价:86.00 元

总 序 ▶▶▶

　　数字人文是将数字技术运用于传统人文学科研究与教学的新兴交叉研究领域。20世纪50年代,意大利耶稣会牧师罗伯托·布萨神父在工程师的帮助下将一千余万词拉丁语著作做索引标注,此项标注工作被普遍看作数字人文的发端。20世纪六七十年代,研究者们接受了具有跨学科属性的实证社会科学,这也标志着注重思辨的传统人文研究与注重实证的硬科学开始结合。20世纪后半叶则见证了数字人文研究的飞速发展,数字人文领域的两本期刊《计算机与人文》(*Computers and the Humanities*)和《文学与语言计算》(*Literary and Linguistic Computing*)相继创刊,标志着"人文"研究离不开数字"计算"已成为业界共识,"人文计算"或数字人文研究渐成燎原之势。21世纪以来,数字人文进入2.0阶段,研究者开始突破传统学科界限,"生产、管理和交互'天生数字化'的知识"。近年来,国内的数字人文研究也方兴未艾。2019年被称作国内"数字人文元年",首份专业期刊《数字人文》创刊,学术会议交流等活动在各地举行,多所大学成立数字人文研究中心、开设数字人文课程,数字人文在国内俨然呈现井喷发展态势。

　　语言学研究者,特别是计算语言学、语料库语言学等领域的研究者,似乎与数字人文研究有着天然的亲近感,他们积极参与数字人文研究。究其原因,计算语言学或语料库语言学研究与数字人文研究都基于问题和数据驱动,大多数数字人文研究也与语言或文本分析与处理紧密相关,因此很多数字人文学者已然将语言学相关研究视作数字人文研究的有机组成部分。

　　在此大背景下,语言数字人文应运而生。语言数字人文是采用数字技术与方法以提出或解决语言学及其相关问题的研究领域。针对上述定义,我们至少可以明确三点。①语言数字人文研究聚焦于语言学及其相关问题研究,即传统语言学问题的研究和语言相关的其他学科问题研究;②语言数字人文研究须采用数字技术与方法来进行研究;③语言数字人文研究不但采用数字技术与方法来解决已有问题,更是通过数字技术与方法,突破语言学的学科藩篱或界限,发现或提出新的问题。

　　语言数字人文丛书旨在推动国内语言数字人文的蓬勃发展,并助力数字人文领域相关研究。丛书首批将出版语言数字人文理论建设、语言数字人文方法论等基础论著,后续将陆续出版语言数字人文与文学、新闻传播学、心理学、计算机科学、信息科学、图书馆科学等交叉应用研究相关论著。我们相信,语言数字人文作为数字人文的分支研究方向,在研究内容、研究方法、知识创新等诸多方面具有新文科属性和特征,语言数字人文及本丛书完全有理由助力新文科建设与发展。

　　是为总序。

雷蕾

2022 年 6 月 26 日

前 言 ▶▶▶

　　随着计算机、信息网络等数字技术的发展和普及,语言知识的获取和存储方式发生了天翻地覆的变化。图书、报纸、杂志等语言人文知识都采用数字化方式存储和获取,人类社会逐渐进入数字化和大数据时代。语言研究者的主要研究对象之一是语言,具有长期观察、处理、研究语言的经历和经验,对语言数据拥有天然的亲近感,自然具有掌握数字技术以处理语言大数据的原动力。

　　早期语言学研究者常常在"花园"中观察语言,通过内省或者直觉来探究语言学及其相关问题。这种方式确实有助于我们了解语言这个系统,但是这些研究的发现往往只适用于某种特定情景,换一种情景或者面对真实的语言应用场景时可能就不适用了。造成该结果的其中一个原因可能是语言学研究者在"花园"中观察"精心挑选"过的语言材料难以揭示语言的本质和规律。事实上,语言规律来源于真实的语言使用,因此,语言研究亟需融入更多的数据。数字时代的来临正好提供了从"花园"走向人类语言"灌木丛"的契机。然而,传统语言学研究者习惯了在"花园"中漫步,突然走进人类语言"灌木丛",面临海量真实的文本数据,难免会不知所措。最大的挑战可能是如何研究这片"灌木丛"。语言学研究者不能再用"花园"中研究语言的那套方法来研究"灌木丛",花费大量的时间和精力进行材料的整理和细读,然后依靠反思或者直觉总结语言规律。

　　数字人文,特别是语言数字人文的出现为语言学研究者提供了新的研究范式。语言数字人文指的是将计算机技术和数字技术应用于传统语言学研究领域,从而提出或者解决语言学以及相关学科问题的交叉学科领域。语言数字人文的出现深刻影响了语言学及其相关学科(比如心理学、社会学、传播学、文学、翻译等)的研究模式,为语言学等人文社科研究者提供了新的研究思路和方法。一批学者开始利用电脑技术和数字技术分析大规模真实语言和文本数据,从而探究人类语言的本质和规律。

在语言数字人文研究中,数字技术是关键。然而,传统人文学者大部分是纯文科背景出身,缺乏编程和数理基础。因此,技术问题可能是他们在语言数字人文研究中面临的最大挑战。文科出身的人文学者能否克服技术问题呢?他们应该如何跨越数字技术这道鸿沟? 第一个问题的答案显然是肯定的。从我们自身以及研究团队其他成员的学习背景和历程来看,文科生同样可以掌握数字技术,进行数据驱动的语言研究。对于第二个问题,人文学者们虽然可以使用各种现成的本地或者在线工具进行文本分析,但是这些传统工具功能有限且固定,往往无法满足研究者的个性化研究需求,一定程度上限制了语言数字人文研究的创新和发展。因此,研究者们有必要掌握一定的编程知识,让计算机来做那些重复繁杂的任务。同时,研究者们通过编程可以实现个性化的、更为复杂的语言数字人文数据处理和分析,从而生产出语言数字人文新知识。

在众多编程语言中,R 语言是人文学者可以首选学习的编程语言之一。一方面,R 语言具有强大、灵活的交互式数据分析功能,能够一站式完成数据导入、数据准备、数据分析、数据可视化、数据输出等数据处理工作;另一方面,R 语言语法简单、友好、易掌握,很适合没有编程和数理基础的人文研究者学习和使用。

为了更好地帮助人文学者学习编程知识,本书以语言数字人文研究实践为导向,向读者介绍如何利用 R 语言进行语言数字人文数据处理。首先,本书介绍语言数字人文的概念和 R 语言在语言数字人文数据处理中的应用。然后,本书详细介绍 R 语言的基本语法、数据结构和常用功能,比如数值、字符串、向量、矩阵、数据框、列表以及条件与循环。之后,本书介绍了 R 语言中数据处理的基本操作,包括数据导入、数据筛选、数据清理、数据转换、数据分析以及数据可视化。接着,本书详细介绍语言数字人文文本处理的基本操作,包括 txt 文本文件和 xml 文件的读取和处理以及文本的分词、词形还原、词性标注等预处理操作。最后,我们以三个具体的案例为导向,向读者介绍 R 语言在文献计量学、心理学、传播学等语言学及其相关学科领域中的实际应用。相信各位读者在阅读和学习本书内容后,能够了解 R 语言的基本编程知识,掌握 R 语言中语言数字人文数据处理的基本技能,并在此基础上不断扩大研究边界,提升研究实力和研究质量。

　　本书抛砖引玉,期望能给对语言数字人文研究感兴趣的读者一些启发。我们也期待更多语言学研究者加入语言数字人文研究,期待与读者诸君共同进步。最后,本书是我们对近期研究,特别是利用 R 语言处理数据的探索和总结,不足之处,请读者不吝批评指正。

目 录 ▶▶▶

第1章 语言数字人文与R语言

本章首先介绍数字人文,然后介绍语言数字人文的诞生、发展以及相关应用研究。最后,本章解释了学习和使用R语言进行语言数字人文数据处理的原因。

1.1 数 字 人 文

数字人文(Digital Humanities),早期又被称为人文计算(Humanities Computing, or Computing in the Humanities),指的是将现代计算机网络和数字技术应用于传统人文学科研究与教学的新型跨学科研究领域(Hockey, 2004; Terras et al., 2013)。数字人文的诞生是实际研究需求的产物,也是时代发展的必然结果。随着计算机和信息网络技术的发展,人文知识的获取和存储方式发生了天翻地覆的变化。图书、报纸、杂志、音乐、照片、视频等人文信息都采用数字化方式存储和获取,人类社会因此逐渐进入数字化和大数据时代(王晓光,2009)。面对海量的信息和数据,人文学者们产生了新的研究方向和需求,试图通过大规模数据深入探究人类语言的本质和规律。同时,信息和知识存储方式的革新以及技术的发展也对传统人文学科的科研模式和学术手段造成了巨大冲击,引发了研究模式的变革。研究模式逐渐从原先基于经验和直觉的质性分析方式向基于大规模数据定量分析的方式转变。人文学者开始借鉴和接受实证科学中的数字技术和方法(Thaller, 2012),开启了传统人文科学的数字时代。在此背景下,新兴交叉研究领域——数字人文应运而生

(Berry, 2012)。

数字人文最早可以追溯到 20 世纪中叶,意大利耶稣会牧师罗伯托·布萨利用计算机辅助技术对一千余万词的拉丁语神学著作进行了索引标注(Hockey, 2004),从此开启了数字人文新篇章(Sula & Hill, 2019; Terras et al., 2013; Wang et al., 2020)。之后,其他研究者进一步拓展了数字人文研究的范围,开始深入挖掘文本特征。例如,Mosteller 和 Wallace(1964)通过分析同义词对(如"big"与"large")、虚词(如"upon"和"while")等文本特征对《联邦党人文集》的作者身份进行识别研究。再如,在 1981 年《红楼梦》国际研讨会上,陈炳藻从字、词的使用频率出发,探究了《红楼梦》前 80 回和后 40回的作者身份(陈大康,1987)。之后的 40 年里,在传统人文学者以及计算机技术和数字技术专家学者的共同努力下,数字人文迅速发展。到了 20 世纪 90年代,数字人文更是逐渐成为一门独立的交叉学科。

进入 21 世纪之后,数字人文继续蓬勃发展,主要可以分为两个阶段(Schnapp et al., 2010)。第一阶段大约是从 20 世纪 90 年代末至 21 世纪初,是数字人文 1.0 时代。在该阶段,研究者们主要围绕数据建设和工具开发展开研究,比如,构建大规模文本及多模态数据库或者开发现成的文本分析工具以辅助特定学科的研究。该阶段的数字人文缺乏理论基础和学科建设,属于一门从属地位的学科,主要服务于已有学科内部的文本分析。2000 年代中期以后,数字人文开始进入 2.0 阶段。在该阶段,数字人文开启了全新时代(Hayles, 2012),各类人文学科在数字人文这顶"大帐篷"下碰撞出思想的火花,产生新知。一方面,数字人文技术开始融入传统人文研究,给它们带来了新的研究方法和范式,慢慢成为人文学科研究必不可少的一部分。另一方面,研究者们开始进行理论探索,致力于构建数字人文的学科体系和理论框架(Hayles, 2012)。因此,该阶段也是数字人文发展的关键期,决定了未来数字人文的定位以及发展趋势。

在中国,数字人文的兴起和发展起于近二十年间。例如,2000 年,北京大学中文系利用计算机索引技术开发了《全唐诗》电子检索系统。再如,2001年,复旦大学历史地理研究中心开始利用数字技术建立中国人口地理信息系统。2009 年,武汉大学的王晓光教授发表了《"数字人文"的产生、发展与前沿》一文(王晓光,2009),该文吸引了大批学者的关注,推动了中国数字人文的发展。在这之后,有关数字人文的学术研讨交流、期刊创建、理论构建等活动逐渐涌现。例如,2014 年,"数字人文与语义技术"专题研讨会在上海举行;2016 年,北京大学举办了首届"数字人文论坛"。再如,2019 年,首份专业期刊《数字人文》成功创立。该年被认为是中国的"数字人文元年"(王贺,2020),将数字人文的发展推向了一个高潮。另外,还有一批中国研究者开始积极构建数字人文相关学科的理论框架(雷蕾,2023;秦洪武,2021;王丽华、王军,2021a,2021b),比如数字人文话语研究理论与方法探究(秦洪武,2021)和语言数字人文框架构建(雷蕾,2023)。

　　综合来看,数字人文是时代发展的必然产物,也是传统人文学者为了探究复杂的人文学科问题而积极求变的结果。他们积极借鉴自然科学的研究技术和方法,将其融入传统人文学科研究中,突破了自然科学和人文科学的边界和壁垒,形成了新的研究范式,从而促进了传统人文学科的转型以及新文科的诞生。总之,数字人文是自然科学和人文社会科学相互交融的产物,为传统人文学科研究带来了新范式、新技术和新的解决思路。

1.2　语言数字人文

　　数字人文的出现和兴起加速了自然科学和人文社科的相互交融,深刻影响了传统人文学科领域的研究范式,进而产生了一批新的交叉学科,比如语言数字人文、数字考古学、数字图书馆等等。目前,对于我们语言学研究者来说,语言数字人文是跟我们关系最密切的交叉学科,也是未来语言研究的方向之一。因此,本节将重点介绍语言数字人文,包括其诞生、发展以及应用研究。

1.2.1　语言数字人文的诞生与发展

　　语言数字人文(Digital Humanities in Linguistics)指的是将计算机技术和数字技术应用于传统语言学研究领域,从而提出或者解决语言学以及相关学科问题的交叉学科领域(雷蕾,2023)。语言数字人文的兴起主要有两方面的原因。一方面,语言数字人文的出现是数字人文发展大背景下的必然趋势。数字人文博采众长,融合了理工科和文科的优势,因此成为多个人文社会学科领域的研究热点,其中自然包括语言学。语言学和数字人文有着亲密的联系。早期的数字人文或者人文计算就发端于文学和语言学(秦洪武,2021;王晓光,2009)。另外,计算语言学、语料库语言学、计量语言学等研究方向和数字人文有着许多共同之处。例如,从方法论上来看,它们都提倡问题驱动和数据驱动,即利用现代先进技术方法分析大规模文本数据,从而提出或者回答研究问题。事实上,语料库语言学就是受到了数字人文的启发而诞生的(Jensen,2014)。自从 20 世纪 60 年代引入计算机技术以来,语料库语言学就与数字技术紧密交织在一起。语料库语言学利用数字化文本数据和索引、统计等计算分析方法回答语言学相关问题,在方法上与数字人文存在很强的一致性。也就是说,语言学和数字人文有着天然的亲近性。因此,语言学研究者应该积极参与数字人文研究,利用数字技术更好地回答语言学相关问题。

另外一方面,语言数字人文也是传统语言学研究者不满足于传统研究方法的局限、探求新研究范式的必然结果。早期语言学研究者常常通过内省或者案例分析来探究语言学及其相关学科问题。这种方式确实有助于我们了解语言这个系统,但是得出的结论往往只适用特定情景,在其他情景或者真实的语言应用场景中似乎就不适用了。造成该结果的其中一个原因可能是语言学研究者观察的是"花园"中的或者是"精心挑选"过的语言材料,难以真正揭示语言的本质和规律。事实上,语言规律来源于真实的语言使用,语言研究因此需要融入更多的数据(许余龙、刘海涛、刘正光,2020)。随着数字时代的到来,语言学研究者越来越意识到他们应该走出"花园",走进人类语言"灌木丛"(Bresnan,2016;刘海涛,2022)。语言数字人文正好给语言学研究者提供了新的研究范式(雷蕾,2023),让他们能够利用电脑技术和数字技术大规模分析真实语言和文本数据,从而揭示人类语言的本质和规律(刘海涛,2021)。

综上所述,语言学和数字人文紧密相关、相辅相成,语言学是数字人文的发端,而数字人文反过来为语言学提供了新的研究范式。然而,语言学和数字人文虽然关系紧密,但是语言数字人文这个概念近几年才被明确提出,并且尚未形成成熟的理论体系,还没有成为一门独立的学科。目前,有学者正在尝试构建语言数字人文的理论与方法,努力将其发展成为一门独立的学科。例如,雷蕾(2023)在综合前人关于数字人文学科建设和理论框架构建的基础上提出了语言数字人文的理论框架。该框架大致可以分为三大部分:一是理论探索,二是应用研究,三是基础建设。其中,理论探索包括学科建设、社区构建/研究合作、语言学相关理论探索和其他领域相关理论探索。应用研究主要包括研究对象和数字技术两个方面。基础建设包括数据资源建设、研究平台和工具开发。

　　本书将以应用和实践为导向,向读者介绍如何利用 R 语言进行语言数字人文的数据处理。因此,下一小节会着重介绍语言数字人文的应用研究。

1.2.2　语言数字人文的应用研究

　　语言数字人文的应用研究主要包括研究对象和数字技术两个方面。因此,本小节首先介绍语言数字人文的研究对象,然后介绍语言数字人文研究中采用的数字技术。

1.2.2.1　语言数字人文研究对象

　　语言数字人文的研究对象主要包括语言学相关研究和基于语言风格/特征的其他领域研究。语言学相关研究指的是探究传统的语言学问题,比如语言本体、二语习得与教学、语言测试、词典编纂等。例如,Shi 和 Lei(2020)利用词向量技术追踪了 150 年来六个"同志"标签词(即"homosexual""lesbian""gay""bisexual""transgender"和"queer")的语义演变情况,并探究该演变与社会文化变迁之间的关系。该研究展示了如何将新技术和传统语言学进行融合,为今后的语义变化研究提供了新方法和新思路。再如,Lu(2010)、Kyle &Crossley(2015)和 Kyle(2016)开发了词汇复杂度和句法复杂度分析器,助力于文本的语言复杂度研究,为二语习得以及语言测试开辟了新的研究路径。又如,Lei 和 Liu(2018)从依存句法角度出发,对七千多篇学术文本和教材进行分析,从中提取出了常见的搭配结构,比如动词—名词搭配、形容词—名词搭配、副词—形容词搭配等,从而编撰了一份学术英语搭配词表。该研究是学术英语研究和新兴句法分析方法相融合的典型案例。

基于语言风格/特征的其他领域研究指的是通过分析文本的风格/特征来解决其他学科领域的问题,比如文学、翻译、信息科学、文献计量学、社会学、心理学、传播学等(如 Liu, Liu, & Lei, 2022; Savoy, 2020; Shi & Lei, 2021; Tankut, Esen, & Balaban, 2022; Zhu, Lei, & Craig, 2021)。例如,Savoy (2020)、Pascucci et al. (2019)等学者将文本风格计量分析与机器学习算法等计算机技术相结合,为作者身份识别、文本风格研究以及文本分类提供了新视角。又如,Tankut、Esen 和 Balaban(2022)利用主题建模技术提取了新冠肺炎前后土耳其网民在推特上发文的主题变化,从而探究新冠肺炎对人们心理状态的影响。再如,Lei 和 Liu(2018)利用情感分析、主题建模等技术分析了特朗普和希拉里的总统竞选演讲文本在情感和主题上的特征,展示了如何通过数字技术探究文本特征来解决传播学相关的学科问题。另外,还有学者将文本计量风格分析方法和翻译文本相结合,探究不同译本在语言风格上的特征,为译者风格研究开辟了新路径(Covington et al., 2015)。

总之,语言数字人文是数字人文下面的一顶"小帐篷",里面涵盖语言学以及相关学科领域。需要注意的是,语言数字人文研究是研究人员利用数字技术进行文本数据处理和分析,最终需要聚焦于语言学以及具体学科问题的研究。

1.2.2.2 语言数字人文研究技术

语言数字人文研究主要是利用数字技术进行文本数据分析和处理,那么这些数字技术包含哪些呢?具体而言,语言数字人文研究中的数字技术主要包括统计知识(比如参数检验和非参数检验)、文本分析(比如关键词/搭配 N 元、语言复杂度、情感分析、话题建模)、自然语言处理(比如分词/词性标注/词形还原、句法分析、词向量)、机器学习、网络分析、可视化以及编程技术(比如 Python 和 R)等等。

然而,数字技术供应与研究者实际使用之间存在较大差距(高丹、何琳,2022)。一方面,语言数字人文研究所需的数字技术多样且复杂,不仅涉及基础的统计知识、文本分析方法以及可视化技术,还要求研究者不断学习自然语言处理、机器学习等新技术(徐彤阳、王霞,2021)。由于缺乏相关知识背景和技术训练,文科背景出身的语言学研究者常常对语言数字人文研究持有怀疑态度或者对新兴技术存在畏难情绪。这导致很多语言学研究者安于现状,寄希望于已开发的成熟软件或者工具进行文本分析,造成采用的研究方法和技术手段较为陈旧(陈静,2018),一定程度上阻碍了语言数字人文的进一步发展。另一方面,技术人员主要关注技术本身,聚焦于工程项目的开发,但是由于缺乏相关语言背景知识,导致数字技术和学科知识存在脱节现象,这无疑加大了学科壁垒,加深了人文学科学者和技术人员合作的难度(高丹、何琳,2022)。以上种种原因导致语言研究和数字技术尚未实现真正的融合。

鉴于以上不足,语言学研究者们亟需提高自身的科技素养和能力,加快实现语言研究的转型和升级。研究者们需要利用技术将自己从繁杂冗余的数据收集和整理中解放出来,节省出更多的时间和精力探究语言学问题,并且能够通过技术提出新的问题、产生新的知识。因此,语言学研究者们不仅需要学习各种本地或者在线工具,还需要学习一定的编程知识(比如 Python 或者 R),以利用自然语言处理、机器学习等技术完成复杂的语言数字人文数据处理工作。

为了更好地帮助文科背景出身的人文学者学习和掌握数字人文技术,本书以具体实例为导向,介绍如何利用 R 语言对语言数字人文数据进行处理。下一小节将详述选择 R 语言处理语言数字人文数据的原因。

1.3 R 语言在语言数字人文数据处理中的应用

在上面的小节中,我们介绍了语言数字人文以及可应用的数字技术。对于很多纯文科背景出身的研究者来说,语言数字人文研究中的最大挑战可能就是技术问题。那么人文学者应该如何跨越数字技术这道鸿沟?人文学者们虽然可以借助现成的软件或者工具处理和分析文本数据,但是传统软件或者工具的功能有限且固定,无法满足研究者的个性化研究需求,限制了语言数字人文研究的创新和发展。此时,人文学者们有必要学习一些编程知识以实现更为复杂的语言数字人文数据处理和分析工作。在众多不同的编程语言中，R 语言可能是人文学者可以首选学习的编程语言之一。其主要原因如下：

R 语言是一门集数据处理、统计分析和绘图功能于一身的编程语言。其具有以下特点：

（1）强大、灵活的交互式数据分析。完整的数据处理分析过程主要包含数据导入、数据准备、数据分析、数据可视化和数据输出这五大步骤。R 语言的交互式数据分析功能强大，每个步骤的"输出"数据可直接作为下一步的"输入"数据，因此能够一站式完成以上所有数据分析工作。另外，R 语言支持导入各种类型的数据，如 txt 文本文件、csv 格式文件、xml 格式数据等。对于导入的数据，R 语言能够对其进行清洁、探索、统计分析以及可视化，最后输出需要的结果。

（2）开源、友好。R 语言是一款开源性软件，吸引了大量用户，形成了强大、友好的社区文化。R 语言社区由全球大量使用者共同维护，几乎每天都有使用者在社区贡献新的方法，分享数据分析案例。另外，R 语言还提供帮助文档，文档中详细阐述了各种包、函数的功能和用法。因此，学习者在学习或者数据处理遇到问题时可以通过帮助文档或者社区获得帮助。

（3）包资源丰富，更新速度快。R 语言社区群体强大，不同领域的专家提供了丰富的包资源并且持续更新。截至 2022 年 10 月，CRAN 存储库中可下载包的数量多达一万九千多个。这些包功能强大、使用方便，大大提高了数据处理的效率。

（4）语法简洁，可读性强。和 C 语言、C++ 或者 Java 相比，R 语言编程思想更加简单，语法更加简洁、易懂。对于没有编程基础或者没有数理基础和统计背景的学习者来说，R 语言更加容易学习和掌握。

（5）免费。R 语言是一款开源软件，可供用户免费下载和使用。

上文中我们提到 R 语言具有强大、灵活的交互式数据分析功能，能够一站式完成数据导入、数据准备、数据分析、数据可视化、数据输出等数据处理工作。同时，R 语言语法简单、友好，很适合文科背景的研究者学习和使用。鉴于此，我们强烈推荐语言学、心理学、社会学、文学、翻译学等人文研究领域的研究者或者研究生学习 R 语言，并用它来自主处理和分析大规模语言数字文术数据。

本书将以语言数字人文研究实践为导向,向读者介绍如何利用 R 语言进行语言数字人文数据处理和分析。首先,本书将详细介绍 R 语言的基本语法、数据类型、数据结构、数据和文本处理基本操作。然后,我们将以案例为导向,向读者介绍 R 语言在文献计量学、心理学、传播学等相关学科中的实际应用。

需要注意的是,由于本书读者对象是人文领域的研究者或者学习者,大部分可能缺乏相关的编程基础,因此,本书介绍的 R 语言编程内容仅限于比较基本的编程知识,而没有涉及较复杂的编程内容(比如自定义函数)。这样可以帮助读者尽快掌握基本的 R 语言编程知识,并且能够利用这些编程知识进行人文数据和文本处理,从而服务于语言数字人文研究的实际需求。另外,本书不追求最优算法,而是致力于编写简明、通俗、易懂的代码来解决研究中可能遇到的数据处理问题。读者在掌握本书内容的基础上,可以参考其他 R 语言书籍,以进一步提高 R 语言的编程能力。

学习编程知识和学习理论知识不同,需要积极动手实践才能真正掌握。因此,我们强烈建议读者在阅读本书的同时,积极动手编写代码,不断实践练习。在掌握基础编程知识之后,马上以研究项目为基础,根据研究需求动手处理数据和文本,这样才能真正掌握编程技巧。

最后,我们给读者提供本书编程范例涉及的所有语料库文本、相关代码以及习题答案,以方便读者练习。所有材料存储在"DH_R"文件夹中。① "DH_R"文件夹中的"Materials"子文件夹包含本书涉及的所有练习语料,而"Codes"子文件夹含有相关代码。读者可将"DH_R"文件夹复制到自己的电脑目录中。当范例涉及文件路径时,读者可以通过点击文件属性查看其位置。需要注意的是,R 语言中输入的路径需要用正斜杠"/"分隔。以微软 Windows 系统为例,我们把"DH_R"文件夹拷贝到 C 盘根目录中,那么"Materials"子文件夹对应的缺省路径为"C:/DH_R/Materials/"。

---

① 访问上海交通大学出版社官网,获取"DH_R"文件夹(网址: http://www.jiaodapress.com. cn/Data/List/zyxz)。

1.4　本　书　结　构

本书共有 10 章。第 1 章主要介绍数字人文和语言数字人文的概念和发展。然后,我们讨论了 R 语言在语言数字人文数据处理中的应用优势。最后(本小节),我们介绍本书的结构和主要内容。

第 2 章是 R 语言基础。在这一章中,我们首先详细讲解 R 语言的下载和安装步骤。接下来,我们介绍 RStudio 的安装和使用方法。之后,我们通过一段简短的 R 语言代码的编写和运行展示 R 语言编程的基本语法,让学习者了解其基本编程思想。

第 3 章介绍 R 语言中的基本数据类型,包括数值和字符串。第一小节介绍数值型数据,包括常用的算术运算符号、数值函数和计算示例。第二小节介绍字符串数据,包括字符串和数值的互换、常用字符串函数等。

第 4 章讨论 R 语言中的基本数据结构,包括向量、矩阵和数据框、列表和因子。第一小节介绍向量,包括向量的下标、元素的增删改、向量的运算以及常用的向量函数。第二小节介绍矩阵和数据框,包括其索引方式、元素的增删改以及常用的函数。第三小节介绍列表,包括其索引方式、元素的增删改以及常用的函数。第四小节介绍因子,包括因子数据的创建和修改。

第 5 章介绍条件与循环,包括 if、if...else 等条件判断和 while、for...in 循环。另外,本章还介绍了一些常用的循环函数,比如 apply( )、tapply( )、lapply( )、sapply( )。最后,本章介绍了如何将条件和循环共用。读者学习本章内容之后,将能够利用条件和循环对大规模数据进行分析和处理。

第 6 章介绍语言数字人文数据处理的基本操作,包括数据导入、数据筛选、数据清理、数据转换、数据分析以及数据可视化。数据导入包括读取带分隔符的 txt 文本文件和 csv 文件。数据筛选部分主要介绍如何利用 filter( ) 和 select( ) 函数按指定的条件来筛选行或者列数据。数据清理主要包括缺失值和离群值的识别和处理。数据转换主要介绍语言数字人文数据中常见的数据格式,即长数据和宽数据,然后展示长宽数据的相互转换过程。数据分析部分首先介绍在 R 语言中如何计算最大值、最小值、平均值等描述性数据,然后介绍如何进行统计分析,比如正态性和方差齐性检验、相关分析、卡方检验等。最后,我们介绍如何利用 ggplot2 包绘制图表,实现数据可视化。

第 7 章主要介绍语言数字人文文本处理的基本操作,包括 txt 文本文件和 xml 文件的读取和分析处理,比如文本的分词、词形还原、词性标注等预处理操作以及依存句法分析。

第 8 章到 10 章主要以实例为导向,向读者展示 R 语言在语言数字人文数据处理中的实际应用。具体而言,这三章主要展示如何运用 R 语言解决文献计量学、心理学、传播学等人文学科相关的具体问题。

第2章 R 语言基础

本章主要介绍 R 语言基础,包括 R 语言和 RStudio 的下载和安装步骤、R 语言编程基本语法、获取帮助、查看工作目录以及包的安装和使用方法等。

2.1 R 的下载和安装

R 软件的下载和安装步骤如下:

(1) 访问 R 语言的官网(https://www.r-project.org)。

(2) 点击主页面上的"download R"(如图 2.1 所示)。

The R Project for Statistical Computing

Getting Started

R is a free software environment for statistical computing and graphics. It compiles and runs on a wide variety of UNIX platforms, Windows and MacOS. To download R, please choose your preferred CRAN mirror.

If you have questions about R like how to download and install the software, or what the license terms are, please read our answers to frequently asked questions before you send an email.

News

- R version 4.2.0 (Vigorous Calisthenics) prerelease versions will appear starting Tuesday 2022-03-22. Final release is scheduled for Friday 2022-04-22.
- R version 4.1.3 (One Push-Up) has been released on 2022-03-10.
- R version 4.0.5 (Shake and Throw) was released on 2021-03-31.
- Thanks to the organisers of useR! 2020 for a successful online conference. Recorded tutorials and talks from the conference are available on the R Consortium YouTube channel.
- You can support the R Foundation with a renewable subscription as a supporting member

News via Twitter

News from the R Foundation

[Home]

Download
CRAN

R Project
About R
Logo
Contributors
What's New?
Reporting Bugs
Conferences
Search
Get Involved: Mailing Lists
Get Involved: Contributing
Developer Pages
R Blog

R Foundation
Foundation
Board
Members

图 2.1 R 语言主页面"download R"

（3）跳转到 CRAN 的镜像网站后，可根据自己所在国家或地区选择相应的镜像进行下载。一般来说，中国大陆的使用者可下拉选择中国的镜像进入下载页面（如图 2.2 所示）。

```
Canada
    https://mirror.rcg.sfu.ca/mirror/CRAN/          Simon Fraser University, Burnaby
    https://muug.ca/mirror/cran/                    Manitoba Unix User Group
    https://cran.utstat.utoronto.ca/                University of Toronto
    https://cran.pacha.dev/                         DigitalOcean
    https://mirror.csclub.uwaterloo.ca/CRAN/        University of Waterloo
Chile
    https://cran.dcc.uchile.cl/                      Departamento de Ciencias de la Computación, Universidad de Chile
China
    https://mirrors.tuna.tsinghua.edu.cn/CRAN/      TUNA Team, Tsinghua University
    https://mirrors.bfsu.edu.cn/CRAN/               Beijing Foreign Studies University
    https://mirrors.pku.edu.cn/CRAN/                Peking University
    https://mirrors.ustc.edu.cn/CRAN/               University of Science and Technology of China
    https://mirror-hk.koddos.net/CRAN/              KoDDoS in Hong Kong
    https://mirrors.e-ducation.cn/CRAN/             Elite Education
    https://mirror.lzu.edu.cn/CRAN/                 Lanzhou University Open Source Society
    https://mirrors.nju.edu.cn/CRAN/                eScience Center, Nanjing University
    https://mirrors.sjtug.sjtu.edu.cn/cran/         Shanghai Jiao Tong University
    https://mirrors.sustech.edu.cn/CRAN/            Southern University of Science and Technology (SUSTech)
    https://mirrors.nwafu.edu.cn/cran/              Northwest A&F University (NWAFU)
Colombia
    https://www.icesi.edu.co/CRAN/                  Icesi University
```

图 2.2　CRAN 中的中国镜像

（4）R 语言具有跨平台运行的特点，可以在 Windows、Linux、Mac OS 等各种主流操作系统上使用。因此，使用者可根据实际情况下载对应的版本（如图 2.3 所示）。下面，我们将以 Windows 为例，演示安装过程。

```
                                    The Comprehensive R Archive Network

Download and Install R
Precompiled binary distributions of the base system and contributed packages, Windows and Mac users most likely want
one of these versions of R:
    Download R for Linux (Debian, Fedora/Redhat, Ubuntu)
    Download R for macOS
    Download R for Windows
R is part of many Linux distributions, you should check with your Linux package management system in addition to the link
above.
Source Code for all Platforms
Windows and Mac users most likely want to download the precompiled binaries listed in the upper box, not the source
code. The sources have to be compiled before you can use them. If you do not know what this means, you probably don't
want to do it!
    • The latest release (2023-06-16, Beagle Scouts) R-4.3.1.tar.gz, read what's new in the latest version.
    • Sources of R alpha and beta releases (daily snapshots, created only in time periods before a planned release).
    • Daily snapshots of current patched and development versions are available here. Please read about new features and
      bug fixes before filing corresponding feature requests or bug reports.
    • Source code of older versions of R is available here.
    • Contributed extension packages
```

CRAN
Mirrors
What's new?
Search
CRAN Team

About R
R Homepage
The R Journal

Software
R Sources
R Binaries
Packages
Task Views
Other

Documentation
Manuals
FAQs
Contributed

图 2.3　R 语言 Windows、Linux、Mac OS 对应版本

（5）选择"install R for the first time"（如图 2.4 所示）。

图 2.4　R for Windows 页面下的"install R for the first time"

（6）点击"Download R 4.1.3 for Windows"下载最新版本的 R 语言安装包（如图 2.5 所示）。R 语言版本时常更新，读者可根据实际情况下载最新版本。一般来说，最新版本兼容先前版本的功能。读者也可以点击"Previous releases"，选择先前版本进行安装。

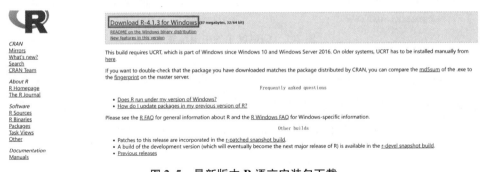

图 2.5　最新版本 R 语言安装包下载

（7）下载好安装包之后，双击安装程序，按照提示进行安装。选择安装位置时，可选择默认安装位置，也可以根据个人习惯更改安装路径（如图 2.6 所示）。

根据电脑操作系统的位数选择安装的组件（如图 2.7 所示）。64 位的电脑操作系统向下兼容 32 位系统，因此可全选安装组件①。

---

① 关于 R 语言 64 位和 32 位的区别和选择可参考以下网站：https://mirrors.tuna.tsinghua.edu.cn/CRAN/bin/windows/base/rw-FAQ.html#Should-I-run-32_002dbit-or-64_002dbit-R_003f。

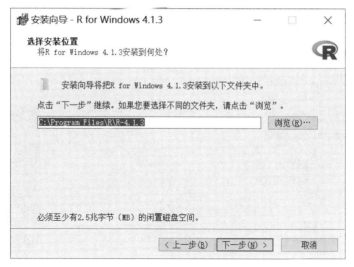

图 2.6　R 语言安装位置选择

图 2.7　R 语言组件安装

　　选择附加任务时可勾选"创建桌面快捷方式"(如图 2.8 所示)。

　　(8)安装好之后,电脑桌面会出现两个快捷方式(如图 2.9 所示),分别是 32 位和 64 位版本的 R 语言。其中,i386 是 32 位的,x64 是 64 位的。双击其中任意一个快捷方式都可以启动 R 自带的图形用户界面(Graphical User Interface,GUI)(如图 2.10 所示)。

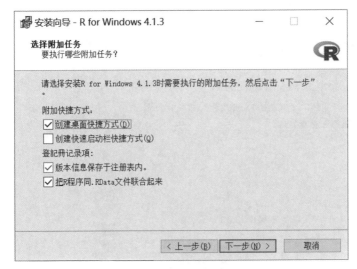

图 2.8　R 语言选择附加任务

图 2.9　R 语言桌面快捷方式图标

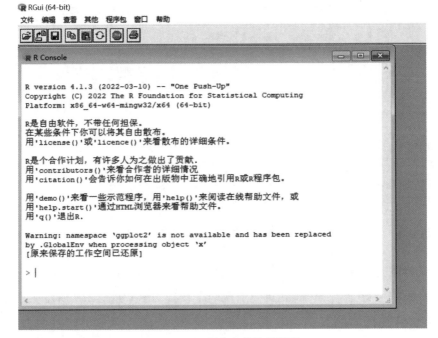

图 2.10　R 语言自带编程界面

2.2　RStudio 的下载和安装

R 语言有一个自带的编程界面,但它只有一个编程窗口,比较简单粗糙(如图 2.10 所示)。鉴于此,开发者们还开发了其他更加友好、方便的图形用户界面工具,如 RStudio、Rattle、Red-R、Deducer、RKWard、JGR、R Commander、Tinn-R 等。其中,RStudio 是目前编辑、运行 R 语言比较理想的图形用户界面工具之一,深受 R 语言用户喜爱。它是由 RStudio 公司开发的 R 语言集成开发环境(Integrated Development Environment, IDE)。与 R 自带的图形用户界面相比,RStudio 的界面更加友好,项目管理功能和包管理功能更加灵活、强大。此外,RStudio 还拥有图片预览等功能。因此,我们推荐读者使用 RStudio 进行 R 语言的编程学习和实践活动。本书主要基于 RStudio 介绍 R 语言的基础编程知识以及相关的语言数字人文数据处理方法。读者也可以尝试其他图形用户界面工具,根据个人喜好和使用习惯选择一款最适合自己的工具进行今后的编程和数据处理工作。

需要注意的是,RStudio 只是辅助我们使用 R 语言进行编程的工具,它本身不自带 R 程序。因此,即使使用 RStudio 进行编程,我们也需要事先下载和安装好 R 程序。

RStudio 的下载和安装步骤如下:

(1)访问网站 https://posit.co/download/rstudio-desktop/,进入下载页面。

(2)下滑找到"All Installers"部分,然后根据自己电脑的操作系统选择相应的版本下载(如图 2.11 所示)。

(3)下载好 RStudio 安装包之后,双击安装程序,按照提示进行安装。

RStudio 安装好之后,双击 RStudio 图标(如图 2.12 所示)启动该软件。在处理某个项目数据时,我们一般会建立一个新的脚本文件,在里面编写代码,方便后续保存和使用。因此,我们打开 RStudio 之后,可以点击左上角的【File】→【New File】→【R Script】新建一个脚本文件(如图 2.13 所示)。我们也可以直接按【Control】+【Shift】+【N】新建一个脚本文件。

All Installers

Linux users may need to import RStudio's public code-signing key prior to installation, depending on the operating system's security policy.

RStudio requires a 64-bit operating system. If you are on a 32 bit system, you can use an older version of RStudio.

OS	Download	Size	SHA-256
Windows 10/11	⬇ RStudio-2022.02.1-461.exe	177.27 MB	b14149b1
macOS 10.15+	⬇ RStudio-2022.02.1-461.dmg	217.25 MB	5b268cfa
Ubuntu 18+/Debian 10+	⬇ rstudio-2022.02.1-461-amd64.deb	128.58 MB	d5aaa02f
Fedora 19/Red Hat 7	⬇ rstudio-2022.02.1-461-x86_64.rpm	144.66 MB	48ea1732
Fedora 34/Red Hat 8	⬇ rstudio-2022.02.1-461-x86_64.rpm	144.70 MB	8d17f829
Debian 9	⬇ rstudio-2022.02.1-461-amd64.deb	128.90 MB	411dfd63
OpenSUSE 15	⬇ rstudio-2022.02.1-461-x86_64.rpm	129.29 MB	2094f63e

图 2.11　RStudio 不同版本示意图

图 2.12　RStudio 图标

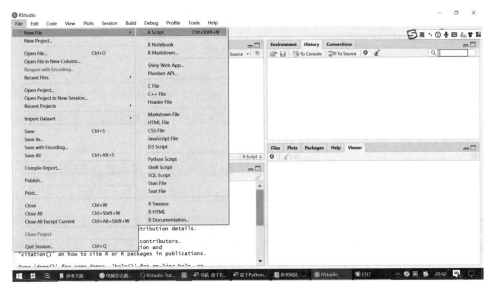

图 2.13　RStudio 新建脚本文件示意图

新建好脚本文件之后,RStudio 屏幕上会显示四块独立的面板(如图 2.14 所示)。屏幕中左上方①的面板就是我们新建的脚本,可以在里面编写代码。代码编写完成后,将光标放在需要运行的那一行代码的任意位置或者选中要运行的代码,然后点击【Run】(或者按【Control】+【Enter】)即可运行。结果会在左下方②的面板中输出。比如,我们在脚本中输入"5+6",点击运行之后,结果在左下方输出为 11(如图 2.15 所示)。所有代码编写完成后,我们可以点击屏幕中的蓝色小方块(或者同时按【Control】+【S】)进行保存(如图 2.15 所示)。保存时我们可以对脚本文件进行命名以及存储路径设置。

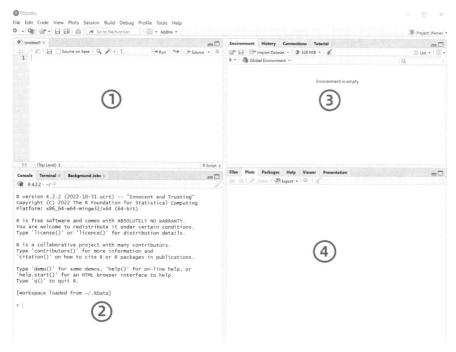

图 2.14　RStudio 四块独立面板示意图

图 2.14 中左下方②的面板是 RStudio 的控制台(Console)和终端(Terminal)窗口。在上文中,我们提到该面板显示输出的结果。除此之外,在该面板中也可以编写和运行 R 代码。编写好代码后直接按回车键就能输出结果。但是和在脚本中编辑和运行代码不同的是,该面板中输入的 R 代码只能运行一次,并且运行之后的代码无法再次编辑修改。因此,我们建议读者在脚本文件中编写代码,以便于修改和保存代码,之后可再次调用。终端窗口主

图 2.15 结果运行以及脚本保存示意图

要是从 RStudio IDE 内部访问系统 shell 的功能,平常很少使用。

右上方③的面板包括环境(Environment)、历史(History)和连接(Connections)窗口。环境窗口主要是显示目前在 R 中已经输入的变量,如向量、数据框等(详细介绍见第 4 章)。历史窗口展示编程的历史记录,即显示输入并运行过的代码。连接窗口主要是用于连接外部数据库。

右下方④的面板包括文件(Files)、画图(Plots)、包(Packages)、帮助(Help)和查看器(Viewer)窗口。文件窗口主要是显示当前工作目录下的文件;画图窗口显示输出的图形;包窗口显示已经安装好的包,打勾的代表已加载;帮助窗口可以查询包或者函数如何使用,显示它们的帮助文档;查看器窗口可以预览本地网页文件。

2.3 新 手 上 路

本小节主要介绍 R 语言的一些基础知识,比如 R 语言编程的基本语法、如何获取帮助文档、如何设定和查看工作目录以及包的安装和使用方法。

2.3.1　R 语言编程基本语法

R 语言的基本语法构成是"变量<-值"或者"变量=值",表示把右边的值赋值给左边的变量。其中,"<-"和"="是赋值运算符,"<-"可以通过同时按【Alt】+【-】键打出。在 R 语言中,我们通常使用"<-"进行赋值。变量名由字母、数字、下画线等符号组成。变量名一般由字母开头,大小写敏感,并且变量名中间不能有空格。此外,变量名应该尽量取简单且有意义的名字,方便理解和记忆。

在下面"code2_1. R"代码①中,第一行表示把 1 赋值给左边的变量 a。第二行表示把 3.14 赋值给左边的变量 b。第三行表示把字符串"good"赋值给左边的变量 d。第四行表示把字符串"Hello, R!"赋值给左边的变量 e。第五到八行代码表示用函数 print()打印变量 a、b、d、e。运行这些代码后输出结果为 1、3.14、"good"和"Hello, R!"。注意,由于 R 语言中有一个常用的合并函数 c(),所以我们没有把 c 作为变量名,从而避免引起混淆。

code2_1. R

```
a <- 1
b <- 3. 14
d <- "good"
e <- "Hello, R!"
print( a)
print( b)
print( d)
print( e)
```

代码编写完成后我们可以点击屏幕中的蓝色小方块(或者同时按【Control】+【S】)保存脚本文件(如图 2. 15 所示)。点击保存后会跳出【Save File】弹出框,我们可以对"Untitled1"文件进行重命名。这里我们将其重命名为"code2_1",然后点击【Save】保存文件(如图 2. 16 所示)。文件将保存在当

———————————

① 本书中的所有代码均放置在方框中,以区别于其他正文内容。

前工作目录下。我们也可以更改文件保存的路径。R 语言代码文件的后缀名默认为.R。另外,文件命名时也建议尽量取简单且有意义的名字,方便后续文件查询。

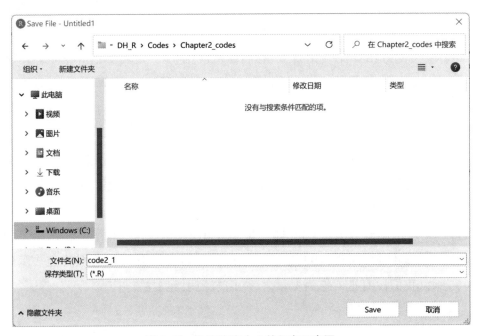

图 2.16　R 语言脚本文件保存示意图

在上面的 code2_1.R 代码中,我们创建了 a、b、d、e 四个变量。如果已经不需要这些变量或者开始了新的数据处理,我们可以把这些多余的变量删除。一方面,当工作空间中有太多变量,载入大量的数据时,数据处理速度会变慢;另一方面,太多变量容易造成数据混淆,引起变量错误调用。因此,对于一些不需要的变量,我们可以将其删除。那么如何删除工作空间中现有的变量呢?在 R 语言中,我们可以通过 rm( )函数来删除变量。例如,在下面代码中,我们利用 rm( )函数删除了变量 a。

code2_1.R

```
rm(a)
```

运行上述代码之后,我们再次打印查看变量 a,请看下面的示例。

code2_1. R

```
print( a)
```

返回结果如下所示:

```
Error in print( a) : object "a" not found
```

从以上结果可知,结果返回错误,找不到对象 a,说明该变量已经从当前工作空间中删除了。

如果想要一次性删除多个变量,那么我们可以用 c( ) 函数将需要删除的变量组合在一起,然后批量删除。请看下面的示例。

code2_1. R

```
rm( list=c( "b","d") )
print( b)
print( d)
```

在上面的代码中,我们利用 rm( ) 函数和 c( ) 函数将变量 b 和 d 从工作空间中移除了。之后,打印这两个变量都会显示出错。

最后,我们如果想要一次性删除工作空间中的所有变量,那么可以进行如下操作。

code2_1. R

```
rm( list = ls( ) )
```

运行上述代码后,空间中所有的变量都被删除了。我们可以打印变量 e 检验其是否还存在。请看下面的示例。

code2_1. R

```
print( e)
```

返回结果显示,变量 e 打印出错,空间中并不存在对象 e,说明该变量已被

成功删除。注意,为了避免引起混淆,我们在接下来的代码编写中会先利用
rm(list=ls( ))删除空间中现有的所有变量,再开始新的代码编写。

　　为了方便阅读和理解代码,我们可以对编写的代码进行注释,说明其
功能。在 R 语言中,我们可以通过#符号进行注释,程序不会运行#后面的
内容。注释一般独占一行或者放在某行代码的后面,用于解释说明某一
代码的功能。一般编程语言的注释分为单行注释与多行注释,但是 R 语
言只支持单行注释。当需要注释的内容比较多并且需要跨行时,我们可
以在每一行前面都加#进行注释。比如,在下面 code2_2. R 的代码中,第
二行中#后面的内容就是对第三行代码的注释说明,即说明第三行代码
d <-"Hello, R!"的功能是将字符串"Hello, R!"赋值给变量 d。代码 print
(d)后面#中的内容也是注释部分,解释说明前面 print(d)的功能是将变
量 d 打印到屏幕上。运行这一段代码后输出的结果为"Hello, R!"。双引
号表示该内容是字符串类型的数据,下一章介绍基本数据类型时将有
详述。

code2_2. R

```
rm(list = ls( ))
# This is to assign "Hello, R!" to d
d <- "Hello, R!"
print(d) # "Hello, R!" will be printed out on the screen
```

2.3.2　获取帮助

　　R 语言是函数式的编程语言,主要依靠各式各样的函数来执行特定的任
务。R 语言中函数数量众多且功能各异,并且函数内部还有许多参数可以设
置,以满足用户不同的数据处理需求。面对数量庞大、功能强大且多样的函
数,我们很难掌握所有函数的用法和功能。为了帮助用户解决此烦恼,R 语言
提供了帮助功能,可以供用户查看各个函数的帮助文档。帮助文档里面包含
函数的功能、用法、参数解释、文献来源、使用示例等。用户可以随查随用不同
的函数,大大减轻了编程压力。

在 R 语言中,我们可以通过 help( )或者? +函数来查看某个函数的帮助文档。比如,如果想要查看函数 print( )的功能和用法,那么我们可以通过以下任意一个语句实现。

code2_3. R

```
rm( list = ls( ) )
help( "print" )
?print
```

运行该语句后,print( )函数的帮助文档就会在右下方面板中的 Help 帮助窗口中显示(如图 2. 17 所示)。其中,Description 介绍 print( )函数的功能,Usage 介绍它的用法,Arguments 介绍它的参数,Details 包含它的相关细节和使用注意事项,References 提供相关的参考文献,Examples 则提供了该函数使用的示例。

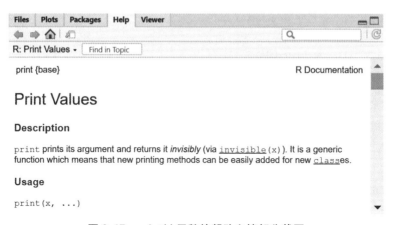

图 2. 17　print( )函数的帮助文档部分截图

2. 3. 3　工作目录

工作目录(Working Directory)是 R 语言读取文件和保存结果时的默认目录。我们可以通过 getwd( )函数查看当前的工作目录。请看下面的示例。

code2_3. R

```
#To get current working directory
getwd( )
# return: "C:/Users/MyPC/Documents"
```

在上面的代码中,我们运行 getwd( )函数后返回的结果就是当前的工作目录,为"C:/Users/MyPC/Documents"。需要注意的是,R 语言中的工作路径用正斜杠(/)表示。

我们如果想要更改当前的工作目录,可以通过 setwd( )函数进行自定义。请看下面的示例。

code2_3. R

```
# To set current working directory
setwd( "C:/DH_R/Materials")

# To get current working directory again
getwd( )
# return: "C:/DH_R/Materials"
```

另外,我们也可以通过工具栏选择工作目录(见图 2. 18):【Session】→【Set Working Directory】→【Choose Directory】。

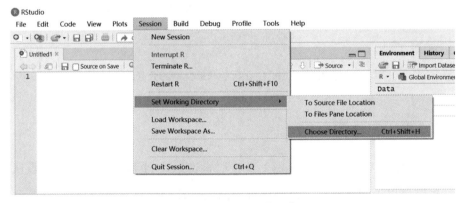

图 2.18   工作目录设定示意图

更改工作目录的一个好处是,我们可以使用相对地址路径读取文件以及保存结果。在后面,我们会继续讨论相对地址路径的使用。

2.3.4　包的安装和使用

包(Package)是函数、编译代码和样本数据的集合,能够有效改进或者添加 R 语言的功能,从而提升 R 语言的编程效率。在第 1 章中,我们提到 R 语言的一个特性是社区群体强大,不同领域的专家提供了丰富的包资源并且不断地更新。很多时候,我们只需要调用某个包,就能快速对数据进行分析,得到我们想要的结果。那么如何安装和使用这些包资源呢?

在 R 语言中,我们主要可以通过函数 install. packages( )在线安装包。比如,如果我们想安装画图包 ggplot2,那么可以运行以下语句:

code2_3. R

```
install. packages( "ggplot2")
```

包安装成功后,我们可以通过 library( )函数将包载入。请看下面的示例。

code2_3. R

```
library( ggplot2)
```

注意,一个包只需要安装一次,之后只需要载入包即可使用。每次重新启动 R 程序之后都需要重新载入包并且只需载入一次,否则无法使用包中的功能。如果包没有载入成功,说明上一步的安装可能失败了,因此需要检查包的安装情况或者重新安装。

不同的包包含不同的函数和功能,我们也可以通过 help( )函数或者? + package 查看其用法。例如,下面两个语句都能用来获取 ggplot2 包的帮助文档,运行之后在右下方面板中会出现关于 ggplot2 的详细介绍(如图 2.19 所示)。

code2_3. R

```
help ( ggplot2 )
?ggplot2
```

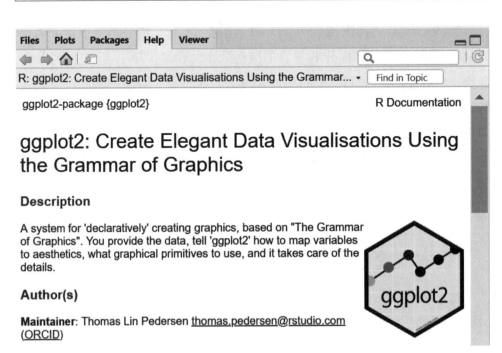

图 2. 19　ggplot2 包的帮助文档

第 3 章　基本数据类型

R 语言中常见的数据类型（Data Types）包括数值（Number）和字符串（Character String）。本章主要介绍这两种数据类型以及与它们相关的常用函数。

3.1　数　　值

本小节首先介绍什么是数值型数据，然后介绍 R 语言中常用的算术运算符号和函数。

3.1.1　什么是数值

数值型的数据包括所有形式的数字，比如整数（如 1、2、3）、负数（-1、-2、-3）、带有小数点的数值（如 1.0、2.54、3.7）等。请看下面的代码示例。

code3_1. R

```
rm( list = ls( ) )
num1 <- 1
print( num1 )          # return: 1
class( num1 )   # return: "numeric"

num2 <- -1
print( num2 )          # return: -1
class( num2 )   # return: "numeric"
```

```
num3 <- 1.0
print( num3 )              # return: 1.0
class( num3 )   # return: "numeric"

num4 <- -2.567
print( num4 )             # return: -2.567
class( num4 )   # return: "numeric"
```

在上面的代码中,我们先将数值 1 赋值给变量 num1,然后打印变量 num1,运行代码后返回的结果为 1。然后,我们通过 class( ) 函数查看变量 num1 的数据类型,返回的结果为"numeric",说明其数据类型为数值型。

类似地,在后续代码中,我们将-1、1.0 和-2.567 分别赋值给变量 num2、num3 和 num4,然后打印这三个变量,返回的结果分别为-1、1.0 和-2.567。通过 class( ) 函数查看变量 num2、num3 和 num4 的数据类型,返回结果均为"numeric",说明其数据类型都是数值型。

3.1.2   常用算术运算符号

在语言数据处理过程中,我们经常需要对数值进行加减乘除等算术运算处理,R 语言中常见的算术运算符(Arithmetic Operators)主要如下(见表 3.1)所示:

表 3.1   R 语言中常用的算术运算符号

运算类型	运算符	英文
加	+	addition
减	−	subtraction
乘	*	multiplication
除	/	division
取幂	* * 或者^	exponentiation
整除	%/%	floor division
取余	%%	remainder, modulo

卜面我们将举例说明 R 语言中常见的数值算术运算。

code3_2. R

```
rm( list = ls( ) )
num1 <- 7
num2 <- 2


num1 + num2      # return: 9
num1 - num2      # return: 5
num1 * num2      # return: 14
num1 / num2      # return: 3. 5


num1 ** num2     # return: 49
num1 ^ num2        # return: 49
num1 %/% num2    # return: 3; floor division
num1 %% num2     # return: 1; to get the remainder
```

3.1.3 常用数值函数

本小节将详细介绍 R 语言中常用的几个数值函数,包括 abs( )、round( )、floor( )、ceiling( )、sqrt( )、log( )和 sample( )。

3.1.3.1 abs( )

在 R 语言中,abs( )用于取数值的绝对值,即正数不变,负数则转换为正数。请看下面的示例。

code3_3. R

```
rm( list = ls( ) )
abs( 3 )        #return: 3
abs( 4. 6 )     #return: 4. 6
abs( -5 )       #return: 5
abs( -6. 6 )    #return: 6. 6
```

3.1.3.2 round( )

在 R 语言中,round( )函数可以对数值进行四舍五入,其基本句法如下所示:

```
round(x, digits = 0)
```

其中,x 表示需要进行四舍五入的数值,digits 表示希望数值保留的小数位数。当不指定 digits 时,保留的小数位数默认为零,数值将四舍五入为整数。请看下面的示例。

code3_3. R

```
round(3.7)        #return: 4
round(4.23)       #return: 4
round(7.579)      #return: 8
round(-2.1)       #return: -2
```

当指定 digits 时,数值四舍五入后将保留指定的小数位数。请看下面的示例。

code3_3. R

```
round(3.42693,1)     #return: 3.4; keep one decimal
round(7.4783,2)      #return: 7.48; keep two decimals
round(2.33333,3)     #return: 2.333; keep three decimals
round(-5.572,2)      #return:  -5.57; keep two decimals
```

3.1.3.3 floor( )

单词 floor 表示地板的意思,因此 floor( )函数表示向下取整。具体而言,floor( )函数可以取小于该数的最大整数。请看下面的示例。

code3_3. R

```
floor(7.3)    #return: 7
floor(7.9)    #return: 7
```

```
floor(6.5)     #return: 6
floor(3.2)     #return: 3
```

3.1.3.4　ceiling( )

和 floor( )函数相反,ceiling 表示天花板的意思,因此 ceiling( )函数可以向上取整,即取大于该数的最小整数。请看下面的示例。

code3_3. R

```
ceiling(7.3)     #return: 8
ceiling(7.9)     #return: 8
ceiling(6.5)     #return: 7
ceiling(3.2)     #return: 4
```

3.1.3.5　sqrt( )

函数 sqrt( )可以对数值进行开平方根。请看下面的示例。

code3_4. R

```
sqrt(4)       #return: 2
sqrt(9)       #return: 3
sqrt(36)      #return: 6
sqrt(144)     #return: 12
```

3.1.3.6　log( )

log( )函数用于对数计算。参数检验(Parametric Test)的一个重要前提是数据符合正态分布(Normal Distribution)。然而,语言数据经常呈偏态化分布,无法满足参数检验的前提条件,因此我们常常需要对数据进行对数转化,让转化后的数据更加接近于正态分布。在 R 语言中,log( )函数就可以用来计算对数,其基本句法如下所示:

```
log(x, base)
```

其中,x 为真数,base 为底数。例如,log(10,2)表示计算以 2 为底,以 10 为真数的对数。再如,log(100,10)表示计算以 10 为底,以 100 为真数的对数。需要注意的是,在 R 语言中,以 2 和 10 为底的对数函数可以简写为 log2( )和 log10( )。请看以下的示例。

code3_4. R

```
rm( list = ls( ) )
# the log function of 10 to the base 2
log(10,2)      #return: 3. 321928
log2(10)       #return: 3. 321928

# the log function of 100 to the base 10
log(100,10)    #return: 2
log10(100)     #return: 2
```

当利用 log(x, base)函数计算对数时,如果省略 base 底数,那么就默认以自然数 e 为底。比如 log(100)就是计算以自然数 e 为底数,以 100 为真数的对数。请看下面的示例。

code3_4. R

```
log(100)     #return: 4. 60517
```

此外,利用 log(x, base)函数计算对数时,x 的值不能为零,否则返回的结果为-Inf,表示负无穷。但是,语言数字人文数据中经常有数值会为 0,此时我们可以利用 log1p( )函数进行对数计算。函数 log1p( )相当于 log(1+x)。因此,当 x 为 0 时,log1p(0)就表示 log(1),这样就能保证数据中的 0 值转化后仍为 0。请看以下示例。

code3_4. R

```
log(0)     #return: -Inf
log1p(0) #return: 0
```

3.1.3.7 sample( )

在 R 语言中,sample( )函数可以生成随机数,其基本句法如下所示:

```
sample( x, size, replace )
```

其中,x 表示待生成随机数的范围,size 表示生成随机数的数量,replace 表示抽取的方式(replace = TRUE 表示可放回的抽取;replace = FALSE 表示不放回的抽取)。待生成随机数的范围可以用"起始数值: 末尾数值"表示,比如 1: 10 就表示从 1 到 10 的范围。请看下面的示例。

code3_4. R

```
print( 1: 10) #return: 1  2  3  4  5  6  7  8  9  10
sample( 1: 10,6,replace = TRUE)    #return: 5 4 3 4 3 8
sample( 1: 10,6,replace = FALSE) #return: 7 8 2 4 5 10
# note: the results may vary since they are generated randomly
```

在上面的代码中,第一行 print(1: 10)表示打印 1 到 10 的范围,运行后返回 1 到 10 这十个数字。第二行代码表示利用 sample( )函数从 1 到 10 这十个数字中有放回地随机抽取六个数值,其返回结果中可能有重复的数值,比如上面返回的结果中 4 和 3 都有重复出现。第三行代码也表示从 1 到 10 这十个数字中随机抽取六个数值,但抽取的方式是无放回抽取,因此随机生成数中不会出现重复的数值。

由于 sample( )函数生成的是随机数,每次运行后生成的结果可能不同。如果想要保证每次生成的随机数相同,我们可以利用 set. seed( )函数设置随机种子,这样方便日后他人对结果进行重复验证。请看下面的示例。

code3_4. R

```
set. seed( 1)
sample( 1: 100,10,replace =FALSE)
# return: 68 39   1 34 87 43 14 82 59 51

set. seed( 1)
```

```
sample(1:100,10,replace=FALSE)
# return: 68  39   1  34  87  43  14  82  59  51
```

在上面的代码中,我们首先利用 set. seed(1)设置了随机种子(括号中的 1 表示随机种子的编号,可以由任意数字组成),然后再利用 sample( )函数从 1 到 100 中有放回地随机抽取 10 个数字。接下来,我们重复运行上面的代码,两次运行产生的随机数相同。反之,如果没有设置随机种子,那么每次运行的结果可能都不相同。请看下面的示例。

code3_4. R

```
# The seed is not set
sample(1:100,10,replace=FALSE)
# the results may vary since they are generated randomly
```

3.1.4　数值计算示例

本小节主要以均匀分布指数和相对熵的计算为例,展示如何在 R 语言中进行复杂的数值计算。

3.1.4.1　均匀分布指数计算

均匀分布指数(Dispersion)指的是某个单词在文本或者语料库中分布的均匀程度(Biber et al., 2016)。例如,某个语料库包含 100 个文本,如果某个单词在这 100 个文本中都出现了,那么说明该单词在该语料库中分布均匀。反之,如果该单词只频繁出现在其中 10 个文本中,那么该单词在该语料库中分布不均匀。目前,比较常用的均匀分布指数衡量指标包括 Julliand's D (Juilland et al., 1970)和 Gries' DP(Deviation of Proportions)(Gries, 2008)。下面我们将分别介绍这两种指标在 R 语言中的计算过程。

Julliand's D 的计算过程主要可以分为三步(Oakes, 1998)。首先,计算目标词在各个子语料库中出现频率的标准差 s,其公式如下:

$$S = \sqrt{\frac{\sum_{i=1}^{n}(x_i - \bar{x})^2}{n}} \qquad （公式 3.1）$$

其中,x_i 是目标词在第 i 个语料库中出现的频次,$\bar{x}$ 是该词在所有语料库中出现的平均频次,n 是子语料库的数量。

然后,计算变异系数 V,其公式如下:

$$V = \frac{s}{\bar{x}} \qquad （公式 3.2）$$

其中,s 就是根据公式 3.1 计算出来的目标词在各个子语料库中出现频率的标准差,$\bar{x}$ 是该词在所有子语料库中出现的平均频次。

最后,根据以下公式计算均匀分布指数 D:

$$D = 1 - \frac{v}{\sqrt{n-1}} \qquad （公式 3.3）$$

其中,V 就是根据公式 3.2 计算出来的变异系数,n 是子语料库的数量。D 的取值在 0 到 1 之间,越接近于 0 就说明目标词在语料库中分布越不均匀。反之,D 越接近于 1,说明目标词在语料库中分布越均匀。

假设某个语料库由四个子语料库组成,每个子语料库的库容均为 250 000 词。单词 people 在整个语料库中总共出现 841 次,其中在子语料库 1 中出现的频次为 219,在子语料库 2 中出现的频次为 207,在子语料库 3 中出现的频次为 201,在子语料库 4 中出现的频次为 214(见表 3.2)。试利用 Julliand's D 计算 people 在这个语料库中的均匀分布度。

表 3.2　单词 **people** 在四个子语料库中的频次分布

目标词	子语料库 1	子语料库 2	子语料库 3	子语料库 4	总频次
people	219	207	201	214	841

下面,我们将详细展示单词 people 的均匀分布指数 Julliand's D 在 R 语言中的计算过程。

code3_5. R

```
rm( list = ls( ) )
n <- 4 # the number of sub-corpus
X1 <- 219 # the frequency of the target word in sub-corpus 1
X2 <- 207 # the frequency of the target word in sub-corpus 2
X3 <- 201 # the frequency of the target word in sub-corpus 3
X4 <- 214 # the frequency of the target word in sub-corpus 4

# To calculate the average frequency of "people" in the whole corpus
X_mean <- ( X1+X2+X3+X4 )/n
print( X_mean ) #return: 210. 25

# Step 1: To calculate the standard deviation ( s ) for the frequencies of "people" across
corpus parts according to formula 3. 1
s <- sqrt( ( X1-X_mean )^2+( X2-X_mean )^2+( X3-X_mean )^2+( X4-X_mean )^
2 )/n
print( s )  #return: 3. 416413

# Step2: To calculate the coefficient of variation( V ) according to formula 3. 2
V <- s / X_mean
print( V ) #return: 0. 01624929

# Step 3: To calculate Julliand's D of "people" according to formula 3. 3
D <- 1-( V )/sqrt( n-1 )
print( D ) #return: 0. 9906185
```

在上面的代码中,我们利用公式 3.1、3.2 和 3.3 在 R 语言中计算了单词 people 的均匀分布指数 Julliand's D。返回结果显示,目标词在该语料库中的均匀分布指数约为 0.99,说明该单词在该语料库中分布非常均匀。

除了 Julliand's D 之外,Gries' DP(Gries,2008)也是目前经常用来衡量目标词的分布均匀程度的指标之一。该指标的计算公式具体如下:

$$DP = 0.5 * \sum_{i=1}^{n} | X_{i\_exp} - X_{i\_obs} | \qquad （公式3.4）$$

其中,n 就是子语料库的数量,X_{i_exp} 是目标词在各个子语料库中出现的期望比例,即各个子语料库的库容除以总库容;X_{i_obs} 是目标词在各个子语料库中的

实际观测比例,即目标词在各个子语料库出现的频次除以它在整个语料库中
出现的频次。最后计算得出的结果就是 Gries' DP,该数值代表目标词在各个
子语料库出现的期望比例和实际比例之间的差距,差距越小,说明它越符合期
望比例,分布就越均匀。也就是说,Gries' DP 值越小就表示目标词分布越
均匀。

　　我们还是以上面的单词 people 为例,计算它的 Gries' DP,具体如下:

code3_6. R

```
rm( list = ls( ) )
# To calculate the expected frequency of "people" in each sub-corpus
X1_exp <- 250000/1000000
X2_exp <- 250000/1000000
X3_exp <- 250000/1000000
X4_exp <- 250000/1000000
print( X1_exp ) #return: 0. 25
print( X2_exp ) #return: 0. 25
print( X3_exp ) #return: 0. 25
print( X4_exp ) #return: 0. 25

# To calculate the observed frequency of "people" in each sub-corpus
X1_obs <- 219/841
X2_obs <- 207/841
X3_obs <- 201/841
X4_obs <- 214/841
print( X1_obs ) #return: 0. 2604043
print( X2_obs ) #return: 0. 2461356
print( X3_obs ) #return: 0. 2390012
print( X4_obs ) #return: 0. 254459

# To calculate Gries' DP of "people" according to formula 3. 4
DP <- 0. 5 * ( abs( X1_exp-X1_obs )+abs( X2_exp-X2_obs )+abs( X3_exp-X3_
obs )+abs( X4_exp-X4_obs ) )
print( DP ) #return: 0. 01486326
```

　　在上面代码中,我们首先计算了目标词 people 在各个子语料库中的期望
比例,即各个子语料库的库容除以总库容。然后,我们计算该词在各个子语料

库中的实际观测比例,即目标词在各个子语料库出现的频次除以它在整个语料库中出现的频次。最后,我们根据公式 3.4 计算了单词 people 的均匀分布指数 Gries' DP。结果显示该单词的 DP 约为 0.015,非常接近于 0。因此,该结果说明此单词在各个子语料库出现的期望比例和实际比例之间的差距很小,分布比较均匀。这一结果和上面 Julliand's D 表明的结果一致。

3.1.4.2 相对熵计算

相对熵(relative entropy)又被称为 Kullback-Leibler 散度(Kullback-Leibler divergence),主要根据两个文本的概率分布衡量它们之间的信息量差异大小(Kullback & Leibler, 1951)。比如我们有文本 A 和 B,那么我们就可以利用相对熵计算基于文本 B 的概率分布来解码文本 A 需要多多少比特的信息量。一般来说,相对熵值越大,说明两个文本之间的信息量差异就越大,反之亦然。相对熵的计算公式如下:

$$D(A \parallel B) = \sum_i p(item_i \mid A) log_2 \frac{p(item_i \mid A)}{p(item_i \mid B)} \qquad （公式 3.5）$$

其中,$p(item_i \mid A)$ 表示某个语言单位在文本 A 中出现的概率,$p(item_i \mid B)$ 表示某个语言单位在文本 B 中出现的概率,$p(item_i \mid A) log_2 \frac{p(item_i \mid A)}{p(item_i \mid B)}$ 就是该语言单位的散度。

假设我们有 A 和 B 两个文本如下:

A: a b a a c d a b d a d a

B: a b c d a b c d a b c d

基于文本 B 的概率分布,试计算我们需要多多少的信息量来解码文本 A。其计算过程具体如下:

code3_7. R

```
rm(list=ls())
# To calculate the probability distribution of texts A and B
PA_a <- 6/12 # To calculate the probability of a in text A
PA_b <- 2/12 # To calculate the probability of b in text A
```

```
PA_c <- 1/12 # To calculate the probability of c in text A
PA_d <- 3/12 # To calculate the probability of d in text A

PB_a <- 3/12 # To calculate the probability of a in text B
PB_b <- 3/12 # To calculate the probability of b in text B
PB_c <- 3/12 # To calculate the probability of c in text B
PB_d <- 3/12 # To calculate the probability of d in text B

# To calculate the relative entropy according to formula 3.5
D_AB <- PA_a * log2(PA_a/PB_a) + PA_b * log2(PA_b/PB_b) +
  PA_c * log2(PA_c/PB_c) + PA_d * log2(PA_d/PB_d)
print(D_AB) #return: 0.270426
```

在上面代码中，我们首先计算了各个字母在 A 和 B 两个文本中的概率分布。然后，我们根据公式 3.5 计算了基于 B 文本解码 A 文本所需要的信息量。结果显示，基于文本 B 的概率分布大概需要多 0.27 比特的信息量来解码文本 A。

3.1.5　数值计算练习

1. 请在 R 语言中计算下面公式 3.6 中 y 的值（答案见代码 code3_8.R）。

$$y = \frac{\log_2 16 * \sqrt{(2.3^4 - 2)}}{2^3} + \left| 3.4^2 - \left(\frac{10}{3} \right)^3 \right| \qquad （公式 3.6）$$

2. 梯形的面积计算公式如下所示：

$$S = (a + b) * h \div 2$$

其中 a 是梯形的上底，b 是下底，h 是梯形的高。假设现在有一个梯形的上底为 24，下底为 36，高为 10，试在 R 语言中计算该梯形的面积（答案见代码 code3_9.R）。

3. 假设某个库容为 1 200 000 词的语料库由六个子语料库组成，每个子语料库的库容均为 200 000 词。单词"good"在这六个子语料库中出现的频次分布如表 3.3 所示。试计算目标词"good"在该语料库中的均匀分布指数 Julliand's D 和 Gries' DP,并说明目标词在该语料库中分布是否均匀(答案见代码 code3_10.R)。

表 3.3　单词 good 在六个子语料库中的频次分布

目标词	子库 1	子库 2	子库 3	子库 4	子库 5	子库 6	总频次
good	266	279	292	280	269	275	1 661

3.2　字　符　串

本小节将介绍 R 语言中的基本数据类型——字符串。我们首先介绍什么是字符串,然后介绍数值型字符串与数值的互换,最后介绍 R 语言中常用的字符串函数。

3.2.1　什么是字符串

在 R 语言中,字符串指的是任何放在单引号或者双引号中的内容。字符串可以由字母、符号、数字等组成。单引号或者双引号都是字符串分隔符,在用法和意义上没有太大差别,但两者必须匹配,不能混合使用(比如"18'就不能使用)。另外,必须使用半角(即英文输入法)的单引号或者双引号。R 语言中字符串的打印或者显示都是用双引号的形式表示。请看下面的示例。

code3_11.R

```
rm( list = ls( ) )
# Quotation marks should be consistent
name <- "Mary"
sex <- "female"
age <- '18'
hobby <- 'Listening to music'

# Strings are returned with double quotation marks
print( name ) #return: "Mary"
```

```
print(sex) #return: "female"
print(age) #return: "18"
print(hobby) #return: "Listening to music"
```

由于字符串前后都有引号,因此如果字符串里面包含引号,需进行如下处理:

(1) 如果字符串内含有单引号,则使用双引号作为字符串的分隔符;

(2) 如果字符串内含有双引号,则使用单引号作为字符串的分隔符;

(3) 字符串内的引号前使用转义符号\(反斜杠,backslash),以区别于字符串的分隔符。

请看下面的示例。

code3_11R

```
string1 <- "I'm from China"
print(string1) #return: "I'm from China"

string2 <- "He said to me, "Thank you!""
print(string2) #return: "He said to me, \"Thank you! \""

string3 <- "I\'m from China"
print(string3) #return: "I'm from China"

string4 <- "He said to me, \"Thank you! \""
print(string4) #return: "He said to me, \"Thank you! \""
```

需要注意的是,由于 R 语言中字符串的打印或者显示都是用双引号作为分隔符,所以在打印或者显示字符串中的双引号时前面会自动带有转义符,以便于和字符串的分隔符区分。例如,上面打印 string2 和 string4 变量后,返回的结果中就带有转义符\。

3.2.2　字符串与数值的互换

在语言数字人文的数据处理中,我们可以通过 as. numeric() 和 as.

character()这两个函数进行数值型字符串与数值的相互转换。需要注意的是,实现字符串与数值互换的前提是,字符串中的内容一定是由数值组成的,即数值型字符串。其他类型的字符串(比如由字母或者符号组成的字符串)是无法转换为数值的。我们可以利用 as. numeric()函数将数值型字符串转换为数值。请看下面的示例。

code3_11R

```
string5 <- "4"
print(string5)    #return: "4"
class(string5)    #return: "character"

number1 <- as. numeric(string5)
print(number1) #return: 4
class(number1) #return: "numeric"
```

反之,我们可以利用 as. character()函数将数值转换为字符串。请看下面的示例。

code3_11R

```
number2 <- 2022
print(number2) #return: 2022
class(number2) #return: "numeric"

string6 <- as. character(number2)
print(string6)    #return: "2022"
class(string6)    #return: "character"
```

3.2.3 常用字符串函数

本小节将介绍 R 语言中常用的字符串处理函数,包括计算字符串长度的函数 nchar()、大小写转换函数 toupper()和 tolower()、拼接函数 paste()、字符串截取函数 strasplit()和 substr()以及替换函数 sub()和 gsub()。

3. 2. 3. 1 nchar( )

函数 nchar( )主要用于计算字符串的长度,即获取字符串中的字符数量。需要注意的是,字符串中的空格也占一个字符,因此也纳入长度计算之中。请看下面的示例。

code3_12R

```
rm( list = ls( ) )
# To calculate the length of a string
string1 <- "Hello!"
print( string1 )   # return: "Hello!"
nchar( string1 )   # return: 6

# Spaces are also included in the calculation of the length of a string
string2 <- "Nice to meet you!"
print( string2 )   # return: "Nice to meet you!"
nchar( string2 )   # return: 17
```

3. 2. 3. 2 toupper( )和 tolower( )

函数 toupper( )和 tolower( )用于转换字符的大小写。其中,toupper( )函数可以把字符串中的字符全部转换为大写。请看下面的示例。

code3_12R

```
string1 <- "Hello!"
toupper( string1 ) #return: "HELLO!"

string2 <- "Nice to meet you. "
toupper( string2 ) #return: "NICE TO MEET YOU. "
```

反之,tolower( )函数可以把字符串中的字符全部转换为小写。请看下面的示例。

code3_12R

```
string3 <- "HELLO!"
tolower( string3 ) #return: "hello!"
```

```
string4 <- "NICE TO MEET YOU. "
tolower(string4) #return: "nice to meet you. "
```

3.2.3.3　paste( )

函数 paste( )可以把不同的字符串组合起来。请看下面的示例。

code3_12R

```
a <- "Good"
b <- "Morning!"

paste(a,b)
# return: "Good Morning!"
```

在上面的代码中,我们看到 paste( )函数返回的结果默认用空格拼接不同的字符串。那么我们能否用其他符号拼接不同的字符串呢? 答案是肯定的,我们可以通过设置 sep 参数自定义拼接的符号。请看下面的示例。

code3_12R

```
# The concatenated symbol is set as "_"
paste(a,b,sep = "_") #return: "Good_Morning!"

# The concatenated symbol is set as ""
paste(a,b,sep = "") # return: "GoodMorning!"

# The concatenated symbol is set as " * "
paste(a,b,sep = " * ") # return: "Good * Morning!"
```

paste( )函数也可以连接多个元素。请看下面的示例。

code3_12R

```
paste("week",1:6,sep = "")
# return: "week1" "week2" "week3" "week4" "week5" "week6"

d <- c("x","y","z")
e <- c(2,4,6)
```

```
paste(d,e,sep="") # return: "x2" "y4" "z6"
```

paste0( )函数则默认以空字符串连接字符,不能设置 sep 值。请看下面的示例。

code3_12R

```
paste0(d,e) # return: "x2" "y4" "z6"
```

paste( )和 paste0( )函数中还有一个参数 collapse,可以再次连接 sep 后的字符向量中的元素。请看下面的示例。

code3_12R

```
paste(d,"txt",sep = ".",collapse = ", ")
# return: "x. txt, y. txt, z. txt"

paste0(d,e,collapse = "+") # return: "x2+y4+z6"
```

3.2.3.4　strsplit( )

strsplit( )是字符串分割函数,主要将字符串按照某种形式进行划分,相当于是 paste( )函数的逆操作。在使用函数 strsplit( )分割字符串时,我们需要设置参数 split 的值,指定分割的符号。需要注意的是,strsplit( )输出结果为列表,但是我们在处理数据时比较常用的数据类型是向量,因此可以用 unlist( )函数将列表转换为向量。向量和列表都是 R 语言中常见的数据类型,我们将在 4.1 和 4.3 小节中具体介绍。关于 strsplit( )函数的具体使用,请看下面的示例。

code3_13R

```
rm(list=ls())
string1 <- "Good Morning!"
# The delimiter is set as " "
result1 <- strsplit(string1,split =" ")
print(result1)
# Check the data type of the returned results
```

```
class(result1) # return: "list"

# To convert the list to vector
result1_to_vector <- unlist(result1)
# Check the data type of result1_to_vector
class(result1_to_vector) #return: "character"
print(result1_to_vector) #return:  "Good"  "Morning!"

string2 <- "Nice-to-meet-you."
# The delimiter is set as "-"
result2 <- unlist(strsplit(string2,split="-"))
print(result2) #return: "Nice" "to"  "meet" "you."

# The delimiter is set as ""
string3 <- "good"
result3 <- unlist(strsplit(string3,split = ""))
print(result3) #return: "g" "o" "o" "d"
```

在上面的代码中,我们首先将字符串"Good Morning!"赋值给变量 string1,然后利用 strsplit()函数将该字符串按照空格进行分割,并将结果保存为 result1。之后,利用 class()函数查看此变量的数据类型,返回为列表"list"。我们通过 unlist()函数将结果转化为了向量,并将结果保存为 result1_to_vector,然后打印查看该变量及其数据类型。类似地,我们利用 strsplit()函数将字符串 string2 和 string3 按照"-"和""进行分割。

另外,strsplit()函数还支持使用正则表达式来设定分割符。正则表达式(Regular Expressions,通常缩写为 regex)由一组具有特定含义的字符串组成,可以描述或者匹配一系列符合某个句法规则的字符串。表 3.4 列出了正则表达式中一些常见的元字符及其含义。关于正则表达式的介绍和具体使用在《基于 Python 的语料库数据处理》(雷蕾,2020)的第五章中有详细介绍,读者可以参照学习。在使用正则表达式来指定分割形式时,我们需要把 strsplit()函数中的参数 perl 设置为 TRUE,表示使用与 perl 兼容的正则表达式规则,其功能更加强大。

表 3.4 正则表达式常见元字符及其含义

元字符	描 述
^	匹配输入字符串的开始位置
$	匹配输入字符串的结束位置
*	匹配前面的子表达式零次或多次。比如,eg＊可以匹配"e"、"egg"和"eggg"等。
+	匹配前面的子表达一次或多次。比如,eg+可以匹配"egg",但不能匹配"e"。
?	匹配前面的子表达式零次或一次。比如,eg? 可以匹配"e"和"egg"。
.	匹配除换行符(\n、\r)之外的任何单个字符
\b	匹配一个单词边界,即指单词和空格间的位置。比如,"er\b"可以匹配"never"中的"er",但不能匹配"verb"中的"er"。
\d	匹配一个数值字符
\n	匹配一个换行符
\r	匹配一个回车符
\w	匹配数字、字母和下画线

假设有一串字符为"acd112dc3add89cmc0fg",我们如何以数字作为分割符分割该字符串呢? 利用 strsplit( )中的正则表达式功能可以轻松达到这一目的。请看下面的示例。

code3_13R

```
string4 <- "acd112dc3add89cmc0fg"
result4<-unlist( strsplit( string4, split = "\\d+", perl =TRUE) )
print( result4) #return: "acd" "dc"  "add" "cmc" "fg"
```

在上面的代码中,我们利用正则表达式将分割符指定为数字,让 strasplit( )函数根据数字进行分割。在正则表达式中,\d 表示任意数字,+表示出现一次或者多次。另外,在 R 语言中,\d 前面需再加一个反斜杠。因此"\\d+"表示匹配一个或者多个数字。

在 R 语言中,如果想要匹配元字符本身,我们需要在元字符前面加转义符,即两个反斜杠。例如,如果想要匹配".."这个符号本身,那么需要将其写成"\\."。

3.2.3.5　substr( )

函数 substr( )主要用于截取字符串。它的基本语法如下所示:

```
substr(x, start, stop)
```

其中 x 是待截取的字符串,start 和 stop 参数表示截取的起始和结束位置。请看下面的示例。

code3_13. R

```
string5 <- "Hello!"
substr(string5,1,2) #return: "He"
substr(string5,2,4) #return: "ell"

string6 <- "Good morning"
substr(string6,3,7) #return: "od mo"
```

在上面的代码中,第一行代码是将字符串"Hello!"赋值给变量 string5。第二行代码利用 substr( )截取字符串 string5 中从位置 1 到 2 的字符。第三行代码表示截取字符串 string5 中从位置 2 到 4 的字符。最后两行代码分别将"Good morning"字符串赋值给变量 string6 和截取该字符串从位置 3 到 7 的字符,其中空格也占一个字符。

3.2.3.6　sub( )和 gsub( )

函数 sub( )和 gsub( )主要用于替换匹配到的字符串。其中,sub( )只能替换匹配到的第一个字符串,而 gsub( )可以替换匹配到的全部字符串。sub( )和 gsub( )的基本句法格式如下所示:

```
sub(pattern, replacement, x)
gsub(pattern, replacement, x)
```

其中，pattern 表示被替换的字符串，replacement 表示替换的字符串，x 是待替换的字符串。请看下面的示例。

code3_13R

```
string7 <- "nice to meet you"
# "N" substitutes "n"
sub("n","N",string7) # return: "Nice to meet you"

# " * " substitutes "e"
sub("e"," * ",string7)
# return: "nic * to meet you"
# only the first "e" is substituted for " * "

gsub("e"," * ",string7)
# return: "nic * to m * * t you"
# all matched "e" are substituted for " * "
```

另外，sub( ) 和 gsub( ) 函数也支持使用正则表达式匹配某类字符串。在使用正则表达式时，我们需要将 sub( ) 和 gsub( ) 函数中的参数“perl”设置为 TRUE。请看下面的示例。

code3_13R

```
string8 <- "aacdabaaacdcb"

sub("a+","A",string8) # return: "Acdabaaacdcb"
gsub("a+","A",string8) # return: "AcdAbAcdcb"

sub("a. c","X",string8) #return: "Xdabaaacdcb"
gsub("a. c","X",string8) #return: "XdabaXdcb"
```

在上面的代码中，我们利用正则表达式进行了匹配和替换。在正则表达式中，“+”表示匹配一个以上，因此“a+”就表示匹配一个及以上的 a。因此，第二行和第三行代码表示将字符串 string8 中一个及以上的 a 替换为"A"。在正则表达式中,符号"."表示除换行符之外的任何符号,因此"a. c"可以匹配 string8 中的"aac"和"ac"。因此,最后两行代码表示将匹配到的"a. c"替换为"X"。需要注意的是,sub( )函数只替换匹配到的第一个值,因此返回结果中只有一个"X",而 gsub( )函数可以替换所有匹配到的值,因此返回结果中有两个"X"。

3.2.4　字符串数据处理练习

1. 假设有字符串"Actions Speak Louder Than Words",请在 R 语言中回答以下问题(答案见代码 code3_14. R)。

   (1) 请计算该字符串的长度(包含空格)。

   (2) 请把该字符串的字母全部变成大写并打印结果。

   (3) 请把该字符串的字母全部变成小写并打印结果。

2. 假设有两个字符串 str1 和 str2,str1 为"Good",str2 为"luck",请在 R 语言中回答以下问题(答案见代码 code3_15. R)。

   (1) 请将它们合并成一个字符串,并且合并后的两个字符串之间用空格隔开。

   (2) 请将它们合并成一个字符串,并且合并后的两个字符串之间用"-"隔开。

3. 假设有字符串"Where there is a will, there is a way",在 R 语言中回答以下问题(答案见代码 code3_16. R)。

   (1) 请以空格为分割符将字符串分割,并且以向量的形式输出结果。

   (2) 请抽取该字符串中第 2 到第 10 的字符。

   (3) 请抽取该字符串中第 11 到最后的字符。

   (4) 请将字符串中第一个出现的单词"there"替换成" * "。

   (5) 请将字符串中所有"there"都替换成" * "。

第4章 基本数据结构

R 语言中常见的数据结构(Data Structures)有向量(Vector)、矩阵(Matrix)、数据框(Data Frame)、列表(List)、因子(Factor)等。其中,向量、矩阵和数据框是语言数字人文数据处理中最常用的数据结构。鉴于此,本章的前两个小节将详细介绍这三种数据结构以及相关的常用函数。建议读者仔细阅读和练习这两节的内容。列表和因子也是 R 语言中基本的数据结构,但在数据处理过程中使用比较少,因此本章将简单介绍这两种数据结构的概念和使用方法。

4.1 向　　量

本小节主要介绍什么是向量,然后介绍向量的一些基本操作,比如下标、删除和添加新元素、向量计算等,最后介绍一些常用的向量函数。

4.1.1 什么是向量

向量(Vector)是一个由相同基本类型元素组成的序列,相当于一个一维数组。这些元素可以是数值型、字符型或者逻辑型数据。数值型和字符型数据在第 3 章中有详细介绍。逻辑型数据(Logical Data)也称为布尔值(Boolean values),是编程语言中常见的数据类型,主要包括 TRUE 和 FALSE 这两类。

向量中可以包含一个元素,也可以包含多个元素。但是需要注意的是,同一个向量中的数据类型应该相同。也就是说,一个向量中只能包含一种数据类型,不能混合包含不同类型的数据。当往向量里传输不同类型的数据时,向量会将它们强制转换成同一种类型的数据。例如,当同时输入数值型数据和字符串型数据时,数值型数据会被强制转化为字符串型数据。

在 R 语言中,我们可以通过函数 c( ) 创建向量。请看下面的示例。

code4_1. R

```
rm( list = ls( ) )
# A vector is created to store numeric data
myvector1 <- c(2,4,6,8,10)
print( myvector1 ) #return: 2  4  6  8  10

# A vector is created to store character data
myvector2 <- c( "Nice","to","meet","you")
print( myvector2 ) #return: "Nice" "to"  "meet" "you"

# A vector is created to store logical data
myvector3 <- c( TRUE,FALSE,TRUE,FALSE,TRUE)
print( myvector3 ) #return: TRUE FALSE  TRUE FALSE  TRUE

# All arguments are coerced to a common data type
myvector4 <- c( TRUE,2,"Hello")
# All arguments are coerced to character data
print( myvector4 ) #return: "TRUE"  "2"    "Hello"
```

在上面的代码中,我们创建了向量 myvector1、myvector2 和 myvector3,分别存储数值型数据、字符串型数据和逻辑型数据。最后,我们创建 myvector4 存储三种不同类型的数据,但是向量将它们强制转换成了字符型数据。

另外,我们也可以利用 vector( ) 函数创建向量,请看以下示例。

code4_1. R

```
myvector5 <- vector( )
```

在以上代码中,我们利用 vector( ) 函数创建了一个空向量,并将其保存为 myvector5。空向量创建之后可以利用向量的下标增加元素,在 4. 1. 2 小节我们将继续讨论下标的用法。

　　我们在利用 vector( )函数创建向量时,也可以通过参数 length 指定向量的长度。请看下面的示例。

code4_1. R

```
# To create an empty vector of length 10
myvector6 <- vector( length = 10)
```

　　在以上代码中,我们创建了一个长度为 10 的空向量。

4.1.2　向量的下标

　　在 R 语言中,我们可以通过下标来访问向量。在向量后面加[x : y],x 和 y 为整数,称作整数下标。但是与其他编程语言(下标从 0 开始算起)不一样的是,R 语言中的整数下标是从 1 开始算起,即向量的下标就等于元素在向量中的位置(从左往右)。

　　比如,myvector[1]返回向量 myvector 中的第一个元素。

　　myvector[1: y]返回向量 myvector 中的第一个元素到第 y 个元素。

　　myvector[x: y]返回向量 myvector 中的第 x 个元素到第 y 个元素。

　　myvector[x]返回向量 myvector 中的第 x 个元素。

　　myvector[−y]返回向量 myvector 中除了第 y 个元素之外的所有元素。

　　请看以下示例。

code4_2. R

```
rm( list = ls( ) )
myvector<-c( "Where","there","is","a","will","there","is","a","way")
myvector[ 1] # return: "Where"
myvector[ 1: 5] # return: "Where" "there" "is"  "a"  "will"
myvector[ 7: 9] # return: "is"  "a"  "way"
myvector[ 3] # return: "is"
myvector[ −9]
# return: "Where" "there" "is" "a" "will" "there" "is" "a"
```

另外,我们也可以通过逻辑下标来访问向量,返回位置为 TRUE 的元素。请看下面的示例。

code4_2. R

```
myvector1 <- c(1,-3,0,5,-7,9)

myvector1[myvector1>0] #return: 1 5 9
myvector1[myvector1 = = 0] #return: 0
myvector1[myvector1<0] #return: -3 -7

myvector1>0 #return: TRUE FALSE FALSE   TRUE FALSE   TRUE
myvector1 = = 0 #return: FALSE FALSE   TRUE FALSE FALSE FALSE
myvector1<0 #return: FALSE   TRUE FALSE FALSE   TRUE FALSE
```

在以上代码中,我们首先通过函数 c() 创建向量 myvector1,然后通过逻辑下标访问向量。其中,[] 中的代码是对向量中的各个元素进行条件判断,符合条件则返回 TRUE,否则返回 FALSE。比如,myvector1 > 0 表示判断向量 myvector1 中的各个元素是否大于 0。其中,第一个元素是 1,大于 0,返回 TRUE,第二个元素是-3,小于 0,返回 FALSE,依次判断。最后,返回的结果为 TRUE FALSE FALSE TRUE FALSE TRUE。然后,以条件判断得到的逻辑值结果作为下标访问向量,返回位置为 TRUE 的元素。另外,需要注意的是,在 R 语言中,判断两者是否相等时用两个等号"= ="表示。一个等号表示赋值。

4.1.3　向量元素的添加、删除和修改

在语言数字人文的数据处理过程中,我们经常需要对数据进行添加、删除或者修改。下面,我们将具体介绍如何在 R 语言中添加、删除或者修改向量中的元素。

在 R 语言中,我们可以通过函数 c() 直接在向量的最后添加新元素。请看下面的示例。

code4_3. R

```
rm(list = ls())
names <- c("David","Mary","Lucy","Lisa","John","Daisy")
```

```
scores  <- c(88,90,89,91,85,95)

names <- c(names,"Linda")
print(names)
# return: "David" "Mary" "Lucy" "Lisa" "John" "Daisy" "Linda"
scores  <- c(scores,90)
print(scores) # return: 88 90 89 91 85 95 90
```

在以上代码中,我们直接利用 c( ) 函数分别将原有变量 names、scores 和新的元素“Linda”、90 进行合并,之后将其重新保存为变量 names 和 scores。打印查看变量 names 和 scores,结果显示新的元素已经加入变量中。

另外,我们还可以利用 append( ) 函数添加新元素。该函数的一个优势是可以通过设置 after 参数指定新元素添加的位置。请看下面的示例。

code4_3. R

```
names <- append(names, "Mike")
print(names)
#return: "David" "Mary" "Lucy" "Lisa" "John" "Daisy" "Linda" "Mike"

scores <- append(scores,83)
print(scores) #return: 88 90 89 91 85 95 90 83

# To add a new element at a specific position
names <- append(names,"Iris",after = 1) # Add "Iris" after the first element
print(names)
#return: "David" "Iris" "Mary" "Lucy" "Lisa" "John" "Daisy" "Linda" "Mike"

scores <- append(scores,90,after = 1)
print(scores) #return: 88 90 90 89 91 85 95 90 83
```

在 4.1.1 小节中,我们提到可以用 vector( ) 函数创建空向量,之后可以利用上面提到的 c( ) 函数和 append( ) 向空向量中添加元素。请看下面的示例。

code4_3. R

```
myvector <- vector( )
```

```
myvector <- c(myvector,"Good")
print(myvector) #return: "Good"

myvector <- append(myvector,"luck!")
print(myvector) #return: "Good"    "luck!"
```

此外,我们也可以利用下标向空向量中添加元素。请看下面的示例。

code4_3. R

```
myvector1 <- vector()
myvector1[1] <- "Nice"
myvector1[2] <- "to"
myvector1[3] <- "meet"
myvector1[4] <- "you!"
print(myvector1)
# return: "Nice" "to"   "meet" "you!"
```

如果向量中有我们不想要的元素,那么可以通过下标前面加负号删除该元素。请看下面的示例。

code4_4. R

```
rm(list = ls())
names <- c("David","Mary","Lucy","Lisa","John","Daisy")
scores  <- c(88,90,89,91,85,95)

# To delete the second element in these two vectors
names1  <- names[-2]
print(names1) #return: "David" "Lucy"   "Lisa"   "John" "Daisy"
scores1    <- scores[-2]
print(scores1) #return: 88 89 91 85 95

# To delete the second and third elements in these two vectors
names2  <- names[-c(2,3)]
print(names2) #return: "David" "Lisa"   "John"   "Daisy"
scores2    <- scores[-c(2,3)]
```

```
print(scores2) #return: 88 91 85 95
```

如果我们想要修改向量中的元素,也可以通过下标来完成。请看下面的示例。

code4_5. R

```
rm(list = ls())
names <- c("David","Mary","Lucy","Lisa","John","Daisy")
scores  <- c(88,90,89,91,85,95)

names[1] <- "Mark"
print(names)
# return: "Mark"  "Mary"  "Lucy"  "Lisa"  "John"  "Daisy"
scores[1]  <- 85
print(scores) # return: 85 90 89 91 85 95

names[c(2:4)] <- "Lily"
print(names)
# return: "Mark"  "Lily"  "Lily"  "Lily"  "John"  "Daisy"
scores[c(2:4)]  <- 92
print(scores) #return: 85 92 92 92 85 95

names[c(1,5,6)] <- c("Ben","Rose","Jack")
print(names)
# return: "Ben"  "Lily" "Lily" "Lily" "Rose" "Jack"
scores[c(1,5,6)]  <- c(90,88,93)
print(scores) #return: 90 92 92 92 88 93
```

在上面的代码中,我们通过下标修改了向量中的元素。需要注意的是,该方法是直接在原始数据基础上修改的,即修改之后的元素直接替代了原始的元素。如果想要保留原始数据,我们可以复制一份原始数据,在复制的数据上进行修改。请看以下示例。

code4_5. R

```
# Original data
mynames <- c("David","Mary","Lucy","Lisa","John","Daisy")
```

```
myscores  <- c(88,90,89,91,85,95)

# To create two copied versions of the original data i. e. , mynames_copy and myscores
_copy
mynames_copy <- mynames
print(mynames_copy)
#return: "David" "Mary"  "Lucy"  "Lisa"  "John"  "Daisy"
myscores_copy  <- myscores
print(myscores_copy) #return: 88 90 89 91 85 95

# Modify the data based on mynames_copy and myscores_copy
mynames_copy[c(2:4)] <- "Lily"
print(mynames_copy)
#return: "David" "Lily"  "Lily"  "Lily"  "John"  "Daisy"
myscores_copy[c(2:4)]  <- 92
print(myscores_copy) #return: 88 92 92 92 85 95

# Check the original data
print(mynames)
#return: "David" "Mary"  "Lucy"  "Lisa"  "John"  "Daisy"
print(myscores) #return: 88 90 89 91 85 95
```

4.1.4　数值型向量的运算

数值型向量可以和单个数值进行加减乘除等算术运算。请看下面的示例。

code4_6. R

```
rm(list = ls())
myvector <- c(1,3,5,7,9)
myvector+1  #return: 2  4  6  8 10
myvector-1  #return: 0 2 4 6 8
myvector * 2 #return: 2  6 10 14 18
myvector/2  #return: 0. 5 1. 5 2. 5 3. 5 4. 5
myvector^2  #return: 1  9 25 49 81
```

在以上代码中,我们首先利用函数 c( )创建了向量 myvector,里面包含 1、3、5、7、9 这五个数值。然后,我们将该向量和单个数值进行加减乘除等算术运算。运算时程序会将向量和该数值进行循环算术运算,即把向量中的每个元素都和该数值进行相应的算术运算,返回的结果仍是向量。

另外,两个数值型向量之间也可以进行加减乘除等算术运算。当这两个向量长度一致时,它们中的元素会进行一一对应的运算。请看下面的示例。

code4_6. R

```
myvector1 <- c(4,16,27,30,35,50)
myvector2 <- c(2,8,3,10,7,4)
myvector1+myvector2    # return: 6 24 30 40 42 54
myvector1−myvector2    # return: 2   8 24 20 28 46
myvector1 * myvector2  # return: 8 128   81 300 245 200
myvector1/myvector2    # return: 2.0   2.0   9.0   3.0   5.0 12.5
```

在以上代码中,myvector1 和 myvector2 都包含了 6 个数值型元素,它们中的元素会进行一一对应的算术运算。比如,myvector1 中的第一个元素 4 和 myvector2 中的第一个元素 2 进行运算,第二个元素 16 和 8 进行运算,以此类推。

当这两个向量长度不一致且长的向量的长度是短的向量的整数倍时,短的向量中的元素会按顺序循环,依次和长的向量进行运算。请看下面的示例。

code4_6. R

```
myvector3 <- c(2,4,6,8)
myvector4 <- c(2,4)
myvector3+myvector4    # return: 4   8   8 12
myvector3−myvector4    # return: 0 0 4 4
myvector3 * myvector4  # return: 4 16 12 32
myvector3/myvector4    # return: 1 1 3 2
```

在以上代码中,myvector3 包含了 4 个元素,myvector4 包含了 2 个元素,因此 myvector3 的长度是 myvector4 的 2 倍。当这两个向量运算时,myvector4 中的元素会按顺序循环和 myvector3 中的元素进行运算。比如,myvector3 中的第一个元素 2 和 myvector4 中的第一个元素 2 进行运算,myvector3 中的第二个元素 4 和 myvector4 中的第二个元素 4 进行运算,然后 myvector3 中的第三个元素 6 又和 myvector4 中的第一个元素 2 进行运算,myvector3 中的第四个元素 8 和 myvector4 中的第二个元素 4 进行运算,依次循环计算(如图 4.1 所示)。

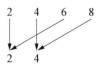

图 4.1 myvector3 和 myvector4 中元素的运算

当这两个向量长度不一致且长的向量的长度不是短的向量的整数倍时,短的向量中的元素仍会按顺序循环和长的向量进行运算,但结果中会出现警告信息(Warning Message)。请看下面示例。

code4_6. R

```
myvector5 <- c(2,4,2,1)
myvector6 <- c(1,2,1)
myvector5+myvector6
# return:   3 6 3 2
# Warning message:
#  In myvector5 + myvector6:
#  longer object length is not a multiple of shorter object length
```

在以上代码中,myvector5 包含了 4 个元素,而 myvector6 包含了 3 个元素,因此长的向量并不是短的向量的整数倍。此时,myvector6 中的元素仍会按顺序循环和 myvector5 中的元素进行运算(如图 4.2 所示)。运行代码之后,能返回结果,但会出现警告信息,提醒我们长的向量的长度不是短的向量的整数倍。

图 4.2 myvector5 和 myvector6 中元素的运算

在 R 语言中,即使出现警告信息,仍能计算出结果,但是我们需要查看警告信息的具体原因,并判断对结果是否有影响。

4.1.5　常用向量函数

本小节将介绍 R 语言中几个常用的向量函数,包括 max( )和 min( )等描述性数据相关函数、长度函数 length( )、等距数列生成函数 seq( )、重复序列函数 rep( )、排序函数 sort( )、计数函数 table( )、去重函数 unique( )以及条件筛选函数 which( )、macth( )、grep( )和 grepl( )。

4.1.5.1　描述性数据相关函数

在语言数字人文研究中,我们经常需要计算和汇报描述性统计数据(Descriptive Statistics),比如最大值、最小值、平均值、总数、中位数、标准差、方差、分位数等。在 R 语言中,我们可以通过 max( )、min( )、mean( )、sum( )、median( )、sd( )、var( )、quantile( )等函数获取以上描述性统计数据。请看下面的示例。

code4_7. R

```
rm( list = ls( ) )
myvector <- c( 12,25,33,27,18,24,30,19,23,18,26)

# To find the maximum element
max( myvector) #return: 33

# To find the minimum element
min( myvector) #return: 12

# To calculate the mean values
mean( myvector) #return: 23. 18182

# To calculate the sum of values
sum( myvector) #return: 255

# To find the median
median( myvector) #return: 24
```

```
# To calculate the standard deviation
sd(myvector) #return: 6.046787

# To calculate the variance
var(myvector) #return: 36.56364

# To calculate sample quantiles
quantile(myvector)
# return:
# 0%   25%   50%   75% 100%
# 12.0 18.5 24.0 26.5 33.0
quantile(myvector,0.5)
#return: 50%
#            24
quantile(myvector,c(0.25,0.75))
#return: 25%    75%
#            18.5    26.5
```

4.1.5.2　seq( )

函数 seq( )主要用于产生等距间隔的数列。该函数的基本句法如下所示:

```
seq(from, to, by)
```

其中,参数 from 用于设置数列的起始数值,to 用于设置数列的结束数值,by 是步长,用于设置数列的增量。请看下面的示例。

code4_8. R

```
rm(list = ls())
myvector <- seq(10,50,5)
print(myvector)
```

在以上代码中,我们将 seq 函数中的起始值设置为 10,结束值设置为 50,增量为 5,意思是从 10 开始,以 5 为增量依次返回数据,直到 50 为止。返回结果如下所示：

```
10 15 20 25 30 35 40 45 50
```

4.1.5.3　length( )

函数 length( )可以计算向量的长度，即向量中包含有多少个元素。请看下面的示例。

code4_8. R

```
myvector1 <- c(1,3,5,7,9,11,13,15,17,19,21)
length(myvector1) #return: 11

myvector2 <- c("David","Mary","Lucy","Lisa","John")
length(myvector2) #return: 5
```

从返回结果可知，myvector1 中包含了 11 个元素，而 myvector2 包含了 5 个元素。

4.1.5.4　rep( )

函数 rep( )主要用于创建重复序列的向量，其基本的句法如下所示：

```
rep(x, times = 1, length.out = NA, each = 1)
```

其中，参数 x 是待重复的序列对象，times 是该向量重复的次数，默认为 1 次，length.out 为产生的向量长度，默认为 NA(未限制)，each 为每个元素重复的次数，默认为 1。请看下面的示例。

code4_8. R

```
myvector3 <- c(1,3,5,7)
myvector4 <- c("Good","morning")

rep(myvector3,times = 2) #return: 1 3 5 7 1 3 5 7
rep(myvector4,times = 2)
```

```
#return: "Good"      "morning" "Good"      "morning"

rep(myvector3,each = 2) #return: 1 1 3 3 5 5 7 7
rep(myvector4,each = 2)
#return: "Good"      "Good"      "morning" "morning"

rep(myvector3,times = 3,each = 2)
#return: 1 1 3 3 5 5 7 7 1 1 3 3 5 5 7 7 1 1 3 3 5 5 7 7

rep(myvector4,times = 3,each = 2)
#return: "Good"      "Good"      "morning" "morning" "Good"      "Good"
"morning" "morning" "Good"      "Good"      "morning" "morning"
```

在上面的代码中,我们首先创建了两个变量 myvector3 和 myvector4。然后,利用 rep( )函数创建重复序列的向量。我们将参数 time 设置为 2,表示将向量整体重复两次;将 each 设置为 2,表明将向量中的每个元素重复两次;最后,同时设置 time 和 each 参数,将每个元素重复两次后整体重复三次。

4.1.5.5　sort( )和 order( )

函数 sort( )和 order( )都可以对向量进行大小排序,默认的排序方式都是升序(decreasing = FALSE),即从小到大进行排序。如果想要按从大到小的方式排列,则需把参数 decreasing 设置成 TRUE。这两个函数的不同之处在于,函数 sort( )返回的是排序后的值,而函数 order( )返回的是索引位置。请看下面的示例。

code4_8. R

```
myvector5 <- c(6,8,3,10,5,13,2,9,1)

# To sort myvector5 in an ascending order
sort(myvector5) #return: 1   2   3   5   6   8   9  10  13

# To sort myvector5 in a descending order
sort(myvector5,decreasing = TRUE)
#return: 13 10   9   8   6   5   3   2   1
```

```
# To sort myvector5 in an ascending order, and it returns the indexes
order(myvector5) #return: 9 7 3 5 1 2 8 4 6

# To sort myvector5 in a descending order, and it returns the indexes
order(myvector5,decreasing = TRUE)
#Return: 6 4 8 2 1 5 3 7 9
```

在以上代码中,我们首先创建了包含九个数值的向量 myvector5,然后利用 sort() 和 order() 函数对向量 myvector5 分别进行了升序和降序的排列。结果显示,sort() 函数直接返回排序后的数值,而 order() 函数返回的是原先向量中的索引位置。例如,升序排列时,最小的数值 1 是 myvector5 中的最后一位数,因此返回的结果是 1 在 myvector5 中的位置 9。我们如果想要 order() 函数也显示具体排序后的数值,那么需要进一步利用下标索引提取向量中具体的数值。请看下面的示例。

code4_8. R

```
myvector5[order(myvector5)]
#return: 1  2  3  5  6  8  9 10 13

myvector5[order(myvector5,decreasing = TRUE)]
#return: 13 10  9  8  6  5  3  2  1
```

最后返回的结果和 sort() 函数返回的结果一致。

以上我们对数值型向量进行了排序,那么能否对字符串型向量进行排序呢? 事实上,字符串型向量也可以排列顺序,sort() 和 order() 函数会根据 26 个字母的先后顺序进行排序。请看下面的示例。

code4_8. R

```
myvector6 <- c("David","Mary","John","Allen","Susan")

# To sort myvector6 in an ascending order
sort(myvector6)
#return: "Allen" "David" "John" "Mary"   "Susan"
```

```
# To sort myvector6 in a descending order
sort( myvector6,decreasing = TRUE )
#return: "Susan" "Mary"    "John"    "David" "Allen"

# To sort myvector6 in an ascending order, and it returns the indexes
order( myvector6) #return: 4 1 3 2 5

# To sort myvector6 in a descending order, and it returns the indexes
order( myvector6, decreasing = TRUE) #return: 5 2 3 1 4
```

　　同样地,我们如果想要 order( )函数显示排序后具体的值,那么可以利用下标索引提取向量中具体的数据。请看下面的示例。

code4_8. R

```
myvector6[ order( myvector6) ]
#return: "Allen" "David" "John"    "Mary"    "Susan"

myvector6[ order( myvector6,decreasing = TRUE) ]
#return: "Susan" "Mary"    "John"    "David" "Allen"
```

4.1.5.6　table( )

　　函数 table( )主要用于计数,即计算向量中各个元素出现的频次。请看下面的示例。

code4_9. R

```
rm( list = ls( ))
gender<- c("male","female","male","male","female",
          "male","female","female","male","male")
gender_freq <- table( gender )
print( gender_freq )
#return:
# gender
# female   male
# 4       6
```

在以上代码中,我们利用 table( )函数计算了向量 gender 中"female"和"male"出现的频次。结果显示,"female"出现了四次,"male"出现了六次。

4.1.5.7　unique( )

函数 unique( )可以去除向量中重复出现的元素,可以用于查看向量中元素的多样性。请看下面的示例。

code4_9. R

```
my_names <- c("Mary","Linda","David","Mary",
              "Linda","David","Mark","David",
              "Lily","Mary","Linda")
unique(my_names)
#return: "Mary"  "Linda" "David" "Mark"  "Lily"
```

在以上代码中,我们利用 unique( )函数去除了向量 my_names 中重复出现的名字。结果显示,虽然 my_names 中有 11 个名字,但只有五个名字是不同的,返回结果就是这五个不同的名字。

4.1.5.8　which( )

函数 which( )主要用于条件筛选,能够返回满足条件的向量下标。请看下面的示例。

code4_9. R

```
myvector1 <- c(2,4,5,-3,7,10,-1,0,8,11,0,-6)

which(myvector1<0) #return: 4   7 12
myvector1[which(myvector1<0)] #return: -3 -1 -6

which(myvector1==0) #return: 8 11
myvector1[which(myvector1==0)] #return: 0 0

which(myvector1>0) #return: 1  2  3  5  6  9 10
```

```
myvector1[ which( myvector1>0) ]
#return:  2   4   5   7 10   8 11
```

　　在以上的代码中,我们首先创建了一个由 12 个数值组成的向量 myvector1,然后利用 which( ) 函数分别提取出向量中小于零、等于零和大于零的值。函数 which( ) 能够返回满足条件的向量下标,比如 which(myvector1<0) 返回的是向量 myvector1 中小于零的数值的位置下标,即 4、7、12。之后,我们可以利用向量的下标提取满足条件的元素。例如,myvector1[which(myvector1<0)] 返回了向量中三个小于零的数。

　　函数 which( ) 同样适用于字符型向量的条件筛选。请看下面的示例。

code4_9. R

```
myvector2 <- c( "David","Linda","Mary",
                "David","John","Lily")

which( myvector2 = = "David") # return:  1 4
myvector2[ which( myvector2 = = "David") ] # return:  "David" "David"

which( myvector2 ! = "David") #return:   2 3 5 6
myvector2[ which( myvector2 ! = "David") ]
#return:  "Linda" "Mary"   "John"   "Lily"
```

　　在上面的代码中,我们首先创建了一个由 6 个字符元素组成的向量 myvector2。然后,我们利用 which( ) 函数筛选出向量中等于"David"的下标位置。最后,利用向量的下标提取满足条件的元素。类似地,我们利用 which( ) 函数提取出了向量 myvector2 中不等于"David"的所有字符串元素。需要注意的是,在 R 语言中,"= ="表示等于,而"! ="表示不等于。

4.1.5.9　match( )

　　函数 match( ) 是一个匹配函数,可以用于数据筛选分析。该函数的基本句法如下所示:

```
match(x, table)
```

其中,x 是一个向量,表示要匹配的数据。table 也是一个向量,是被匹配的数据。当元素匹配上时,结果返回的是该元素在向量 table 中的位置。当 x 中的元素没有匹配上向量 table 中的元素时,结果返回缺失值 NA。请看下面的示例。

code4_10. R

```
rm(list = ls())
x <- c(1,3,7,9)
y <- c(2,0,3,1)

match(x,y)
#return: 4  3 NA NA
```

在上面的代码中,我们利用 c() 函数创建了两个向量 x 和 y,然后利用 match() 函数进行匹配。首先,把 x 中的第一个元素 1 和向量 y 进行匹配,y 中也有 1,在第四个位置,因此返回 4。接下来,把 x 中的第二个元素 3 和向量 y 进行匹配,y 中也有 3,在第三个位置,因此结果返回 3。然后,把 x 中的元素 7 和向量 y 进行匹配,匹配不上返回 NA。类似地,9 也匹配不上,因此返回 NA。最后,返回的结果就是"4 3 NA NA"。

如果我们想要提取出匹配上的元素,那么可以利用下标完成。请看下面的示例。

code4_10. R

```
y[match(x,y)]
#return: 1 3 NA NA
```

另外一种更加简洁的匹配方式是用%in%检验 x 中每个元素在 table 中是否存在,存在就返回 TRUE,否则就返回 FALSE。请看下面的示例。

code4_10. R

```
x %in% y
```

```
#return: TRUE   TRUE FALSE FALSE
```

我们也可以利用下标提取出匹配的元素。请看下面的示例。

code4_10. R

```
x[x %in% y]
#return: 1 3
```

4.1.5.10　grep( )和 grepl( )

函数 grep( )也能够返回向量中满足某特定条件的元素。不同的是,grep( )函数支持正则表达式搜索文本,因此其匹配功能更加强大,能够满足用户的多种需求。函数 grep( )的基本句法如下所示:

```
grep(pattern, x, perl, value)
```

其中 pattern 是待搜索的字符串模式,x 是要查找的向量。在使用正则表达式时,我们需要将 grep( )函数中的参数"perl"设置为 TRUE,表示使用与 perl 兼容的正则表达式规则。最后,grep( )函数默认返回满足条件的下标位置。如果想要返回满足条件的值,则需要把参数 value 设置为 TRUE。

函数 grep( )的具体使用请看下面的示例。

code4_10. R

```
myvector <- c("Mary","David","Linda",
              "Mark","lisa","Lily")

grep("\\bM. +",myvector,perl = TRUE) #return: 1 4

grep("\\bM. +",myvector,perl = TRUE,value = TRUE)
#return: "Mary" "Mark"
```

在上面的代码中,我们首先创建了一个字符型向量 myvector。然后,我们利用正则表达式查找出所有以 M 开头的名字。其中,"\\bM. +"中的\\b 为元字符,匹配单词的边界。运行上述第二行代码后返回符合条件元素的下标位置,即返回 1 和 4。在第三行代码中,我们将 value 参数设置为 TRUE,因此运行后返回符合条件的元素,即"Mary"和"Mark"。

　　如果我们想要 grep( )函数忽略大小写进行匹配,可以将参数 ignore. case 设置为 TRUE。请看下面的示例。

code4_10. R

```
grep("\\bL. +",myvector,
     ignore. case = TRUE,perl = TRUE) #return: 3 5 6

grep("\\bL. +",myvector,
     ignore. case = TRUE,perl = TRUE,value = TRUE)
#return:  "Linda" "lisa"    "Lily"
```

　　在上面的代码中,我们通过 ignore. case 参数和正则表达式查找出了 myvector 中以 L 或者 l 开头的所有名字。

　　函数 grepl( )和 grep( )的用法和功能基本一致,不同的是,grep( )仅返回匹配项的下标位置或者值,而 grepl( )返回逻辑值结果(TRUE 或者 FALSE),表示是否找到匹配项。我们如果想要得到匹配的值,需要利用逻辑下标提取结果。请看下面的示例。

code4_10. R

```
grepl("\\bM. +",myvector,perl = TRUE)
#return:  TRUE FALSE FALSE    TRUE FALSE FALSE

myvector[grepl("\\bM. +",myvector,perl = TRUE)]
#return:  "Mary" "Mark"
```

　　在以上代码中,我们利用 grepl( )函数查找以 M 开头的名字,结果返回一串逻辑值,表示是否找到匹配项。然后,我们利用逻辑下标提取出了满足条件的值。

4.1.6 向量练习

1. 假设某班级进行了期中考试,各位同学的英语成绩为 91、87、65、90、82、55、73、88、92、66、50、95、77、84、86、60、53、44、78、86、92、68、89、70、88、86、90、72、85、60、83、75。试利用 R 语言回答以下问题(答案见代码 code4_11.R)。

(1) 请问该班级总共有多少学生?

(2) 请问该班级英语平均成绩是多少? 最高分和最低分是多少?

(3) 请问该班级英语成绩为 90 分及以上的同学有多少个? 不及格(60 分以下)的同学有多少个?

(4) 请将该班级同学的英语成绩按从高到低的顺序进行排列。

2. 假设有一个向量 myvector 如下:

```
myvector <-c( "What","may","be","done","at","any","time",
              "will","be","done","at","no","time")
```

试利用 R 语言回答以下问题(答案见代码 code4_12.R)。

(1) 请计算该向量中各个元素出现的频次。

(2) 请排除该向量 myvector 中的重复元素,并将其保存为新的向量 newvector1,打印查看该向量。

(3) 请将新向量 newvector1 中的元素按字母先后顺序进行排列。

(4) 基于新向量 newvector1,请利用正则表达式查找出所有以 w 或者 W 开头的单词。

4.2 矩阵和数据框

本小节首先介绍矩阵和数据框的概念,然后介绍它们的一些基本操作,比如矩阵和数据框的索引以及元素的添加、删除、修改等,最后介绍常用的矩阵和数据框函数。

4.2.1　什么是矩阵和数据框

矩阵(Matrix)和数据框(Data Frame)都是一种矩阵形式的数据结构,相当于二维数组,主要由行和列组成,其中每列是一个变量,每行是一个观测。矩阵和数据框在数据结构、功能以及用法上都类似。两者最大的不同在于,数据框可以兼容不同类型的数据,而矩阵和向量类似,它里面的每个元素都必须是相同的数据类型。如果矩阵中同时包含不同类型的数据,那么其中的所有数据都会被强制转换为同种类型的数据。例如,矩阵中的第一列是数值型数据,而第二列是字符型数据,那么所有数据都会被强制转换为字符型数据。由于数据类型的不兼容性,矩阵的适用范围比较小。相比之下,数据框的一个优势在于它支持不同类型的数据,具有较好的兼容性。也就是说,数据框中不同的列可以是不同类型的数据,比如第一列为数值型数据,而第二列可以为数值型、字符型或者逻辑型数据。鉴于数据框的良好兼容性,它在语言数字人文数据处理中的应用更为广泛。

下面,我们将介绍矩阵和数据框的创建。

在 R 语言中,我们可以通过 matrix( ) 函数创建矩阵。该函数的基本句法如下所示:

```
matrix( vector, nrow, ncol, byrow,
        dimnames = list( char_vector_rownames,
                         char_vector_colnames))
```

其中,vector 是一个向量,包含了创建矩阵需要的元素。参数 nrow 和 ncol 用于指定行和列的数量。参数 byrow 用于设置是否按行进行填充,默认为按列填充(byrow = FALSE)。最后,参数 dimnames 用于指定各行和各列的名称,list( )里面需要给定两个字符型向量,char_vector_rownames 用于指定行名,而char_vector_colnames 用于给定列名。

例如,我们有一个向量 myvector,里面包含数值 1 到 30,如下所示:

code4_13. R

```
rm( list = ls( ))
```

```
myvector <- 1:30
```

如果想要将这组数据转换为 6 行×5 列的矩阵,并且按列进行填充,那么我们可以进行如下操作。

code4_13. R

```
my_matrix <- matrix(myvector, nrow = 6, ncol = 5)
print(my_matrix)
```

打印查看 my_matrix 后,返回结果如下所示:

```
     [,1]  [,2]  [,3]  [,4]  [,5]
[1,]   1     7    13    19    25
[2,]   2     8    14    20    26
[3,]   3     9    15    21    27
[4,]   4    10    16    22    28
[5,]   5    11    17    23    29
[6,]   6    12    18    24    30
```

我们如果想要数据按行进行填充,可以将参数 byrow 设置为 TRUE。请看下面的示例。

code4_13. R

```
my_matrix2 <- matrix(myvector, nrow = 6, ncol = 5, byrow = TRUE)
print(my_matrix2)
```

打印后返回结果如下所示:

```
     [,1]  [,2]  [,3]  [,4]  [,5]
[1,]   1     2     3     4     5
[2,]   6     7     8     9    10
[3,]  11    12    13    14    15
[4,]  16    17    18    19    20
```

[5,]	21	22	23	24	25
[6,]	26	27	28	29	30

如果已经创建好了矩阵,但是想更改矩阵中的行名和列名,那么我们可以利用 rownames() 和 colnames() 函数进行重新命名。请看下面的示例。

code4_13. R

```
rownames(my_matrix2) <- c("New_R1","New_R2","New_R3",
                          "New_R4","New_R5","New_R6")
colnames(my_matrix2) <- c("New_C1","New_C2","New_C3",
                          "New_C4","New_C5")
print(my_matrix2)
```

重新打印 my_matrix2 之后,返回结果如下所示:

	New_C1	New_C2	New_C3	New_C4	New_C5
New_R1	1	2	3	4	5
New_R2	6	7	8	9	10
New_R3	11	12	13	14	15
New_R4	16	17	18	19	20
New_R5	21	22	23	24	25
New_R6	26	27	28	29	30

下面,我们将介绍数据框的创建。

在 R 语言中,我们可以通过 data. frame() 函数来创建数据框。请看下面的示例。

code4_13. R

```
names <- c("David","Mary","Lucy","Lisa","John","Daisy")
gender <- c("M","F","F","F","M","F")
scores <- c(88,90,89,91,85,95)
student_scores <- data. frame(names,gender,scores)
print(student_scores)
```

在上面的代码中,我们首先创建了三个向量 names、gender 和 scores,分别用于存储姓名、性别和分数信息。然后,我们利用 data. frame( )函数将这三个变量合并创建了一个数据框 student_scores。打印该数据框后返回结果如下所示:

```
  names gender scores
1 David    M    88
2  Mary    F    90
3  Lucy    F    89
4  Lisa    F    91
5  John    M    85
6 Daisy    F    95
```

从以上结果可知,该数据框就是类似于表格的数据结构。最左边 1、2、3、4、5、6 是行名,用来标识每一行。第一列 names 存储学生的名字,第二列 gender 是学生的性别,第三列是学生的成绩。数据框中的每一行是一个观测。比如,第一行表示学生姓名为"David",性别为"M",成绩为 88 分。

与矩阵类似,我们可以通过 colnames( )和 rownames( )函数查看和修改数据框的行名和列名。请看下面的示例。

code4_13. R

```
colnames( student_scores)
# return: "names"  "gender"     "scores"

rownames( student_scores) # return: "1" "2" "3" "4" "5" "6"

colnames( student_scores)<-c( "Name","Gender","Math_Scores")

rownames( student_scores) <- c( "S1","S2","S3","S4","S5","S6")

print( student_scores)
```

在以上代码中,我们分别利用 colnames( )和 rownames( )函数查看了数据框 student_scores 的列名和行名。然后,我们又利用这两个函数修改了数据框的列名和行名。最后,重新打印查看 student_scores,返回结果如下所示:

	Name	Gender	Math_Scores
S1	David	M	88
S2	Mary	F	90
S3	Lucy	F	89
S4	Lisa	F	91
S5	John	M	85
S6	Daisy	F	95

4.2.2　矩阵和数据框的索引

矩阵和数据框都可以通过下标进行索引。索引时在矩阵或者数据框后面加[x,y],x 和 y 为整数,其中 x 代表第 x 行,y 代表第 y 列。

比如,mymatrix[x,]和 mydf[x,]返回矩阵和数据框中第 x 行的所有元素。

mymatrix[,y]和 mydf[,y]返回矩阵和数据框中第 y 列的所有元素。

mymatrix[x,y]和 mydf[x,y]返回矩阵和数据框中第 x 行、第 y 列的元素。

mymatrix[-x,]和 mydf[-x,]返回矩阵和数据框中除了第 x 行之外的所有元素。

mymatrix[,-y]和 mydf[,-y]返回矩阵和数据框中除了第 y 列之外的所有元素。

下面是关于矩阵索引的示例。

code4_14. R

```
rm(list = ls())
# To create my_matrix
my_rownames <- c("R1","R2","R3","R4","R5","R6")
my_colnames <- c("C1","C2","C3","C4","C5")
my_matrix <- matrix(1:30, nrow = 6, ncol = 5,
                    dimnames = list(my_rownames,
                                    my_colnames))
# To return all elements in the second row of my_matrix
my_matrix[2,]
# return:
# C1 C2 C3 C4 C5
#  2  8 14 20 26
```

```
# To return all elements in the third column of my_matrix
my_matrix[ ,3]
# return:
# R1 R2 R3 R4 R5 R6
# 13  14  15  16  17  18

# To return the element in the second row and the third column of my_matrix
my_matrix[2,3]
# return: 14

# To return all elements except those in the first row
my_matrix[-1,]
# return:
#     C 1 C2 C3 C4 C5
# R2   2   8  14  20  26
# R3   3   9  15  21  27
# R4   4  10  16  22  28
# R5   5  11  17  23  29
# R6   6  12  18  24  30

# To return all elements except those in the fifth column
my_matrix[ ,-5]
# return:
#     C 1 C 2 C 3 C 4
# R1   1   7  13  19
# R2   2   8  14  20
# R3   3   9  15  21
# R4   4  10  16  22
# R5   5  11  17  23
# R6   6  12  18  24
```

我们也可以通过行名和列名来访问矩阵中的元素。请看下面的示例。

code4_14. R

```
my_matrix['R4','C4']
# return: 22
```

在上面代码中,我们通过行名"R4"和列名"C4"访问了 my_matrix 中对应的元素,即返回 22。

下面是关于数据框索引的示例。

code4_14. R

```
Names <- c("Rose","Jake","Devin","John","Linda")
Salary <- c(4050,5000,6600,4500,5300)
mydf <- data.frame(Names,Salary)

# To return the elements in the second row
mydf[2,]
#return:
#    Names Salary
# 2 Jake     5000

# To return the elements in the second column
mydf[,2] # return: 4050 5000 6600 4500 5300

# To return the element in the first row and second column
mydf[1,2] # return: 4050

# To return all elements except those in the second row
mydf[-2,]
#return:
#    Names Salary
# 1   Rose  4050
# 3  Devin  6600
# 4   John  4500
# 5  Linda  5300

# To return all elements except those in the first column
mydf[,-1] #return: 4050 5000 6600 4500 5300
```

除了利用整数下标进行索引之外,数据框也能通过列名进行整列索引。索引形式为"数据框名+$+列名"。请看下面的示例。

code4_14. R

```
mydf$Names
# return:
# [1] Rose   Jake   Devin John   Linda
mydf$Salary
#return: 4050 5000 6600 4500 5300
```

在上面的代码中,我们利用列名"Names"和"Salary"分别索引出了这两列包含的元素。

4.2.3 矩阵和数据框元素的添加、删除和修改

与向量一样,我们也可以对矩阵和数据框中的元素进行添加、删除和修改。下面,我们将进行详细介绍。

我们可以通过 rbind( )和 cbind( )函数添加矩阵的行和列。这两个函数的基本句法如下所示:

```
rbind(a, b)
cbind(a, b)
```

其中,a 是原先的矩阵,而 b 是待增加的行或者列。需要注意的是,待合并的 a 和 b 之间的行数或者列数必须相同,否则会报错。请看下面的示例。

code4_15. R

```
rm(list = ls())
my_rownames <- c("R1","R2","R3","R4","R5","R6")
my_colnames <- c("C1","C2","C3","C4","C5")
my_matrix <- matrix(1:30, nrow = 6, ncol = 5,
                        dimnames = list(my_rownames,
                                        my_colnames))
my_matrix <- rbind(my_matrix,R7=c(31,32,33,34,35))
print(my_matrix)
```

在上面的代码中,我们利用 rbind( )函数在原矩阵 my_matrix 后面增加了

一行,并将新生成的矩阵重新保存为变量 my_matrix。打印查看 my_matrix 后的返回结果如下所示:

```
   C1 C2 C3 C4 C5
R1  1  7 13 19 25
R2  2  8 14 20 26
R3  3  9 15 21 27
R4  4 10 16 22 28
R5  5 11 17 23 29
R6  6 12 18 24 30
R7 31 32 33 34 35
```

类似地,我们可以利用 cbind( )函数向矩阵中添加新的列。请看下面的示例。

code4_15. R

```
my_matrix <- cbind( my_matrix,C6 = c( 36,37,38,39,40,41,42) )
print( my_matrix)
```

最后,返回结果如下所示:

```
   C1 C2 C3 C4 C5 C6
R1  1  7 13 19 25 36
R2  2  8 14 20 26 37
R3  3  9 15 21 27 38
R4  4 10 16 22 28 39
R5  5 11 17 23 29 40
R6  6 12 18 24 30 41
R7 31 32 33 34 35 42
```

如果我们想要删除矩阵中的某行或者某列,那么可以通过在整数下标前面加负号完成。请看下面的示例。

code4_15. R

```
# To delete the seventh row and the sixth column
my_matrix <- my_matrix[ -7,-6]
```

```
print(my_matrix)
```

最后,返回结果如下所示。

```
    C1 C2 C3 C4 C5
R1   1   7 13 19 25
R2   2   8 14 20 26
R3   3   9 15 21 27
R4   4 10 16 22 28
R5   5 11 17 23 29
R6   6 12 18 24 30
```

如果想要修改矩阵中的某个元素,我们也可以通过下标进行修改。请看下面的示例。

code4_15. R

```
my_matrix[1,2] <- 100
print(my_matrix)
```

在上面的代码中,我们将矩阵 my_matrix 中第 1 行、第 2 列的元素修改为了 100。打印查看 my_matrix 后的返回结果如下所示:

```
    C1  C2 C3 C4 C5
R1   1 100 13 19 25
R2   2   8 14 20 26
R3   3   9 15 21 27
R4   4  10 16 22 28
R5   5  11 17 23 29
R6   6  12 18 24 30
```

从结果可知,矩阵中的第 1 行、第 2 列的元素变成了 100,说明修改成功了。

下面,我们将介绍数据框中元素的添加、删除和修改。

在 R 语言中,我们可以通过 data. frame( )函数向数据框中增加新的一列。

请看下面的示例。

code4_16. R

```
rm( list = ls( ) )
Names <- c( "Rose","Jake","Devin","John","Linda")
Gender <- c( "F","M","M","M","F")

mydf <- data. frame( Names,Gender)
print( mydf)
# return:
#       Names Gender
# 1   Rose         F
# 2   Jake         M
# 3  Devin         M
# 4   John         M
# 5  Linda         F


# To add a new column that stores the Chinese scores
Chinese_scores <- c( 90,88,86,92,90)
mydf <- data. frame( mydf,Chinese_scores)
print( mydf)

# return:
#     Names Gender Chinese_scores
# 1   Rose         F            90
# 2   Jake         M            88
# 3  Devin         M            86
# 4   John         M            92
# 5  Linda         F            90
```

与矩阵类似,我们也可以通过 cbind( )函数向数据框中增加新的列。请看下面的示例。

code4_16. R

```
Math_scores <- c( 95,84,87,89,93)
mydf <- cbind( mydf,Math_scores)
print( mydf)
```

```
# return:
#    Names Gender Chinese_scores Math_scores
# 1   Rose    F           90          95
# 2   Jake    M           88          84
# 3   Devin   M           86          87
# 4   John    M           92          89
# 5   Linda   F           90          93
```

需要注意的是,数据框和待合并的列在长度上必须一致,否则会报错,请看下面的示例。

code4_16. R

```
English_scores <- c(89,90,85,95,92,88)
mydf <- cbind(mydf,English_scores)
# return: Error in data.frame(..., check.names = FALSE):
# 参数值意味着不同的行数: 5, 6
```

另外,函数 cbind( )还能合并两个数据框,请看下面的示例。

code4_16. R

```
# To create mydf1
odd_num <- c(1,3,5,7,9)
even_num <- c(2,4,6,8,10)
mydf1 <- data.frame(odd_num,even_num)
print(mydf1)
# return:
#   odd_num even_num
# 1     1       2
# 2     3       4
# 3     5       6
# 4     7       8
# 5     9      10

# To create mydf2
decimals <- c(1.2,3.14,6.8888,9.1,10.428)
negative_num <- c(-11,-12,-13,-14,-15)
mydf2 <- data.frame(decimals,negative_num)
```

```
print(mydf2)
# return:
#    decimals negative_num
# 1   1.2000           -11
# 2   3.1400           -12
# 3   6.8888           -13
# 4   9.1000           -14
# 5  10.4280           -15


# To combine mydf1 and mydf2 by column
mydf3 <- cbind(mydf1,mydf2)
print(mydf3)
# return：
#    odd_num even_num decimals negative_num
# 1        1        2  1.2000           -11
# 2        3        4  3.1400           -12
# 3        5        6  6.8888           -13
# 4        7        8  9.1000           -14
# 5        9       10 10.4280           -15
```

如果我们想要增加新的行,可以用 rbind() 函数实现这一目的。和 cbind
() 函数不同的是,rbind() 函数只能合并两个数据框,并且这两个数据框的列
数和列名都必须相同,否则会报错。请看下面的示例。

code4_17. R

```
rm(list = ls())
# To create mydf1
Names <- c("Rose","Jake","Devin","John","Linda")
Gender <- c("F","M","M","M","F")
mydf1 <- data.frame(Names,Gender)
print(mydf1)
# return:
#     Names Gender
# 1    Rose      F
# 2    Jake      M
# 3   Devin      M
# 4    John      M
```

```
# 5   Linda        F

# To create mydf2
Names <- c("Mary","Mark")
Gender <- c("F","M")
mydf2 <- data. frame(Names,Gender)
print(mydf2)
# return:
#    Names Gender
# 1   Mary       F
# 2   Mark       M

# To combine mydf1 and mydf2 by row
mydf3 <- rbind(mydf1,mydf2)
print(mydf3)
# return:
#    Names Gender
# 1   Rose       F
# 2   Jake       M
# 3  Devin       M
# 4   John       M
# 5  Linda       F
# 6   Mary       F
# 7   Mark       M
```

　　如果我们想要删除某些行或者列,可以通过在下标前面加负号删除数据框中的行和列。请看下面的示例。

code4_17. R

```
# To create mydf
mynames <- c("Mary","Mark","Linda","Jack","Rose")
myheight  <- c(160,180,162,175,165)
myweight  <- c(50,80,45,75,52)

mydf <- data. frame(mynames,myheight,myweight)
print(mydf)
# return:
```

```
#     mynames myheight myweight
# 1     Mary      160       50
# 2     Mark      180       80
# 3     Linda     162       45
# 4     Jack      175       75
# 5     Rose      165       52


# To delete the third column
mydf <- mydf[ ,−3]
print( mydf)
# return:
#     mynames myheight
# 1     Mary      160
# 2     Mark      180
# 3     Linda     162
# 4     Jack      175
# 5     Rose      165


# The delete the fifth row
mydf <- mydf[ −5, ]
print( mydf)
# return:
#     mynames myheight
#  1     Mary      160
#  2     Mark      180
#  3     Linda     162
#  4     Jack      175
```

　　如果我们想要修改数据框中的某个元素，也可以通过下标进行修改。请看下面的示例。

code4_17. R

```
# To change Mary's height as 168
# In mydf, Mary's height is in the first row and the second column
mydf[ 1,2] <- 168

print( mydf)
```

```
# return:
#    mynames myheight
# 1      Mary      168
# 2      Mark      180
# 3      Linda     162
# 4      Jack      175
```

4.2.4　矩阵和数据框常用函数

本小节将介绍 R 语言中常用的矩阵和数据框函数,包括数据绑定和解绑函数 attach( )和 detach( )、变量结构信息查看函数 str( )、描述性信息统计函数 summary( )、头部和尾部数据获取函数 head( )和 tail( )、行和列获取函数 nrow( )和 ncol( )以及数据框匹配和拼接函数 merge( )。

4.2.4.1　attach( )和 detach( )

函数 attach( )主要用于绑定数据框中的数据,这样可以直接使用列名访问数据。请看下面的示例。

code4_18. R

```
rm( list = ls( ) )
mydf<-data. frame ( Names = c( "Mary", "Mark", "Linda", "Jack", "Rose"),
                   Height = c( 160,180,162,175,165),
                   Weight = c( 50,80,45,75,52) )
print( Height)
#return: Error: object 'Height' not found

# To attach mydf
attach( mydf)

print( Height)
#return: 160 180 162 175 165
```

在上面的代码中,我们首先利用 data. frame( )函数创建了数据框 mydf,打印查看数据框中的第二列 Height,返回错误。我们利用 attach( )函数捆绑

mydf 数据框之后再次打印列名 Height,返回正确结果。

　　如果我们想要解绑数据,可以通过 detach( )函数进行解绑。请看下面的示例。

code4_18. R

```
# To detach mydf
detach( mydf)

# To print Height again
print( Height)
#return: Error: object 'Height'not found
```

4. 2. 4. 2　str( )

　　函数 str( )可以查看数据框的内部结构,概括各个变量的信息。请看下面的示例。

code4_18. R

```
str( mydf)
#return:
#'data. frame'    :      5 obs. of   3 variables:
#$ Names : chr     "Mary" "Mark" "Linda" "Jack" . . .
#$ Height : num    160 180 162 175 165
#$ Weight : num    50 80 45 75 52
```

　　在上面的代码中,我们利用 str( )函数查看了 mydf 的内部结构。返回结果显示,mydf 的数据类型是数据框'data. frame',里面包含 3 个变量,各有 5 个观测值。第二行显示第一个变量 Names 的信息,数据类型为字符型,之后列出前几个字符元素。第三行和第四行显示变量 Height 和 Weight 的信息,其数据类型均为数值型,紧接着列出它们在数据框中的具体数值。

4. 2. 4. 3　summary( )

　　函数 summary( )能够一次性计算各列的描述性统计信息,包括最小值、最大值、四分位数和数值型变量的均值和中位数,以及因子向量和逻辑型向量的频数统计等。请看下面的示例。

code4_18. R

```
summary( mydf)
```

在上面的代码中,我们利用 summary( )函数查看了数据框 mydf 的描述性统计信息。返回结果如下所示:

```
    Names            Height            Weight
Length : 5       Min.    : 160. 0   Min.    : 45. 0
Class  : character   1st Qu. : 162. 0   1st Qu. : 50. 0
Mode   : character   Median : 165. 0   Median : 52. 0
                 Mean    : 168. 4   Mean    : 60. 4
                 3rd Qu. : 175. 0   3rd Qu. : 75. 0
                 Max.    : 180. 0   Max.    : 80. 0
```

从返回结果可知,数据框中主要有三列信息。第一列是关于变量 Names 的信息,包括其长度和数据类型。第二列 Height 和第三列 Weight 都是数值型数据,因此统计其描述性信息,包括最小值、最大值、四分位数、中位数和均值。

4.2.4.4　head( )和 tail( )

当数据框中的数据量过大,无法打印查看所有数据时,我们可以通过 head( )和 tail( )函数获取数据框头部和尾部的数据,通过观察部分数据了解数据框的数据构成。请看下面的示例。

code4_19. R

```
rm( list = ls( ))
# The temperature and humidity of a place over a month
Date<- c( "Day1","Day2","Day3","Day4","Day5","Day6","Day7",
          "Day8","Day9","Day10","Day11","Day12","Day13",
          "Day14","Day15","Day16","Day17","Day18","Day19",
          "Day20","Day21","Day22","Day23","Day24","Day25",
          "Day26","Day27","Day28","Day29","Day30")
```

```
Temperature <- c(20,21,20,22,21,18,23,22,23,25,23,25,24,
                 18,22,24,25,26,22,23,24,24,25,26,23,23,
                 24,25,26,26)
Humidity <- c(0.5,0.55,0.53,0.45,0.48,0.5,0.52,0.51,0.56,
              0.56,0.51,0.55,0.58,0.6,0.62,0.6,0.65,0.58,
              0.63,0.62,0.63,0.67,0.68,0.65,0.66,0.6,0.58,
              0.59,0.62,0.66)
weather_df <- data.frame(Date,Temperature,Humidity)

# To get the first six rows of weather_df
head(weather_df)
# return:
#    Date Temperature Humidity
# 1  Day1          20     0.50
# 2  Day2          21     0.55
# 3  Day3          20     0.53
# 4  Day4          22     0.45
# 5  Day5          21     0.48
# 6  Day6          18     0.50


# To get the last six rows of weather_df
tail(weather_df)
# return:
#       Date Temperature Humidity
# 25  Day25          23     0.66
# 26  Day26          23     0.60
# 27  Day27          24     0.58
# 28  Day28          25     0.59
# 29  Day29          26     0.62
# 30  Day30          26     0.66
```

在上面的代码中,我们首先创建了数据框 whether_df 存储某城市 30 天的温度和湿度变化。然后,我们利用 head( )和 tail( )函数分别查看了该数据框的头部和尾部数据。在默认情况下,head( )和 tail( )函数分别返回前 6 条和后 6 条数据。如果我们想要查看更多或者更少的数据,可以自定义设置返回数据的条数。请看下面的示例。

code4_19. R

```
# To get the first three rows of weather_df
head( weather_df,3)
# return:
#     Date Temperature Humidity
# 1 Day1          20      0.50
# 2 Day2          21      0.55
# 3 Day3          20      0.53

# To get the last eight rows of weather_df
tail( weather_df,8)
# return:
#       Date Temperature Humidity
# 23 Day23          25      0.68
# 24 Day24          26      0.65
# 25 Day25          23      0.66
# 26 Day26          23      0.60
# 27 Day27          24      0.58
# 28 Day28          25      0.59
# 29 Day29          26      0.62
# 30 Day30          26      0.66
```

4.2.4.5　nrow( )和 ncol( )

函数 nrow( )和 ncol( )能够获取数据框的行数和列数。请看下面的示例。

code4_19. R

```
# To count the number of rows in a data frame
nrow( weather_df) #return: 30
# To count the number of columns in a data frame
ncol( weather_df) #return: 3
```

4.2.4.6　merge( )

函数 merge( )可以对两个数据框进行匹配和拼接。该函数的基本句法如下所示:

```
merge( x, y, by, by. x, by. y, all, all. x, all. y,... )
```

其中,参数 x 和 y 表示待合并的两个数据框;参数 by、by. x 和 by. y 用于指定连接两个数据集的列,一般默认是两个数据框共有的列;参数 all、all. x 和 all. y 用于指定合并类型,比如自然连接(Natural Join)、完整连接(Full Outer Join)、左连接(Left Outer Join)和右连接(Right Outer Join),默认 all = FALSE,为自然拼接。自然连接仅返回两个数据框中相同的行。请看下面的示例。

code4_19. R

```
df1 <- data. frame( name = c( "A","C","D","F","B") ,
                    English = c( 85 ,65 ,78 ,93 ,57 ) )

df2 <- data. frame( name = c( "A","C","E","F","B") ,
                    Science = c( 78 ,59 ,88 ,92 ,65 ) )
merge( df1 ,df2 )
```

返回结果如下所示:

	name	English	Science
1	A	85	78
2	B	57	65
3	C	65	59
4	F	93	92

从以上结果可知,自然连接返回的是 df1 和 df2 两个数据框中 name 列中共有的数据,即 A、B、C、F。

如果想要完整拼接返回两个数据框中的所有行,我们需要将参数 all 设置为 TRUE,请看下面的示例。

code4_19. R

```
merge( df1 ,df2 ,all = TRUE )
```

返回结果如下所示:

```
   name English Science
1    A     85     78
2    B     57     65
3    C     65     59
4    D     78     NA
5    E     NA     88
6    F     93     92
```

　　从以上结果可知,两个数据框中的所有行都出现了。如果该行在某一数据框中未出现,那么对应的值就是缺省值"NA"。

　　左连接返回 x 数据框中所有的行以及和 y 数据框中匹配的行,此时我们需要将参数 all. x 设置为 TRUE。请看下面的示例。

code4_19. R

```
merge(df1,df2, all. x = TRUE)
```

　　返回结果如下所示:

```
   name English Science
1    A     85     78
2    B     57     65
3    C     65     59
4    D     78     NA
5    F     93     92
```

　　右连接返回 y 数据框中所有的行以及和 x 数据框中匹配的行,此时我们需要将参数 all. y 设置为 TRUE。请看下面的示例。

code4_19. R

```
merge(df1,df2, all. y = TRUE)
```

　　返回结果如下所示:

```
   name English Science
1    A     85     78
```

2	B	57	65
3	C	65	59
4	E	NA	88
5	F	93	92

4.2.5　矩阵和数据框练习

1. 假设我们有如下一组向量(答案见代码 code4_20. R):

```
myvector <- c(55,80,73,89,59,76,90,82)
```

试回答以下问题:

(1) 创建一个 4 行×2 列的矩阵并按列进行填充,最后将矩阵保存为 score_matrix。打印查看 score_matrix。

(2) 将 score_matrix 的行和列进行重命名,将列命名为"English_score"和"Math_score",将行命名为"S1""S2""S3""S4"。打印查看 score_matrix。

(3) 查看"Math_score"这一列的成绩。

(4) 将 S3 的英语成绩修改为 88,最后打印查看 score_matrix。

2. 假设现有一个数据框 mydf 如下所示(答案见代码 code4_21. R):

```
a <- 100:300
b <- 400:600
c <- 800:1000
d <- 1200:1400
mydf <- data. frame(a,b,c,d)
```

试在 R 语言中编写代码回答以下问题:

(1) 请问该数据框 mydf 有多少行,多少列?

(2) 请删除数据框中的最后五行和最后一列,并将其重新保存为 mydf。

(3) 请分别查看数据框的前 10 行和后 5 行。

3. 假设 Mary、Rose、Lisa、John、Michael、Susan、Mike 这七位学生的期末成绩
   如表 4.1 所示(答案见代码 code4_22.R):

表 4.1　学生成绩表

	Chinese	Math	English	Science
Mary	90	89	94	91
Rose	88	87	89	82
Lisa	91	90	92	88
John	86	93	80	92
Michael	89	90	83	97
Susan	87	85	88	83
Mike	85	83	78	85

试利用 R 语言回答以下问题:

(1) 请创建一个数据框保存以上学生的姓名和各科成绩,并将其保存为
    Scores_df1,打印查看该数据框。

(2) Jane 的语文、数学、英语和科学的成绩分别是 92、88、90 和 91,请将该
    学生的信息添加到数据框 Scores_df1 中,并将其保存为 Scores_df2,打
    印查看该数据框。

(3) 在 Scores_df2 基础上,请问各科的平均成绩、最高分、最低分分别是
    多少?

(4) 请将这八名学生分别按语文成绩、数学成绩、英语成绩、科学成绩的高
    低进行排序。

4.3　列　　表

本小节主要介绍列表,包括其概念、基本操作、常用函数等。

4.3.1 什么是列表

列表(List)是 R 语言中一些对象或者成分(Component)的集合,可用于保存不同类型、不同长度、不同结构的数据,比如向量、矩阵、数据框、另一个列表等。下面,我们首先介绍列表的创建。

在 R 语言中,我们可以通过 list( ) 函数创建列表。该函数的基本句法如下所示:

```
list( object1, object2, ...)
```

其中,object1、object2 是待创建的对象,比如向量、矩阵、数据框、另一个列表等。下面,我们将示例说明列表的创建过程。

假设我们现在有两个向量 vector1 和 vector2 以及一个矩阵 mymatrix,具体如下所示:

code4_23. R

```
vector1 <- c( 3,5,7,9,11,13)
vector2 <- c( "carrot","potato","egg","milk")
mymatrix <- matrix( 1:20,nrow = 5)
```

接下来,我们创建一个列表 mylist,将以上三个对象存入同一个列表中。请看下面的示例:

code4_23. R

```
mylist <- list( vector1, vector2, mymatrix)
print( mylist)
```

打印查看 mylist 后,返回结果如下所示:

```
[[1]]
[1] 3 5 7 9

[[2]]
[1] "carrot" "potato" "egg"      "milk"
```

```
[[3]]
     [,1] [,2] [,3] [,4]
[1,]   1    6   11   16
[2,]   2    7   12   17
[3,]   3    8   13   18
[4,]   4    9   14   19
[5,]   5   10   15   20
```

从返回结果可知,mylist 列表中包含了三个对象,分别用[[1]]、[[2]]和[[3]]标识。第一个对象是一个数值型的向量,第二个对象是一个字符型的向量,第三个对象是一个矩阵。

我们可以利用 names( )函数给列表中的三个对象重新命名,增加其辨识性。请看下面的示例。

code4_23. R

```
names( mylist) <- c( "vector1", "vector2", "mymatrix")
print( mylist)
```

运行上述代码后,返回结果如下所示:

```
$vector1
[1] 3 5 7 9

$vector2
[1] "carrot" "potato" "egg"      "milk"

$mymatrix
     [,1] [,2] [,3] [,4]
[1,]   1    6   11   16
[2,]   2    7   12   17
[3,]   3    8   13   18
[4,]   4    9   14   19
[5,]   5   10   15   20
```

从以上结果可知,列表中原先的对象名[[1]]、[[2]]和[[3]]已被改成了"vector1""vector2"和"mymatrix"。

4.3.2　列表的索引

和前面的向量、矩阵以及数据框这三种基本数据结构类似,列表也可以通过索引来访问里面的对象。但是和其他数据结构的索引不同的是,列表索引时需要在列表后面加两对方括号,比如 mylist[[x]],其中 x 是正整数。请看下面的示例。

code4_23. R

```
mylist[[1]]
# return:
# [1]  3  5  7  9 11 13
```

在上面的代码中,我们利用整数下标索引提取出了 mylist 列表中的第一个对象,即 vector1。

跟数据框一样,如果列表各个对象有名称的话,我们也可以通过对象名进行索引。索引形式为"列表+$+对象名"。请看下面的示例。

code4_23. R

```
mylist$mymatrix
```

在上面的代码中,我们提取出了 mymatrix 这个对象的内容,返回结果如下所示:

```
      [,1] [,2] [,3] [,4]
[1,]    1    6   11   16
[2,]    2    7   12   17
[3,]    3    8   13   18
[4,]    4    9   14   19
[5,]    5   10   15   20
```

在上面,我们利用索引访问了列表中的对象。那么我们能否访问对象下面的元素呢？答案是肯定的。在我们提取出列表中的对象之后,可以基于对象进一步利用索引访问对象里面的元素。请看下面的示例。

code4_23. R

```
mylist[[2]][3]
#return: "egg"

mylist$mymatrix[1,1]
#return: 1
```

在上面第一行代码中,我们利用索引访问了第二个对象 vector2 的第三个元素。在下一行代码中,我们访问了第三个对象 mymatrix 中的第一行、第一列的元素。

在本小节中,我们介绍了如何通过索引访问列表中的对象和元素。在提取出相应的对象或者元素之后,我们就可以对其进行处理。例如,我们提取出列表中的向量之后,可以进行相应的运算或者运用相关的函数进行数据分析。在这里我们就不赘述向量、矩阵以及数据框的操作,具体可参考本章的 4.1 和4.2 小节。

4.3.3 列表元素的添加、删除和修改

本小节将介绍如何对列表中的各个对象以及对象中的元素进行添加、删除和修改。

在 R 语言中,我们可以通过下标向列表中添加新对象和元素。请看下面的示例。

code4_23. R

```
# To add a new object
mylist[[4]] <- c(2,4,6,8,10)

# To return mylist
print(mylist)
```

运行上述代码后,返回结果如下所示:

```
$vector1
[1]  3  5  7  9 11 13

$vector2
[1] "tomato" "potato" "egg"     "milk"

$mymatrix
     [,1] [,2] [,3] [,4]
[1,]    1    6   11   16
[2,]    2    7   12   17
[3,]    3    8   13   18
[4,]    4    9   14   19
[5,]    5   10   15   20

[[4]]
[1]  2  4  6  8 10
```

从以上结果可知,mylist 列表中多了第四个对象,里面包含了 2、4、6、8、10 五个数字。

如果我们想要给某个对象添加元素,也可以利用下标索引完成。请看下面的示例。

code4_23. R

```
# To add a new element to the second object
mylist$vector2[5] <- "apple"
print(mylist$vector2)
# return: "carrot" "potato" "egg"     "milk"    "apple"
```

如果我们想要删除列表中的某个对象,可以利用下标将其设置为 NULL。请看下面的示例。

code4_23. R

```
# To delete the first object
mylist[[1]] <- NULL
```

```
print(mylist)
```

最后打印返回的结果中没有了对象 vector1。请看以下返回的结果:

```
$vector2
[1] "carrot" "potato" "egg"     "milk"    "apple"

$mymatrix
     [,1] [,2] [,3] [,4]
[1,]    1    6   11   16
[2,]    2    7   12   17
[3,]    3    8   13   18
[4,]    4    9   14   19
[5,]    5   10   15   20

[[3]]
[1]  2  4  6  8 10
```

如果我们想要修改某个对象,也可以利用下标完成该任务。请看下面的示例。

code4_23. R

```
mylist[[3]] <- "This is to change the third element"
print(mylist)
```

返回结果如下所示:

```
$vector2
[1] "carrot" "potato" "egg"     "milk"    "apple"

$mymatrix
     [,1] [,2] [,3] [,4]
[1,]    1    6   11   16
[2,]    2    7   12   17
[3,]    3    8   13   18
[4,]    4    9   14   19
```

```
[5,]    5    10    15    20

[[3]]
[1] "This is to change the third element"
```

4.3.4 列表常用函数

与数据框类似,我们也可以利用 attach( )和 detach( )函数绑定和解绑列表数据(详细用法和功能见 4.2.4.1 小节)。此外,处理列表数据时常用的函数还有 unlist( ),用于将列表转换为向量。请看下面的示例。

code4_23. R

```
mylist1 <- list( "hello", TRUE, c( 55,67,85,73,92) )

print( mylist1 )
# return:
# [[1]]
# [1] "hello"

# [[2]]
# [1] TRUE

# [[3]]
# [1] 55 67 85 73 92

# To convert the list into a vector
unlist( mylist1 )
# return:
# "hello" "TRUE"   "55"    "67"    "85"    "73"    "92"
```

在上面的代码中,我们利用 unlist( )函数把 mylist1 列表转换为了向量。需要注意的是,转换成向量后不同类型的数据都会变成字符型数据。

4.3.5 列表练习

假设我们有如下四个不同类型的变量(答案见代码 code4_24. R):

```
a <- c(78,89,67,93,82,75,88)
b <- TRUE
d <- factor(c("s","m","m","l"))
e <- data. frame(Names=c("Linda","Mike",
                          "John","Mary","Iris"),
              Gender=c("f","m","m","f","f"),
              Weight=c(51,68.7,74,48.3,553))
```

（1）请将以上四个不同类型的变量合并成一个列表,并将其保存为 mylist。

（2）打印查看 mylist。

（3）对 mylist 中的四个对象进行重新命名,分别将其命名为"scores""answer""sizes"和"student_info"。

（4）查看第三个对象"sizes"中的内容。

（5）第四个对象"student_info"中的 Weight 列中最后一个数据(即 553)有误,请将其修改为 53。最后,打印查看第四个对象,查看数据是否修改成功。

4.4 因　　子

本小节主要介绍因子型数据,包括因子的定义、创建和修改。

4.4.1 什么是因子

因子(Factor)也是 R 语言中常见的数据类型之一。在现实生活中,我们经常会碰到数据的分类问题,比如按性别可以分为男性和女性,按年龄可以分为儿童、青少年、成年人和老年人。这些可分为不同类别的数据就是类别数据(Categorical Data)。在 R 语言中,我们可以通过因子来表示这些类别数据。因子型数据的一个优势是,我们可以按照想要的顺序对其进行排序,在绘图时尤其方便。

4.4.2　因子的创建和修改

在 R 语言中,我们可以通过 factor( ) 函数创建因子数据。该函数的基本句法如下所示:

```
factor( x, levels, labels, ordered )
```

其中,x 是数据向量,也就是需要被转换成因子的向量。levels 表示因子水平,用于指定因子中各个水平的排序。当该参数未指定时,默认为 x 中包含的所有非重复值,并且根据数字大小顺序和字母先后顺序进行排序(如 1、2、3 和 a、b、c)。参数 labels 为标签,主要用来给各水平单独命名,缺省时默认取 levels 的值。当设定了 labels 后,输出结果就是各水平对应的标签。参数 ordered 是逻辑值,用于设定因子水平是否有大小顺序,设置为 TRUE 则表示为有顺序,默认 FALSE 为无顺序。关于因子数据的创建请看下面的示例。

code4_25. R

```
rm( list = ls( ) )
# To create the vector of gender
gender <- c('m','m','f','f','m')

# To return the data type of gender
class( gender )
# return:  "character"

# To convert the vector into a factor
gender1 <- factor( gender )

# To return the data type of gender1
class( gender1 )
# return:  "factor"

print( gender1 )
# return:
```

```
# [1] m m f f m
# Levels: f m
```

在上面的代码中,我们利用 factor( )函数创建了因子 gender1,打印后返回结果显示有 f 和 m 两个水平(按照字母先后顺序进行排列)。在 R 语言中,打印或者显示因子型数据时,会在下方显示它的因子水平。因此,打印 gender1 返回的结果中有"Levels: f m",表示该因子变量中总共有"f"和"m"两个水平。

如果我们想要指定其排列顺序,可以通过 levels 参数进行设置。请看下面的示例。

code4_25. R

```
gender2 <- factor( gender, levels = c('m','f'))

print( gender2)
#return:
# [1] m m f f m
# Levels: m f
```

在上面的代码中,我们将水平顺序指定为"m"和"f",因此打印查看 gender2 后,返回的结果 Levels 显示的就是"m"和"f",并没有按照字母的先后顺序进行排序。

如果想要增加各个水平的可读性,可以通过 labels( )函数给各个水平命名。请看下面的示例。

code4_25. R

```
gender3 <- factor( gender,
                   levels = c('m','f'),
                   labels = c('male','female'))
print( gender3)
#return:
# [1] male   male   female female male
# Levels: male female
```

　　如果我们想要设定排列顺序的大小,可以通过参数 ordered 设定,请看下面的示例。

code4_25. R

```
size <- c('l','m','m','s','l')
size_f <- factor(size,
                 levels = c('s','m','l'),
                 labels = c('small','middle','large'),
                 ordered = TRUE)
print(size_f)
#return:
# [1] large   middle middle small   large
# Levels: small < middle < large
```

　　因子创建完成后,我们可以通过 levels() 函数单独查看因子变量中的各个水平。请看下面的示例。

code4_25. R

```
levels(size_f)
#return:
# [1] "small"  "middle" "large"
```

　　如果读者想要进一步探究和使用因子型数据,比如修改因子型数据中各个水平的顺序或者名称,那么可以调用 forcats 包中的函数进行处理(详情请查看 forcats 包的文档说明)。

4.4.3　因子数据练习

　　假设我们有一个成绩等级变量 score_levels,如下所示(答案见代码 code4_26. R):

```
score_levels <- c("C","B","A","B","C","B","D")
```

（1）请将 score_levels 这个变量转化为因子型数据，各个水平设置为"A""B""C"和"D"，并把标签设定为"excellent""good""passed"和"failed"，最后将转化后的数据保存为 score_levels_f。

（2）查看 score_levels_f 的数据类型，然后打印查看 score_levels_f。

第5章 条件与循环

在很多情况下,语言数字人文数据处理的任务比较复杂。我们如果想要程序在不同的条件下运行或者不运行特定的任务,需要用到条件语句进行判断。此外,语言数字人文数据经常涉及大批量数据或者需要重复数据操作,此时我们可以使用循环语句或者循环函数遍历所有数据进行某项操作。本章将讨论如何在 R 语言中设定条件以及进行循环处理数据。

5.1 条　　件

在 R 语言中,我们主要通过 if 相关语句进行条件判断,比如条件判断 if、if...else 和 if...else if...else。在本小节,我们将详细介绍以上三类 if 相关的条件判断句。

5.1.1 条件判断 if

当我们需要程序在某个条件下执行某个语句时,需要对该条件进行判断,并根据判断的结果决定是否执行该语句。此时,我们可以使用条件判断 if 来完成以上工作。

条件判断 if 的基本句法如下所示:

```
if （condition）｛
```

```
    statements
}
```

其中,condition 表示某个条件,statements 是执行的语句。当 condition 条件为真时,执行 statements 语句。反之,当 condition 条件为假时,不执行 statements 语句,执行后面的代码。

注意条件判断 if 的句法格式,花括号中的 statements 语句前面必须加制表符(tab 键,\t)或者多个空格(一般为 2 个空格)。

在第 4 章中,我们使用过一些条件判断操作符进行条件判断,比如>、<、==等。除此之外,R 语言中还有一些条件判断操作符。下面,我们列出了一些常用的条件判断操作符。

表 5.1　R 语言中常用的条件判断操作符

操作符	代表条件
>	大于
<	小于
>=	大于等于
<=	小于等于
==	等于
!=	不等于

请看以下条件判断 if 的示例。

code5_1. R

```
rm( list = ls( ) )
score <- 90
if ( score > = 90) {
    print( "Excellent")
}
#return: "Excellent"

string <- "Good morning"
```

```
if (nchar(string)<20){
  print(string)
}
#return: "Good morning"

number <- 7
if (number%%2 == 0){
  print("This is an even number")
}
```

在上面的代码中,我们首先将 90 赋值给变量 score,然后利用 if 判断 score 是否大于等于 90。条件判断为真,因此打印"Excellent"。类似地,我们将 "Good morning"赋值给变量 string,然后利用 if 判断该字符串包含的字符数是否小于 20。该字符串数量确实小于 20,条件判断为真,因此打印该字符串,返回结果为"Good morning"。接着,我们将 7 赋值给变量 number,利用 if 判断该数字是否能被 2 整除。7 无法被 2 整除,条件判断为假,不执行花括号中的语句,因此无结果返回。

在语言数字人文数据处理过程中,我们经常遇到复杂的任务,需要数据同时满足多个条件或者满足多个条件中的其中一个,此时我们可以使用 &(and)和|(or)来连接多个条件,完成该任务。符号 & 代表"和",用它连接多个条件时表示数据需要同时满足这几个条件。在 if 条件语句中使用 & 连接多个条件的句法如下所示:

```
if (condition1 & condition2){
  statements
}
```

其中 condition1 和 condition2 表示两个不同的条件(可以两个或以上的条件),条件中间使用 & 连接,表示需要同时满足这两个条件才执行 statements 语句。请看下面的示例。

code5_1. R

```
x <- -6
```

```
if (x<0 & x%%2==0){
    print("This is a negative even number")
}
#return: "This is a negative even number"
```

在上面的代码中,if 条件句主要用来判断某个数值是否为负偶数。当该数值同时满足小于 0 以及除以 2 后余数为零这两个条件时,执行花括号中的语句。由于数值-6 同时满足以上两个条件,为负偶数,因此返回结果为"This is a negative even number"。

符号|代表"或者",用它连接多个条件时表示数据只需要满足其中一个条件即可。其基本句法和 & 类似,如下所示:

```
if (condition1|condition2) {
    statements
}
```

使用|连接两个条件进行条件判断的示例如下:

code5_1. R

```
word <- "mother"

if (substr(word,1,1)=="m"|substr(word,1,1)=="w") {
    print("This word is started with 'm'or 'w'")
}
#return: "This word is started with 'm'or 'w'"
```

在上面的代码中,我们首先将单词"mother"赋值给变量 word,然后利用条件句判断该单词的首字母是否以"m"或者"w"开头。在条件判断中,我们首先利用 substr()函数提取单词的首字母(该函数的具体用法在 3. 2. 3. 5 小节有详述)。单词"mother"以"m"开头,满足第一个条件,因此条件判断为真,执行后面的打印语句,输出结果。

5.1.2 条件判断 if...else

如果需要程序在满足某个条件下执行某个语句,在不满足该条件时执行另一个语句,此时需要使用 if...else 语句。

条件判断 if...else 的基本句法如下所示:

```
if (condition) {
  statements
} else {
  other statements
}
```

其中,condition 表示某个条件,statements 是执行的语句。当 condition 条件为真时,执行 statements 语句代码。反之,如果不满足 condition 的条件,即 condition 条件为假时,执行 other statements 语句代码。

注意,花括号中的 statements 和 other statements 语句代码前都必须加制表符(tab 键,\t)或者多个空格(一般为 2 个空格)。

请看下面条件判断 if...else 的示例。

code5_1.R

```
number1 <- 7
if (number1%%2==0) {
  print("This is an even number")
} else {
  print("This is an odd number")
}
#return: "This is an odd number"

score1 <- 90
if (score1 > 60) {
  print("Excellent!")
} else {
  print("Try again!")
}
#return: "Excellent!"
```

```
vector <- c("Where","there","is","a",
            "will","there","is","a","way")
if (length(vector)>10) {
  print("This vector has more than ten elements")
} else {
  print("This vector has less than ten elements")
}
#return: "This vector has less than ten elements"
```

在上面的代码中,第一个循环用于判断某个数字是奇数还是偶数。数字7 不能被 2 整除,即余数不等于零,因此条件判断为假,执行 else 后面的代码,即 print("This is an odd number")。第二个循环用于判断分数是否大于 60。当分数大于 60 时,打印显示"Excellent!",否则打印显示"Try again!"。输入的 score1 为 90,大于 60,条件判断为真,因此执行 else 前的代码,即 print("Excellent!")。第三个循环用于判断向量中元素的数量是否大于 10。向量 vector 包含 9 个元素,不大于 10,因此条件判断为假,执行后面 else 中的代码。最后,返回结果为"This vector has less than ten elements"。

5.1.3 条件判断 if…else if…else

如果需要对多个条件进行条件判断,然后根据判断的结果执行不同的语句代码,此时我们可以使用条件判断 if…else if…else。

条件判断 if…else if…else 的基本句法如下:

```
if (condition1) {
  statements1
} else if (condition2) {
  statements2
} else {
  other statements
}
```

如果 condition1 条件判断为真,则执行 statements1 的语句代码。如果 condition1 条件判断为假,则不执行 statements1 语句代码,而是执行 else if 中的代码,继续判断 condition2 条件是否为真。如果 condition2 条件判断为真,那么执行 statements2 的语句代码,否则执行后面 else 中的 other statements 语句代码。

和 if 以及 if... else 条件判断一样,花括号中的 statements1、statements2 和 other statements 语句代码前面都必须加制表符(tab 键,\t)或者多个空格(一般为 2 个空格)。

另外,特别需要注意的是,条件判断 if... else if... else 中间可以有任意多个 else if 条件判断,读者可根据任务需求设置条件判断的个数。

条件判断 if... else if... else 的示例如下:

code5_1. R

```
score2 <- 88
if ( score2 >= 90) {
  print( "Excellent")
} else if ( score2>=80) {
  print( "Good")
} else if ( score2>=60) {
  print( "Passed")
} else {
  print( "Failed")
}
#return: "Good"
```

5.2 循 环

语言数字人文数据处理经常涉及一些具有规律性的重复操作,需要程序在一定条件下重复执行某些语句。此时,我们可以通过循环来实现重复的操作。本小节将介绍 R 语言中常用的循环语句,包括 while 循环和 for... in 循环。另外,本章也将介绍 R 语言中一些常见的可以实现循环操作的函数,比如 apply( )、tapply( )、sapply( )、lapply( )等。最后,本小节将展示如何联合循环语句和条件语句进行批量的数据处理。

5.2.1 while 循环

while 循环可以重复执行某个语句,直到条件判断为假为止。while 循环的基本句法如下所示:

```
while (condition) {
  statements
}
```

其中,condition 是循环判断的条件,statements 是执行的语句。当 condition 中的条件判断为真时,执行 statements 语句。反之,当 condition 中的条件判断为假时,退出循环,不执行 statements 语句。

注意 while 循环的句法格式,condition 条件必须放在括号里面,花括号中的 statements 语句前面必须加制表符(tab 键,\t)或者多个空格(一般为 2 个空格)。

while 循环的示例如下:

code5_2. R

```
rm(list = ls())
i <- 0
while (i<10) {
  print(i)
  i <- i+1
}
# return:
# [1] 0
# [1] 1
# [1] 2
# [1] 3
# [1] 4
# [1] 5
# [1] 6
# [1] 7
```

```
# [1] 8
# [1] 9
```

在上面的代码中,我们首先给变量 i 赋值为 0,然后利用 while 循环进行重复判断 i 是否小于 10。如果小于 10,判断结果为真,执行花括号中的语句。第一次执行打印 i 语句时,输出打印结果为 0。然后,执行后面的语句 i <- i+1,表示重新给 i 赋值为 i+1,即 0+1,因此 i 的值变成 1。之后,再次执行 while 中的条件判断是否 i<10,此时 i 为 1,仍然小于 10,因此条件判断结果为真,继续执行花括号中的语句,即打印 i 的值,然后重新给 i 赋值为 i+1。如此循环往复,直到打印出 0 至 9 十个整数。最后一直重复到 i 等于 10 时,条件判断结果为假,循环终止。

5.2.2　for...in 循环

除了 while 循环之外,for...in 循环也是 R 语言中常用的循环语句。该循环可以针对某个序列(sequence)中的每一个元素重复执行某个语句。

for...in 循环的基本句法如下所示:

```
for (i in sequence){
    statements
}
```

其中,sequence 是一个序列,比如某个向量;i 是变量名,指代 sequence 序列中的每一个元素。变量名 i 可以用其他便于记忆的任意变量名取代,比如 x、j、k 等。for...in 循环表示,对于 sequence 序列中的每一个元素,执行下面 statements 中的语句。

注意 for...in 循环的句法格式,i in sequence 必须放在括号里面,花括号中的 statements 语句前面必须加制表符(tab 键,\t)或者多个空格(一般为 2 个空格)。

下面我们看一个利用 for...in 循环来计算平方的例子。假设我们有一个包含数值 1 到 10 的向量,如果要计算每个数字的平方,可以利用 for...in 循环实现以上计算。请看下面的示例。

code5_2. R

```
for (i in 1:10) {
    result <- i^2
    print(result)
}
# return:
# [1] 1
# [1] 4
# [1] 9
# [1] 16
# [1] 25
# [1] 36
# [1] 49
# [1] 64
# [1] 81
# [1] 100
```

上面第一行代码表示对于 1:10 序列中的每一个元素,执行下面花括号中的语句。第一次循环时,i 为 1,执行第一条语句 result <- 1^2,然后执行第二条语句输出打印 result 结果,为 1。第二次循环时,i 为 2,执行第一条语句 result <- 2^2,然后执行第二条语句打印 result 结果,为 4。依次循环,直到遍历 1 到 10 中的每个元素为止。

for...in 循环也可以应用于由字符串组成的向量。假设我们想要计算向量中每个字符串元素的词长,那么可以利用 for...in 循环和 nchar() 函数一次性得到词长结果。请看下面的示例。

code5_2. R

```
vector_str <- c("Nice","to","meet","you")
for (i in vector_str) {
    word_length <- nchar(i)
    print(word_length)
}
# return:
# [1] 4
```

```
# [1] 2
# [1] 4
# [1] 3
```

在上面的代码中,我们首先创建了包含四个字符串元素的向量 vector_str,然后利用 for...in 循环逐个计算各个元素的长度。第一次循环时,i 为向量 vector_str 中的第一个元素"Nice",之后执行花括号中的两条语句。首先执行第一条语句 word_length <- nchar(i),表示利用 nchar() 函数计算元素"Nice"的长度,并将结果保存为 word_length,然后执行第二条语句打印 word_length 结果,为 4。之后按同样流程计算第二个元素的长度,打印结果为 2。依次类推,直到向量 vector_str 中的所有元素都穷尽为止。

在上面,我们利用循环执行计算时直接把结果打印出来了。如果想要把所有计算结果保存成一个向量,可以事先创建一个空向量,然后在循环时依次把结果保存到这个空向量中。请看下面的示例。

code5_2. R

```
my_result <- vector( )
for (i in 1:10){
   my_result[i] <- i^2
}
print(my_result)
# return: 1   4   9   16   25   36   49   64   81 100
```

在上面的代码中,我们利用下标将各个结果存入到空向量 my_result 中,我们也可以利用 c() 函数保存各个结果。请看下面的示例。

code5_2. R

```
word_len_result <- vector( )
for (i in vector_str){
   word_len <- nchar(i)
   word_len_result <- c(word_len_result, word_len)
}
```

```
print(word_len_result)
# return: 4 2 4 3
```

5.2.3 循环函数

本小节主要介绍 R 语言中常用的 apply 家族循环函数,包括 apply( )、tapply( )、sapply( )和 lapply( )。这些函数主要能对矩阵、数据框、列表等数据按行或列应用函数 FUN 进行循环计算。下面,我们将详细介绍这些循环函数。

函数 apply( )可以对矩阵、数据框等矩阵型数据按行或列应用函数 FUN进行计算,并返回计算结果。该函数的基本句法如下所示:

```
apply(X, MARGIN, FUN, ...)
```

其中,X 是矩阵、数据框等矩阵型数据;MARGIN 用于设置按行计算或按列计算,1 表示按行,2 表示按列;FUN 是用于计算的函数。请看下面的示例。

code5_3. R

```
rm(list = ls())
mymatrix <- matrix(1:12,3,4)
print(mymatrix)
# return:
#      [,1] [,2] [,3] [,4]
# [1,]   1    4    7    10
# [2,]   2    5    8    11
# [3,]   3    6    9    12

# To calculate by row
apply(mymatrix, MARGIN = 1, FUN = sum)
#return: [1] 22 26 30

# To calculate by column
apply(mymatrix, MARGIN = 2, FUN = mean)
#return: [1]  2  5  8 11
```

在上面的代码中,我们利用 apply() 函数计算了矩阵中各行的总和以及各列的平均值。

函数 tapply() 可以将数据按照给定的分组方式进行计算。该函数的基本句法如下所示:

```
tapply(X, INDEX, FUN,...)
```

其中,X 是从矩阵、数据框等矩阵型数据中提取出来的数据向量;INDEX 用于指定分组方式;FUN 是计算的函数。请看下面的示例。

code5_3. R

```
mydf <- data. frame( class = c( "C1","C2","C1","C2","C1") ,
                     gender = c( "f","m","f","f","m") ,
                     scores = c( 85,82,92,83,91) )
print( mydf)
# return:
#    class gender scores
# 1    C1     f     85
# 2    C2     m     82
# 3    C1     f     92
# 4    C2     f     83
# 5    C1     m     91

tapply( mydf$scores,mydf$class,mean)
# return:
#       C1        C2
# 89. 33333 82. 50000

tapply( mydf$scores,list( mydf$class,mydf$gender) ,mean)
# return:
#      f   m
# C1 88. 5 91
# C2 83. 0 82
```

在上面的代码中,我们首先创建了数据框 mydf,用于存储班级、性别和分数信息。然后,我们利用 tapply() 函数计算了不同班级的平均分。类似地,我们计算了不同班级和性别交叉下的平均分。

函数 lapply( )可以对列表进行循环计算,输入为列表,输出也是列表。该函数的基本句法如下所示:

```
lapply( X, FUN )
```

其中,X 是列表数据,FUN 是用于计算的函数。请看下面的示例。

code5_3. R

```
mylist <- list( a=c( 7,4,3,10,2,9 ),b=matrix( 1: 12,3,4 ) )

print( mylist )

# return:
# $a
# [1]   7   4   3 10   2   9

# $b
#       [ ,1] [ ,2] [ ,3] [ ,4]
# [1,]    1    4    7   10
# [2,]    2    5    8   11
# [3,]    3    6    9   12

lapply( mylist,sum )

# return:
# $a
# [1] 35

# $b
# [1] 78
```

函数 sapply( )和函数 lapply( )的功能类似,也是对列表进行循环计算,但是返回的结果是向量。请看下面的示例。

code5_3. R

```
sapply( mylist,sum )
```

```
# return:
#  a  b
# 35 78
```

5.3 条件和循环共用

在处理语言数字人文数据时,经常需要程序在某些特定条件下重复性地执行某些语句,此时我们可以同时利用条件和循环这两类语句完成这类复杂的任务。

假设我们想要打印出 100 以内所有的偶数,那么可以同时使用条件判断 if 和 while 循环完成该任务。请看下面的示例。

code5_4. R

```
rm( list = ls( ) )
i <- 1
while ( i<100 ) {
    if ( i%%2==0 ) {
        print( i )
    }
    i <- i+1
}
# return:
# [ 1 ] 2
# [ 1 ] 4
# [ 1 ] 6
# [ 1 ] 8
# [ 1 ] 10
# [ 1 ] 12
# ...
```

在上面的代码中,我们首先将 1 赋值给变量 i。然后,利用 while 循环判断是否满足 i 小于 100 的条件,若满足则执行后面的语句。第一次循环时 i 为 1,

满足小于 100 的条件,执行 if 中的条件判断语句 i%%2==0,但是条件判断结果为假,因此不执行 if 后面花括号中的内容,直接跳到后面执行 i <- i+1 语句,此时 i 变成 2。第二次进行循环时 i 为 2,满足小于 100 的条件,执行 if 中的条件判断语句 i%%2==0,条件判断为真,执行 if 后面的语句 print(i),输出打印结果 2,然后执行 i <- i+1 语句,此时 i 变成 3。依次循环,直到 i 等于 100,while 中的条件判断为假,停止运行整个循环。

假设某班级的期中考试成绩如下所示:

```
scores <- c(91,87,65,90,82,55,73,88,92,66,50,95,
    77,84,86,60,53,44,78,86,92,68,89,70,
    88,86,90,72,85,60,83,75)
```

如果我们想要根据学生的书面成绩对其进行"Excellent"(大于等于 90)、"Good"(大于等于 80)、"Passed"(大于等于 60)以及"Failed"(小于 60)的等级判断,那么可以利用 for...in 循环和条件判断 if...else if...else 完成该任务。请看下面的示例:

code5_4. R

```
scores <- c(91,87,65,90,82,55,73,88,92,66,50,95,
    77,84,86,60,53,44,78,86,92,68,89,70,
    88,86,90,72,85,60,83,75)

score_grade <- vector()

length(scores) # return: 32

for (i in 1:length(scores)){
  current_score <- scores[i]
  if (current_score>=90) {
    score_grade[i] <- "Excellent"
  } else if (current_score>=80) {
    score_grade[i] <- "Good"
  } else if (current_score>=60) {
    score_grade[i] <- "Passed"
```

```
    } else {
      score_grade[i] <- "Failed"
    }

}
print(score_grade)
```

在上面的代码中,我们首先创建了一个向量 scores 来存储学生的成绩,然后利用 vector() 函数创建了一个空向量 score_grade 来存储学生的成绩等级。循环条件中的 length(scores) 表示计算向量 scores 中包含的元素数量,结果为 32。因此,条件(i in 1: length(scores))就相当于是(i in 1: 32)。代码中的 for…in 循环表示对于 1 到 32 序列中的每一个元素,执行下面花括号中的语句。我们首先利用下标提取出当前的成绩并将其保存为 current_score,之后利用条件判断 if…else if…else 判断 current_score 的成绩等级,利用下标将 score_grade 中第 i 个位置的元素添加为"Excellent""Good""Passed"或者"Failed"。比如,第一次执行程序时,i 等于 1,当前成绩 current_score 就等于 scores[1],即向量 scores 中第一个位置的元素 91。然后,执行条件判断语句 current_score>=90,判断 current_score 是否大于等于 90,条件判断为真,因此执行后面花括号中的语句,即 score_grade[1] <- "Excellent",将空向量 score_grade 中第一个位置的元素添加为"Excellent"。之后,按以上过程依次循环 2 到 32 数值。循环结束之后,我们打印查看向量 score_grade,返回结果如下所示:

```
 [1] "Excellent" "Good"      "Passed"    "Excellent" "Good"
 [6] "Failed"    "Passed"    "Good"      "Excellent" "Passed"
[11] "Failed"    "Excellent" "Passed"    "Good"      "Good"
[16] "Passed"    "Failed"    "Failed"    "Passed"    "Good"
[21] "Excellent" "Passed"    "Good"      "Passed"    "Good"
[26] "Good"      "Excellent" "Passed"    "Good"      "Passed"
[31] "Good"      "Passed"
```

然后,我们可以利用 data. frame() 函数将向量 scores 和 score_grade 合并

成一个数据框,方便查看各个学生的成绩及其等级。请看下面的示例。

code5_4. R

```
score_df <- data. frame( scores ,score_grade)
head( score_df)
```

最后,我们利用 head( )函数查看 score_df 的前 6 条数据,第一列是学生的成绩,第二列是其对应的成绩等级。返回结果如下所示:

	scores	score_grade
1	91	Excellent
2	87	Good
3	65	Passed
4	90	Excellent
5	82	Good
6	55	Failed

5.4　条件与循环练习

1. 请写代码计算以 2 为底数、1 至 100 为真数的对数,并打印结果(答案见代码 code5_5. R) 。

2. 身体质量指数(Body Mass Index, BMI)的计算公式如下(答案见代码 code5_6. R) :

$$BMI = \frac{w}{h^2}$$

其中 w 是某人的体重(kg) ,h 是某人的身高(m) 。现在从某班级中随机抽取 10 人测量了其身高和体重,具体如下:

表 5.2 10 名同学的性别、身高以及体重统计表

性别(gender)	m	f	m	f	m	f	m	f	m	f
身高(h)	1.68	1.63	1.78	1.65	1.76	1.58	1.72	1.59	1.82	1.60
体重(w)	54	48	78	65	75	69	58	52	72	45

（1）请写代码计算这十位同学的 BMI 值（提示：可利用向量下标提取身高和体重值），并打印结果。

（2）请利用条件判断句判断他们的身体质量。如果 BMI 值小于 18.5，显示"Underweight"；BMI 大于 24.9，显示"Overweight"；BMI 在 18.5 到 24.9 之间，显示"Normal Weight"。

（3）请利用循环函数计算这 10 位同学中男性和女性的平均身高和平均体重。

第6章 语言数字人文数据处理基本操作

在第4章我们介绍了如何在 R 语言中通过键盘输入数据创建向量、矩阵、数据框等格式的数据。该方式在处理小规模数据时很有效。然而,语言数字人文数据往往规模大、种类多,手动输入数据的形式耗时耗力、效率低且易出错。我们可以采取另一种高效的方式,即从外部文本导入数据。因此,本章首先介绍如何在 R 语言中从外部文件导入数据。然后,介绍数据处理的一些基本操作,包括数据清理、筛选、转换、分析、可视化、结果输出等。

6.1 数据导入和输出

语言数字人文数据一般存储在带分隔符的文件中。因此,本小节首先介绍什么是带分隔符的文件,然后介绍如何导入和输出此类文件。

带分隔符的文件(Delimited Files)是一种类似表格格式的文件,主要以空格、tab 制表符、逗号等特定形式的符号为分隔符将各个元素分隔开来,读取之后能够显示成为一个数据框。R 语言中最常见的带分隔符的文件格式包括 txt 文本文件和 CSV 逗号分隔文件。下面,我们先介绍带分隔符的 txt 文本文件及其读取和输出方式。

在"Materials"文件夹中,有一个名为 sample 的文本文件(Shi & Lei, 2022),打开之后如图 6.1 所示。该文件就是一个带分隔符的 txt 文本文件,里面总共有两列数据,第一列是文本长度(Length),第二列是利用熵计算的词汇丰富度(Lexical_richness),列与列之间用 tab 制表符分隔开来。

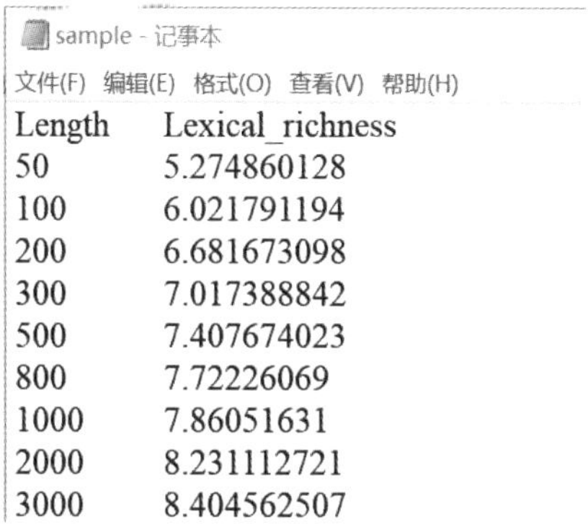

Length	Lexical_richness
50	5.274860128
100	6.021791194
200	6.681673098
300	7.017388842
500	7.407674023
800	7.72226069
1000	7.86051631
2000	8.231112721
3000	8.404562507

图 6.1　带分隔符的 txt 文本文件示例图

在 R 语言中,我们可以通过 read. table( ) 函数读取带分隔符的 txt 文本文件。该函数的基本句法如下所示:

```
read. table( file, header = FALSE, sep = "",. . . )
```

其中,file 是带分隔符的文本文件所在的地址路径和文件名,路径既可以是绝对地址路径,也可以是相对地址路径;header 用于设置第一行是否是变量名,默认 FALSE,即第一行不是变量名;sep 用于设置分隔符号,包括一个或者多个空格、制表符等,默认为空格。

关于 read. table( ) 函数的使用请看下面的示例。

code6_1. R

```
rm( list = ls( ) )
mydata1 <- read. table( "C: /DH_R/Materials/sample. txt",
                          header = TRUE)
class( mydata1 ) #return: "data. frame"

head( mydata1 )
# return:
#    Length Lexical_richness
# 1      50          5. 274860
# 2     100          6. 021791
# 3     200          6. 681673
# 4     300          7. 017389
```

```
# 5      500          7. 407674
# 6      800          7. 722261
```

在上面的代码中,我们利用 read. table( )函数读入了 sample 文本文件,并将其保存为 mydata1。读取时,我们使用了绝对路径来读取 sample 文件。由于该文件的第一行包含了 Length 和 Lexical_richness 两个变量名,因此将参数 header 设置为 TRUE。读取文件之后,我们利用 class( )函数查看了 mydata1 的数据类型,显示为数据框。最后,我们利用 head( )函数查看了该文件的前六条数据。

在上面,我们利用绝对路径读取了 sample 文本,此外也可以利用相对路径读取文本。请看下面的示例。

code6_1. R

```
# To set the current working directory
setwd( "C: /DH_R/Materials/")
mydata2 <- read. table( "sample. txt", header = TRUE)
class( mydata2) # return: "data. frame"
head( mydata2)
# return:
#    Length Lexical_richness
# 1      50          5. 274860
# 2     100          6. 021791
# 3     200          6. 681673
# 4     300          7. 017389
# 5     500          7. 407674
# 6     800          7. 722261
```

从返回结果可知,读取的文本和之前使用绝对路径读取的文本一样。

我们可以通过 write. table( )函数写出 txt 文本。该函数的基本句法如下所示:

```
write. table( x, file ="", quote =TRUE, sep =" ",
        row. names = TRUE, col. names = TRUE,. . . )
```

其中,第一个参数 x 是待写出的文本;第二个参数 file 用于设置文本保存的地址路径;第三个参数 quote 用于设置输出结果是否用双引号包围,默认为 TRUE;第四个参数 sep 用于设置分隔符,默认为空格;最后两个参数 row. names 和 col. names 用于设置是否显示行名和列名,默认为 TRUE。下面,我们以 mydata2 为例展示如何输出文本。

code6_1. R

```
write. table( mydata2 ,"C: /DH_R/Materials/Output/sample_out. txt",
        quote = FALSE,sep = "\t")
```

运行上述代码后,在 Output 文件夹中会出现 sample_out. txt 文件。

接下来,我们将介绍 CSV 逗号分隔的文件及其读取方式。CSV 逗号分隔的文件是一种类似于表格格式的文件,各个元素用逗号分隔开来。

在"Materials"文件夹中有一个名为 Newsela_SCA 的 CSV 文件。该文件包含了五个不同难度等级(即 3、5、7、9、12)的 Newsela 课外阅读改编材料的句法复杂度特征。Newsela 是一家国外教育网站,旨在为学习者提供不同难度等级的课外阅读文本。网站一般将一篇原始的新闻文本改编成难度等级在 2 到 12(对应美国的 K12 教育)之间的不同文本,改编时主要考虑它们的词汇、句法等文本特征。我们下载了 3、5、7、9、12 这五个难度等级的课外阅读改编文本,每个难度等级 750 篇,总共 2 250 篇文本。之后,利用句法复杂度分析器(Syntactic Complexity Analyzer, SCA)(Lu, 2010)对这些文本进行了句法分析,结果产生了 14 个不同的句法复杂度指标,涵盖了长度、从属性、并列性、短语复杂度和句子整体复杂度这五大句法层面(详见表 6.1)。我们以该文本数据为例,展示 CSV 逗号分隔的文件及其读取方式。

CSV 文件可以用 Excel 软件打开。双击打开 Newsela_SCA 文件后如图 6.2所示。该文件打开后是一个类似于 Excel 的表格,里面包含了行和列,每列是一个变量,每行是其观测数据。我们也可以用 Notepad++、EditPlus 等文本编辑器打开 CSV 文件,打开后如图 6.3 所示。从图中可以清楚地看到,该文件中的各个元素用逗号分隔开来。

表 6.1 句法复杂度测量指标(详见 Lu(2010))

分类	句法复杂度指标	编码	计算公式
长度	平均句子长度	mean length of sentence (MLS)	词数/句子数
	平均 T 单位长度	mean length of T-unit (MLT)	词数/T 单位数
	平均子句长度	mean length of clause (MLC)	子句数/句子数
从属性	每个 T 单位中的子句数量	clauses per T-unit (C/T)	子句数/T 单位数
	每个 T 单位中的复杂 T 单位数量	complex T-unit ratio (CT/T)	复杂 T 单位数/T 单位数
	每个子句中的从属句数量	dependent clauses per clause (DC/C)	从属句数/子句数
	每个 T 单位中的从属句数量	dependent clauses per T-unit (DC/T)	从属句数/T 单位数
并列性	每个子句中的并列短语数量	coordinate phrases per clause (CP/C)	并列短语数/子句数
	每个 T 单位中的并列短语数量	coordinate phrases per T-unit (CP/T)	并列短语数/T 单位数
	每个句子中的 T 单位数量	T-units per sentence (T/S)	T 单位数/句子数
短语复杂度	每个子句中的复杂名词结构数量	complex nominals per clause (CN/C)	复杂名词结构数/子句数
	每个 T 单位中的复杂名词结构数量	complex nominals per T-unit (CN/T)	复杂名词结构数/T 单位数
	每个 T 单位中的动词结构数量	verb phrases per T-unit (VP/T)	动词结构数量/T 单位数
句子整体复杂度	每个句子中的子句数量	clauses per sentence (C/S)	子句数/句子数

在 R 语言中,我们可以通过 read. csv( )函数读取 CSV 逗号分隔的文件。请看下面的示例。

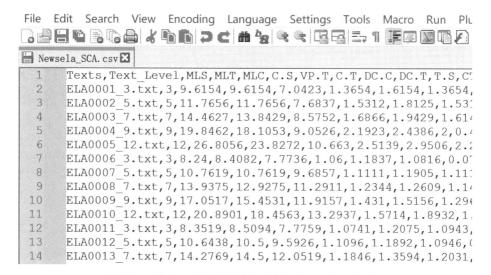

图 6.2 Excel 软件下 CSV 逗号分隔文件示例图

```
File  Edit  Search  View  Encoding  Language  Settings  Tools  Macro  Run  Plu
```

```
Newsela_SCA.csv
1   Texts,Text_Level,MLS,MLT,MLC,C.S,VP.T,C.T,DC.C,DC.T,T.S,C
2   ELA0001_3.txt,3,9.6154,9.6154,7.0423,1.3654,1.6154,1.3654,
3   ELA0002_5.txt,5,11.7656,11.7656,7.6837,1.5312,1.8125,1.53
4   ELA0003_7.txt,7,14.4627,13.8429,8.5752,1.6866,1.9429,1.61
5   ELA0004_9.txt,9,19.8462,18.1053,9.0526,2.1923,2.4386,2,0.
6   ELA0005_12.txt,12,26.8056,23.8272,10.663,2.5139,2.9506,2.
7   ELA0006_3.txt,3,8.24,8.4082,7.7736,1.06,1.1837,1.0816,0.0
8   ELA0007_5.txt,5,10.7619,10.7619,9.6857,1.1111,1.1905,1.11
9   ELA0008_7.txt,7,13.9375,12.9275,11.2911,1.2344,1.2609,1.1
10  ELA0009_9.txt,9,17.0517,15.4531,11.9157,1.431,1.5156,1.29
11  ELA0010_12.txt,12,20.8901,18.4563,13.2937,1.5714,1.8932,1.
12  ELA0011_3.txt,3,8.3519,8.5094,7.7759,1.0741,1.2075,1.0943,
13  ELA0012_5.txt,5,10.6438,10.5,9.5926,1.1096,1.1892,1.0946,
14  ELA0013_7.txt,7,14.2769,14.5,12.0519,1.1846,1.3594,1.2031,
```

图 6.3 Notepad++软件下 CSV 逗号分隔文件示例图

code6_2.R

```
rm( list = ls( ) )
setwd( "C:/DH_R/Materials/")
mydf <- read.csv( "Newsela_SCA.csv")
class( mydf) # return: "data.frame"
head( mydf)
# return:
```

```
#               Texts Text_Level     MLS      MLT      MLC    C. S...
# 1   ELA0001_3. txt          3    9. 6154   9. 6154   7. 0423  1. 3654...
# 2   ELA0002_5. txt          5   11. 7656  11. 7656   7. 6837  1. 5312...
# 3   ELA0003_7. txt          7   14. 4627  13. 8429   8. 5752  1. 6866...
# 4   ELA0004_9. txt          9   19. 8462  18. 1053   9. 0526  2. 1923...
# 5 ELA0005_12. txt          12   26. 8056  23. 8272  10. 6630  2. 5139...
# 6   ELA0006_3. txt          3    8. 2400   8. 4082   7. 7736  1. 0600...
```

在上面的代码中,我们首先利用 setwd() 函数将当前的工作目录设置为 "C: /DH_R/Materials/",然后利用函数 read. csv() 和目标文件的相对地址路径读取了 Newsela_SCA 文件,并将读取后的文本保存为 mydf,方便后续对该数据的重复使用。如果当前的工作目录和目标文件所在的地址路径不同,我们也可以利用目标文件的绝对地址路径读取文件。读取完文件后,我们利用 class() 函数查看了 mydf 的数据类型,显示为数据框。最后,我们利用 head() 函数查看该数据框的前 6 条数据。

如果文件包含的数据量很大,那么利用 read. csv() 函数读取文件会相对较慢。此时,我们可以利用 readr 包中的 read_csv() 函数读取该文件,读取速度相对较快。下面是关于 read_csv() 函数的具体使用示例。

code6_2. R

```
install. packages( "readr")

library( readr)

mydf2 <- read_csv( "Newsela_SCA. csv")
head( mydf2)
# return:
# A tibble:  6 × 16
#  Texts  Text_...¹   MLS    MLT    MLC    C. S   VP. T    C. T      ...
#  <chr>     <dbl> <dbl> <dbl> <dbl> <dbl> <dbl> <dbl> ...
# 1 ELA00...       3    9. 62   9. 62   7. 04    1. 37    1. 62    1. 37 ...
# 2 ELA00...       5   11. 8   11. 8    7. 68    1. 53    1. 81    1. 53 ...
# 3 ELA00...       7   14. 5   13. 8    8. 58    1. 69    1. 94    1. 61 ...
# 4 ELA00...       9   19. 8   18. 1    9. 05    2. 19    2. 44    2      ...
```

```
# 5 ELA00...        12  26.8  23.8  10.7   2.51   2.95   2.23 ...
# 6 ELA00...         3  8.24  8.41  7.77   1.06   1.18   1.08...
# ... with 5 more variables: CT. T <dbl>, CP. T <dbl>, CP. C <dbl>,
#   CN. T <dbl>, CN. C <dbl>, and abbreviated variable name¹Text_Level
# i Use 'colnames( )'to see all variable names
```

我们可以利用 write.csv( ) 函数写出 CSV 文件,该函数的基本句法如下所示:

```
write.csv(x, file = "", row.names = TRUE, col.names = TRUE)
```

其中,x 是待写出的数据;file 是数据保存的路径和名称,路径既可以是绝对路径,也可以是相对路径;row.names 和 col.names 分别表示是否显示行名和列名,默认为 TRUE,显示行名和列名。下面,我们以 mydf2 为例展示如何写出 CSV 文件。

code6_2. R

```
write.csv(mydf2,"./Output/Newsela_SCA_out.csv")
```

运行上述代码后,Output 文件夹下会写出一个 Newsela_SCA_out.csv 文件。

读取数据是语言数字人文数据处理的第一步。后面,我们还需要根据研究问题和目的对读入的数据进行筛选、清理、转换、分析、可视化等操作,之后才能得到我们想要的结果。接下来,我们将以 Newsela_SCA 等文件中的数据为例,演示 R 语言中数据处理的基本过程。

6.2　数　据　筛　选

在 2.3.4 小节中我们提到可以通过安装包来丰富 R 语言的功能。其中,dplyr 和 tidyr 包提供了强大的数据筛选和转换等功能。因此,在对数据进行分析处理之前,我们可以先安装和载入 dplyr 和 tidyr 包。请看下面的示例。

code6_3. R

```
rm( list = ls( ) )
install. packages( "dplyr")
install. packages( "tidyr")

library( dplyr)
library( tidyr)
```

成功导入以上两个包之后,我们可以利用 dplyr 包中的 glimpse( )函数查看数据框的各个变量细节,以便对读入的数据有大致了解。请看下面的示例。

code6_3. R

```
setwd( "C: /DH_R/Materials/")
mydf <- read. csv( "Newsela_SCA. csv ")
glimpse( mydf)
```

在上面的代码中,我们利用相对路径读取了 Newsela_SCA 文件,之后利用 glimpse( )函数查看了该文件,结果返回该文件的行数和列数以及各个变量名称、类型、前几条数据等信息。返回结果如下所示:

```
Rows: 2,250
Columns: 16
$ Texts       <chr> "ELA0001_3. txt", "ELA0002_5. txt", ~
$ Text_Level  <int> 3, 5, 7, 9, 12, 3, 5, 7, 9, 12, 3, ~
$ MLS         <dbl> 9. 6154, 11. 7656, 14. 4627, 19. 8462, ~
$ MLT         <dbl> 9. 6154, 11. 7656, 13. 8429, 18. 1053, ~
$ MLC         <dbl> 7. 0423, 7. 6837, 8. 5752, 9. 0526, ~
$ C. S        <dbl> 1. 3654, 1. 5312, 1. 6866, 2. 1923, ~
$ VP. T       <dbl> 1. 6154, 1. 8125, 1. 9429, 2. 4386, ~
$ C. T        <dbl> 1. 3654, 1. 5312, 1. 6143, 2. 0000, ~
$ DC. C       <dbl> 0. 2535, 0. 2857, 0. 3363, 0. 4298, ~
$ DC. T       <dbl> 0. 3462, 0. 4375, 0. 5429, 0. 8596, ~
$ T. S        <dbl> 1. 0000, 1. 0000, 1. 0448, 1. 0962, ~
```

```
$ CT. T     <dbl> 0. 3077, 0. 3594, 0. 4571, 0. 6316, ~
$ CP. T     <dbl> 0. 1154, 0. 2500, 0. 3571, 0. 4386, ~
$ CP. C     <dbl> 0. 0845, 0. 1633, 0. 2212, 0. 2193, ~
$ CN. T     <dbl> 0. 9615, 1. 2500, 1. 5429, 2. 1404, ~
$ CN. C     <dbl> 0. 7042, 0. 8163, 0. 9558, 1. 0702, ~
```

在数据处理过程中,并不是所有读入的数据都满足研究需求,因此我们需要进行数据筛选,选择需要分析的数据。我们可以通过 filter( )和 select( )这两个函数来筛选所需的行或者列数据。这两个函数的基本句法如下所示:

```
filter( data, conditions)
select( data, conditions)
```

其中,第一个参数 data 表示待筛选的数据,第二个参数 conditions 表示筛选的条件。下面是利用 filter( )函数筛选行的示例。

code6_3. R

```
# To find rows whose MLS is larger than 20
filter( mydf, MLS > 20)

# To find rows whose C. S is smaller than 1. 5
filter( mydf, C. S < 1. 5)

# To find rows whose DC. C is larger than or equal to 0. 2
filter( mydf, DC. C >= 0. 2)

# To find rows whose Text_Level is not 12
filter( mydf, Text_Level! = 12)
```

在上面的代码中,我们利用 filter( )函数分别筛选出了 MLS 大于 20, C. S 小于 1. 5, DC. C 大于等于 0. 2 以及 Text_level 不等于 12 的数据。

另外,和条件句类似, filter( )函数中的条件可以多个,可使用 & 和 | 来连接不同的条件以满足不同的任务需求。请看下面的示例。

code6_3. R

```
filter( mydf, Text_Level = = 3 & MLS>9)
filter( mydf, MLT <= 8 | CP. C <= 0. 1)
```

在上面的第一行代码中,我们利用 filter( )函数筛选出了难度等级等于 3 并且平均句长 MLS 大于 9 的数据。类似地,在第二行代码中,我们筛选出了平均 T 单位长度 MLT 小于等于 8 或者每个子句中的并列短语数量 CP. C 小于等于 0. 1 的数据。

下面是利用 select( )函数筛选列的示例。

code6_3. R

```
# To select the column of Text_Level
select( mydf, Text_Level)

# To select the columns of MLS, MLT, and MLC
select( mydf, MLS, MLT, MLC)

# To select multiple columns consecutively
select( mydf, C. S: DC. T)

# To select columns except MLS
select( mydf, -MLS)
```

在语言数字人文数据处理中,我们可能需要同时用到 filter( )和 select( )函数进行多种数据筛选。比如,下面的代码可以筛选出 mydf 中难度等级为 12 条件下的 MLS 和 MLT 两列数据。

code6_3. R

```
mydf2 <- filter( mydf, Text_Level = = 12)
mydf3 <- select( mydf2, MLS, MLT)

print( mydf3)
# return:
#       MLS     MLT
# 1   26. 8056 23. 8272
```

```
# 2    20.8901 18.4563
# 3    23.8125 22.4118
# 4    21.8030 21.8030
# 5    19.7386 15.6486
# 6    20.4286 17.3738
# ...
```

在上面的代码中,我们进行了分步计算。第一步,利用 filter( ) 函数筛选出 Text_Level 等于 12 的数据,并将结果保存为 mydf2。第二步,在 mydf2 数据的基础上,我们利用 select( ) 函数筛选出 MLS 和 MLT 这两列数据,并将结果保存为 mydf3。最后,打印查看 mydf3 的数据。在这个分步计算过程中,我们需要保存每一步产生的中间结果,然后才能用于下一步的计算。如果任务比较复杂,包含多步连续运算,那么分步计算会让过程变得繁琐。此时,我们可以利用 dplyr 包中的管道运算符%>%简化代码,同时提高程序的运作效率。管道运算符%>%可以像管道一样把运算符左侧的数据传递给右侧的函数,避免生成中间变量,从而大大简化代码的复杂度。下面,我们就利用管道运算符筛选出 mydf 中 Text_Level 等于 12 条件下的 MLS 和 MLT 这两列数据。请看下面的示例。

code6_3. R

```
mydf4 <- mydf %>%
    filter( Text_Level == 12 ) %>%
    select( MLS, MLT )

print( mydf4 )
# return:
#       MLS     MLT
# 1   26.8056 23.8272
# 2   20.8901 18.4563
# 3   23.8125 22.4118
# 4   21.8030 21.8030
# 5   19.7386 15.6486
# 6   20.4286 17.3738
# ...
```

在上面的代码中,我们利用管道运算符将 mydf 数据传递给 filter( )函数进行运算,之后再将产生的数据结果传递给 select( )函数进行运算,最后将产生的结果保存为 mydf4。打印查看 mydf4,返回的结果和之前分步计算得到的结果 mydf3 一致。比较以上两段代码可知,用管段运算符的代码更加简洁。因此,建议读者在 R 语言中进行数据处理时学会使用管段运算符号,这能够大大降低代码的繁琐度,并且提高代码的运行效率。

6.3 数 据 清 理

数据中常常存在一些异常值,比如缺失值(Missing Values)、离群值(Outliers)等,导致数据非正态分布,无法满足参数检验的前提条件。因此,我们需要对数据进行清理,之后才能进行数据统计分析,否则可能会影响分析或者模型拟合的结果。下面,我们将具体介绍如何在 R 语言中检测和处理缺失值和离群值。

6.3.1 缺失值

缺失值指的是数据中某个或某些属性的值缺失了,常常用 NA 表示(Acock, 2005)。在 R 语言中,我们可以利用 is. na( )函数判断向量中的各个元素是否为缺失值,是的话返回 TRUE,否则返回 FALSE。请看下面的示例。

code6_4. R

```
rm( list = ls( ) )
mydf <- read. csv( "C:/DH_R/Materials/Newsela_SCA. csv")
is. na( mydf$MLS)
# return:
# FALSE FALSE FALSE FALSE FALSE. . .
```

在上面的代码中,我们利用$提取了 mydf 中的 MLS 这一列向量,然后利用 is. na( )函数对该向量中的各个元素进行了缺失值判断,结果返回一个由逻辑值组成的向量。如果我们想要知道哪里存在缺失值,可以利用 which( ) 函数查看缺失值在向量中的位置。请看下面的示例。

code6_4. R

```
which( is. na( mydf$MLS ) )
# return: 1995
mydf$MLS[ 1995 ]
#return: NA
```

在上面的代码中,我们利用 which( ) 和 is. na( ) 函数查找出了缺失值的位置,然后利用下标提取出了该缺失值。

数据中存在缺失值会导致数据无法进行正常计算,其返回结果均会变成 NA。比如,在下面的代码中我们计算 MLS 这一列的平均值和总和,但是由于其中有缺失值,所以返回结果为 NA。

code6_4. R

```
mean( mydf$MLS ) #return: NA
sum( mydf$MLS ) #return: NA
```

当数据中出现缺失值时,我们一般可以采用以下两种方式处理。一是直接删除存在缺失值的个案(Kaiser, 2014)。比如,由于主观失误、有意隐瞒等人为原因造成的数据缺失,并且缺失的数据量比较小时,我们可以直接删除含有缺失值的个案。二是以最可能的值来插补缺失值(Acock, 2005)。该方法的一个优势是能够尽可能地保留原数据的信息。在数据处理中,我们面对的常常是大型的数据库,里面包含有几十个甚至几百个属性,因为一个属性值的缺失而放弃大量其他属性值会导致信息的浪费。因此,我们可以通过插补可能的值来补充缺失值,比如利用均值插补、众数插补、同类均值插补、极大似然估计值插补、多重插补等(Acock, 2005)。

在 mydf 数据中,只有一个元素是缺失值,因此我们可以采用直接删除法将含有缺失值的个案删去,之后再进行计算。我们可以利用下标前面加负号的方法删除数据框中含有缺失值的个案,请看下面的示例。

code6_4. R

```
mydf2 <- mydf[-1995,]
sum(mydf2$MLS) #return: 34470.7
mean(mydf2$MLS) #return: 15.32712
```

在上面的代码中,我们首先利用负号下标删除了第 1995 行数据,并且将删除后的数据保存为新的变量 mydf2。然后,我们计算 MLS 这一列的平均值和总和,成功返回结果。

我们也可以利用 na.omit( ) 函数直接将数据中的缺失值个案删除。请看下面的示例。

code6_4. R

```
mydf3 <- na.omit(mydf)
sum(mydf3$MLS) #return: 34470.7
mean(mydf3$MLS) #return: 15.32712
```

如果不想删除数据中的缺失值个案,只想在计算时暂时移除缺失值,保证函数能够计算出结果,那么我们可以直接将 sum( )、mean( ) 等函数中的参数 na.rm 设置为 TRUE,计算时就会自动移除缺失值。请看下面的示例。

code6_4. R

```
sum(mydf$MLS,na.rm = TRUE) #return: 34470.7
mean(mydf$MLS,na.rm = TRUE) #return: 15.32712
```

另外,为了示例说明如何采用插补缺失值的办法处理数据中的缺失值,我们将把 MLS 这一列向量中的缺失值替换为平均值。请看下面的示例。

code6_4. R

```
mydf$MLS[1995] <- mean(mydf$MLS,na.rm = TRUE)

mydf$MLS[1995] #return: 15.32712

sum(mydf$MLS) #return: 34486.03
```

```
mean( mydf$MLS) #return: 15.32/12
```

在上面的代码中,我们利用下标将第 1 995 位置的元素替换成了平均值,之后再次计算了 MLS 这一列的总和和平均值。

6.3.2　离群值

离群值(Outliers)也称为奇异值或者极端值,它指的是数据中和其他数值相差比较大的一些数值(Hawkins, 1980)。这些数值如果数量较多的话可能会影响预测结果和模型精度,因此需要进行特殊处理。下面我们将示例说明如何在 R 语言中检测和处理异常值。

目前,有多种方法可以检测数据中的离群值,常见的方法主要有箱线图法、标准差法、绝对中位数差法等(Dawson, 2011; Ghosh & Vogt, 2012; Leys et al., 2013)。下面,我们将逐一介绍以上三种方法。

首先,我们可以通过箱线图法检测异常值。在 R 语言中,我们利用 boxplot( )函数能够绘制箱线图查看数据的整体分布情况。请看下面的示例。

code6_5. R

```
rm( list = ls( ))

mydf <- read. csv( "C:/DH_R/Materials/Newsela_SCA. csv")
mydf <- na. omit( mydf)

boxplot( mydf$MLS, ylab = "MLS", main = "Boxplot of MLS")
```

在上述代码中,我们首先读入数据,然后删除缺失值。最后,我们利用 boxplot( )函数绘制箱线图。其中,第一个参数给出了待绘制的数据,即 mydf$MLS,第二个参数 ylab 定义了 y 轴的标签,第三个参数 main 定义了图的标题。运行上述代码之后,Rstudio 中右下方的面板中会出现绘制好的箱线图(如图 6.4 所示)。箱线图中的五条横线从上到下分别代表了上边缘、上四分位数、中位数、下四分位数、下边缘。分布在上边缘以上或者下边缘以下的值就是离群值。

上边缘(Upperbound)和下边缘(Lowerbound)的计算公式如下:

$$upperbound = Q3 + 1.5 * IQR \qquad (公式6.1)$$

$$lowerbound = Q1 - 1.5 * IQR \qquad (公式6.2)$$

其中,Q3 和 Q1 指的是上四分位数(在 75% 位置的数据值)和下四分位数(在 25% 位置的数据值),可以通过 quantile( )函数计算得到。IQR 是四分位距,等于 Q3-Q1。关于上边缘和下边缘的计算请看下面的示例。

code6_5. R

```
# Step 1: To calculate Q1 and Q3
# The function of unname( ) is used to remove the names
Q1 <- unname(quantile(mydf$MLS,0.25))
Q3 <- unname(quantile(mydf$MLS,0.75))

# The names are not removed
quantile(mydf$MLS,0.25)
# return:
# 25%
# 11.4318

# The names are removed
unname(quantile(mydf$MLS,0.25))
# return: 11.4318

# Step 2: To calculate IQR
IQR <- Q3-Q1

# Step 3: To calculate the upper and lower bounds according to formulas 6.1 and 6.2
upperbound <- Q3+1.5 * IQR
print(upperbound)
# return: 29.14855

lowerbound <- Q1-1.5 * IQR
print(lowerbound)
# return: 0.80175
```

在上面的代码中,我们计算出了上边缘和下边缘,分别为 29. 148 55 和 0. 801 75。该结果说明,大于等于 29. 148 55 和小于等于 0. 801 75 的值为离群值。

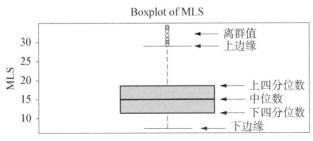

图 6.4　数据 MLS 箱线图示例

从图 6.4 可知,MLS 这一列的数据中有多个值超过上边缘,说明存在多个离群值。下一步,我们需要筛选出这些离群值。我们可以通过代码 boxplot. stats( )$out 完成该任务。请看下面的示例。

code6_5. R

```
outliers1 <- boxplot. stats( mydf$MLS) $out
print( outliers1)
# return: 29. 1957 29. 8000 32. 7059 33. 4545 31. 5217 33. 8333 30. 4667
```

第二种检测方法是根据标准差法识别离群值。一般来说,超出均值±n 个标准差范围的数值被认为是离群值。其中,n 通常取 2、2. 5 或者 3,可以根据实际数据及其分布情况决定 n 的取值。下面,我们以均值±3 个标准差为例,展示其计算过程。

code6_5. R

```
# To calculate the lower_limit, i. e. , mean - 3sd
lower_limit <- mean( mydf$MLS) -3 * sd( mydf$MLS)

# To calculate the upper_limit, i. e. , mean + 3sd
upper_limit <- mean( mydf$MLS) +3 * sd( mydf$MLS)

# To identify the outliers in MLS
outliers2<-mydf$MLS[ mydf$MLS>=upper_limit| mydf$MLS<=lower_limit]
```

```
print( outliers2)
# return:
# [1] 32.7059  33.4545  31.5217  33.8333
```

在上面的代码中,我们首先利用 mean( )和 sd( )函数计算了"均值±3 个标准差",并将其保存为 lower_limit 和 upper_limit。之后,利用条件判断筛选出 MLS 大于等于 upper_limit 或者小于等于 lower_limit 的数据,并将其保存为 outliers2。最后,我们打印显示 MLS 数据中的 4 个离群值。

然而,第二种离群值识别方法颇具争议。首先,使用该方法的前提是数据要成正态分布或者近似正态分布,这样才能保证 99%以上的数据集中在均值上下 3 个标准差的范围内(Howell et al., 1998)。其次,该方法利用均值和标准差制定离群值标准时就已经受到离群值的影响了,因此无法准确识别出离群值(Leys et al., 2013)。例如,我们有一组数据为 1、3、2、7、6、10、9、7、10、1 000。在这 10 个数据中,1 000 显然是一个离群值。然而,我们计算出该组数据的均值和标准差分别为 105.5 和 314.311 7,利用标准差法得到的离群值标准大于等于 1 048.435 或者小于等于-837.435 1。根据此标准,1 000 不是离群值。因此,根据标准差法识别离群值的方法有时候并不准确,需要结合数据实际分布情况谨慎使用。

鉴于第二种方法的局限性,有学者开始提出利用绝对中位数差法(Median Absolute Deviation, MAD)检测离群值(Leys et al., 2013)。也就是说,我们可以利用均值±n 个绝对中位数识别离群值。其中,n 一般可以取 2、2.5、3(Miller, 1991),可根据实际需求或者数据的分布情况选取 n 值。下面,我们以均值±3 个绝对中位数为标准识别数据中的离群值。绝对中位数差(MAD)的计算公式如下所示(Huber, 1981):

$$MAD = b * M_i(\mid x_i - M_j(x_j) \mid) \qquad (公式 6.3)$$

其中 b=1.482 6,x_j 指的是原先一系列的数据,x_i 是该系列数据中的每一个数据,M_i 是该系列数据的中位数。绝对中位数差就是用原数据减去中位数得到的绝对值作为新数据,然后取新数据的中位数,最后乘以 1.482 6。我们以 1、3、2、7、6、10、9、7、10、1 000 这 10 个数据为例,演示 MAD 在 R 语言中的计算过程。请看下面的示例。

code6_5. R

```
x <- c(1,3,2,7,6,10, 9,7,10,1000)
# To calculate MAD according to formula 6. 3
MAD <- 1. 4826 ∗ median(abs(x-median(x)))
print(MAD)
#return: 4. 4478
```

在 R 语言中,mad()函数能够直接返回绝对中位数差。请看下面的示例。

code6_5. R

```
mad(x) #return: 4. 4478
```

然后,基于绝对中位数差,我们可以计算出离群值的判定标准,从而筛选出离群值。请看下面的示例。

code6_5. R

```
# To calculate the mad_lower_limit
mad_lower_limit <- median(x)-3 ∗ mad(x)
print(mad_lower_limit) #return: -6. 3434

# To calculate the mad_upper_limit
mad_upper_limit <- median(x)+3 ∗ mad(x)
print(mad_upper_limit) #return: 20. 3434

# To identify the outliers
outliers_x <- x[x>=mad_upper_limit|x<=mad_lower_limit]
print(outliers_x) #return: 1000
```

运行上述代码之后,返回的离群值为 1000,符合我们的预先判断,说明绝对中位数差法在离群值判断中是有效的。

检测出离群值之后,我们首先需要仔细查看各个离群值,判断离群值出现的原因,然后根据其原因选择处理离群值的方法。离群值出现的常见原因主要有两种。第一种是由于实验条件、方法的偶然或者观测、记录、计算失误导致的离群值,这类离群值与样本中的其他观测值不属于同一总体。第二种是总体固有变异性的极端表现产生的离群值,这类离群值与样本中的其他观测值属于同一总体。

针对第一种原因产生的离群值,我们可以采取纠正或者直接删除的方法处理。例如,有些离群值是由于记录错误(比如 1.856 记录成了 18.56)导致的,那么我们人工纠正之后,该数据仍可以纳入研究。如果无法纠正并且离群值的数量比较少时,我们可以直接删除该离群值个案的数据。

针对第二种原因产生的离群值,我们可以根据具体情况保留离群值并用于后续数据处理,也可以直接剔除离群值。

需要注意的是,无论何种原因导致的离群值,数据中离群值的数量都不能太多,否则可能说明原始数据存在一些问题,研究者应谨慎使用。

MLS 这一列数据出现离群值的原因主要归结于第二种,即总体固有变异性的极端表现,并且离群值的数量不多,不到总数据的 1%,因此我们可以直接删除离群值个案。下面,我们以 boxplot. stats() $out 筛选出来的离群值为例,展示如何在 R 语言中删除离群值。

code6_5. R

```
# To count the number of rows
nrow(mydf) # return: 2249

# To return outliers in MLS
outliers <- boxplot. stats(mydf$MLS)$out

# To count the number of outliers
length(outliers) #return: 7

# To remove cases with outliers
mydf <- mydf[!(mydf$MLS %in% outliers),]

# To count the number of rows again
nrow(mydf) # return: 2242
```

在上面的代码中,我们重点看倒数第三行删除离群值所在个案的代码,即
mydf <- mydf[!(mydf$MLS %in% outliers),]。其中,操作符%in%用来判断
前面一个向量内的元素是否在后面一个向量中,返回 TRUE 或者 FALSE 逻辑
值。代码 mydf$MLS % in% outliers 表示 mydf$MLS 中的各个元素是否在
outliers 中,在就返回 TRUE,不在就返回 FALSE。我们的目的是返回不包含
outliers 的数据,因此在该代码的前面加"!"表示否定。最后,利用数据框的索
引功能返回所有满足条件的数据,并将其重新保存为 mydf。查看 mydf 的行
数,结果显示只有 2 242 行,说明包含有离群值的 7 行数据已被删除。

6.4　数　据　转　换

本小节主要介绍在 R 语言中如何进行数据转换,包括长宽数据互换以及
转换生成新变量。

6.4.1　长数据和宽数据转换

根据数据的格式,我们可以把数据分为长数据(Long Format Data)和宽数
据(Wide Format Data)。宽数据指的是数据中所有的变量都有明确的细分,各
变量的值不存在重复的情况。比如,图 6.5 展示的是 2010—2019 年上海、江

年份	上海	江苏	浙江	安徽
2010	17165.98	41425.48	27722.31	12359.33
2011	19195.69	49110.27	32138.85	15300.65
2012	20181.72	54058.22	34665.33	17212.05
2013	21818.15	59753.37	37756.59	19229.34
2014	23567.7	65088.32	40173.03	20848.75
2015	25123.45	77116.38	42886.49	22005.63
2016	28178.65	77388.28	47251.36	24407.62
2017	30632.99	85869.76	51768.26	27018
2018	32679.87	92595.4	56197.15	30006.82
2019	38155.32	99631.5	62352	37114

图 6.5　宽数据格式下 2010—2019 年上海、江苏、浙江、安徽四个地区的 GDP

苏、浙江、安徽四个地区的 GDP。该数据就是一个典型的宽数据。在宽数据中,我们可以通过行列的交叉点找到数值,比如 2010 和上海的交叉点就是上海在 2010 年的 GDP 值。

长数据指的是数据集中的变量没有明确的细分,存在变量中的元素重复出现的情况。图 6.6 展示的是长数据格式下 2010—2019 年上海、江苏、浙江、安徽四个地区 GDP 的数据集。从图中可知,数据中每一行对应的是年份、地区和 GDP 三个变量,其中年份和地区中的元素有重复出现。在长数据中,我们主要通过指标找到数值,比如通过 2010 和浙江两个指标找到浙江省 2010 年对应的 GDP。

年份	地区	GDP
2010	上海	17165.98
2010	江苏	41425.48
2010	浙江	27722.31
2010	安徽	12359.33
2011	上海	19195.69
2011	江苏	49110.27
2011	浙江	32138.85
2011	安徽	15300.65
2012	上海	20181.72
2012	江苏	54058.22
2012	浙江	34665.33
2012	安徽	17212.05
…	…	…

图 6.6　长数据格式下 2010—2019 年上海、江苏、
浙江、安徽四个地区的 GDP

宽数据更符合我们的阅读习惯,因此日常工作和生活中一般用它作为数据的主要存储方式。但是在 R 语言中,长数据更容易进行数据处理分析和绘制图表。因此,我们在利用 R 语言进行数据处理时经常需要进行长数据和宽数据的转换。接下来,本小节将具体介绍如何在 R 语言中进行长宽数据的相互转换。

本章中所用的示例文件 Newsela_SCA 中的数据就是宽数据。我们可以利用 tidyr 包中的 gather( ) 函数将 Newsela_SCA 中的宽数据转换为长数据。

gather( )函数的基本句法如下：

```
gather(data, key, value, columns_for_reshaping)
```

其中参数 data 表示待转换的宽数据，key 代表转换后的变量名，value 是 key 对应的值，columns_for_reshaping 是需要转换为长数据的列。请看下面的示例。

code6_6. R

```
rm(list = ls())
# To load the package of tidyr
library(tidyr)

# To read the data
mydf <- read. csv("C:/DH_R/Materials/Newsela_SCA. csv")

# To remove cases with missing values
mydf <- na. omit(mydf)

# To convert a data frame in a wide format to a long format
mydf_long <- gather(mydf, syntactic_indices,
                     syntactic_complexity, MLS: CN. C)

head(mydf_long)
# return:
#              Texts Text_Level syntactic_indices...
# 1   ELA0001_3. txt        3          MLS...
# 2   ELA0002_5. txt        5          MLS...
# 3   ELA0003_7. txt        7          MLS...
# 4   ELA0004_9. txt        9          MLS...
# 5   ELA0005_12. txt      12          MLS...
# 6   ELA0006_3. txt        3          MLS...

unique(mydf_long$syntactic_indices)
#return:
# "MLS"  "MLT"  "MLC"  "C. S"  "VP. T" "C. T"  "DC. C" "DC. T" "T. S"  "CT.
T" "CP. T" "CP. C" "CN. T" "CN. C"
```

在上面的代码中,我们首先导入 tidyr 包,读入数据以及删除缺失值。然后,利用 gather( ) 函数将 14 个句法指标转化为同一列,将其命名为 syntactic_indices,各个指标对应的值就存储在 syntactic_complexity 这一列中。之后,我们通过 head( ) 函数查看转换后的前六条数据。同时,利用 unique( ) 函数查看句法指标 syntactic_indices 的元素种类,结果返回 14 个不同的句法指标。

最后,我们利用 write. csv( ) 函数将 mydf_long 保存输出。请看下面的示例。

code6_6. R

```
write. csv( mydf_long,"C: /DH_R/Materials/Output/Newsela_SCA_long. csv",row.
names = FALSE)
```

除此之外,reshape2 包中的 melt( ) 函数也可以将宽数据转换为长数据。该函数的基本句法如下所示:

```
melt( data, id. vars, measure. vars, variable. name = "variable",...)
```

其中,data 是待转换的宽数据;id. vars 是标识变量,即转换为长数据后仍保留的列;measure. vars 是度量变量,即需要融成新一列的变量名;variable. name 是新列对应值的变量名。关于 melt( ) 函数的具体使用请看下面的示例。

code6_6. R

```
install. packages( "reshape2")
library( reshape2)

# To convert a data frame in a wide format to a long format
mydf_long2<-melt( mydf,id. vars = c( "Texts","Text_Level"),
                      variable. name = "Syntactic_indices",
                      value. name = "Syntactic_complexity")
head( mydf_long2)
```

在上面的代码中,我们利用 melt( ) 函数将原先的宽数据格式的数据转换

为了长数据格式的数据,并将其保存为了 mydf_long2。之后,我们利用 head( )
函数查看其前六条数据,返回结果如下所示:

```
        Texts Text_Level Syntactic_indices...
1  ELA0001_3. txt        3        MLS...
2  ELA0002_5. txt        5        MLS...
3  ELA0003_7. txt        7        MLS...
4  ELA0004_9. txt        9        MLS...
5 ELA0005_12. txt       12        MLS...
6  ELA0006_3. txt        3        MLS...
```

如果原先的数据是长数据,那么我们可以利用 spread( )函数将长数据转
换为宽数据。spread( )函数的基本句法如下所示:

```
spread( data, key, value )
```

其中,参数 data 就是待转换的长数据,key 是待拆分的变量名,value 是拆
出来的列对应的值。下面,我们以 mydf_long 长数据为例,展示如何利用
spread( )函数将其转换为宽数据。

code6_6. R

```
# To convert a data frame in a long format to a wide format
mydf_wide <- spread( mydf_long,
                     syntactic_indices,
                     syntactic_complexity )

head( mydf_wide )
```

查看 mydf_wide 宽数据的前六条数据后,返回结果如下所示:

```
        Texts Text_Level   C. S      C. T...
1  ELA0001_3. txt        3 1. 3654   1. 3654...
2  ELA0002_5. txt        5 1. 5312   1. 5312...
3  ELA0003_7. txt        7 1. 6866   1. 6143...
4  ELA0004_9. txt        9 2. 1923   2. 0000...
5 ELA0005_12. txt       122. 5139    2. 2346...
```

```
6   ELA0006_3. txt              3 1.0600   1.0816...
...
```

从以上结果可知,转换后的长数据和原先 Newsela_SCA 文本中的数据
一样。

6.4.2 转换生成新变量

在语言数字人文数据处理过程中,我们经常需要根据原有变量生成新的
变量,然后在新变量的基础上进行研究分析。例如,我们有一组数据 mydata,
里面包含了五个人的身高和体重信息,具体如下:

code6_7. R

```
rm( list = ls( ) )
mydata <- data. frame( height=c( 167,180,164,158,176),
                       weight=c( 55,85,48,53,72) )
```

如果我们想要在原数据 mydata 上生成一个新的变量 ratio 存储这五个人
的身高体重比,可以怎么实现呢?

在 R 语言中,我们可以利用 dplyr 包中的 mutate( )函数生成新变量。该函
数的基本句法如下所示:

```
mutate( df, new_variable = transformed_existing_variable)
```

其中,参数 df 是数据框,参数 new_variable 是待生成新变量的名称,参数
transformed_existing_variable 是基于数据框中现有的数据转换而来的新数据。

下面,我们展示如何利用 mutate( )函数生成新的变量 ratio。

code6_7. R

```
library( dplyr)
mydata <- mutate( mydata, ratio = height/weight)
```

```
print(mydata)
```

打印查看 mydata 后返回结果如下所示:

	height	weight	ratio
1	167	55	3.036364
2	180	85	2.117647
3	164	48	3.416667
4	158	53	2.981132
5	176	72	2.444444

从返回结果可知,mydata 中成功增加了新的一列 ratio,里面存储了身高和体重比。

此外,我们还可以结合 mutate() 和其他函数生成新的变量。例如,在 Newsela_SCA 数据中,平均句长(Mean Length of Sentence, MLS)的四分位分布如下:

code6_7.R

```
mydf <- read.csv("C:/DH_R/Materials/Newsela_SCA.csv")
mydf <- na.omit(mydf)
quantile(mydf$MLS)
# return:
#     0%       25%       50%       75%      100%
# 7.2373 11.4318 14.8983 18.5185 33.8333
```

假设我们想根据平均句长将文本分为"easy""medium""difficult"三级,其中平均句长处于 25% 以下(即 MLS<=11.5)的文本定为"easy",处于 25% 到 75% 之间(即 11.5<MLS<18.5)的为"medium",大于等于 75%(即 MLS>=18.5)的为"difficult",最后将生成的文本难度等级存成新的变量"Difficulty_level",那么我们如何根据平均句长这一原有的数据生成"Difficulty_level"这一列新的变量呢? 此时,我们可以利用 mutate() 函数和 case_when() 条件函数生成该新变量。请看下面的示例。

code6_7. R

```
mydf <- mutate( mydf, Difficulty_level = case_when(
    MLS<= 11. 5 ~ "easy",
    MLS<18. 5 ~ "medium",
    MLS>= 18. 5 ~ "difficult") )
mydf$Difficulty_level
```

在上面的代码中,我们利用 mutate( )函数生成了新的一列变量,其中 mydf 是原有的数据,Difficulty_level 是待生成的新变量,生成的条件在 case_ when 中一一给出。最后,将结果重新保存为 mydf。此时,mydf 数据中的最后一列就是新的变量 Difficulty_level。我们利用 mydf$Difficulty_level 查看该列数据,结果返回如下:

```
"easy"       "medium"    "medium"      "difficult" "difficult". . .
```

6.5　数　据　分　析

本小节主要介绍如何在 R 语言中进行基本的数据分析,包括描述性数据的批量计算和统计分析。

6.5.1　描述性数据计算

在实证研究中,我们经常需要汇报数据的描述性信息,比如平均值、标准差、最大值、最小值等。下面是关于在宽数据中计算描述性数据的示例。

code6_8. R

```
rm( list = ls( ) )
library( dplyr)
mydf <- read. csv( "C: /DH_R/Materials/Newsela_SCA. csv")
mydf <- na. omit( mydf)

# To calculate the mean of the MLS
```

```
mean( mydf$MLS) #return: 15. 32712

# To calculate the standard deviation of the MLS
sd( mydf$MLS) #return: 5. 192453

# To calculate the maximum value of the MLS
max( mydf$MLS) #return: 33. 8333

# To calculate the minimum value of the MLS
min( mydf$MLS) #return: 7. 2373

# To obtain the descriptive statistics
summary( mydf$MLS)
# return:
#    Min. 1st Qu.   Median     Mean 3rd Qu.    Max.
#   7. 237  11. 432   14. 898   15. 327  18. 518  33. 833
```

在上面的代码中,我们以句法指标 MLS 为例,展示了如何在 R 语言中计算平均值、标准差、最大值和最小值。其他句法指标也可以按类似的方法得到描述性数据。我们也可以计算其他描述性数据,比如总和、方差等(可参考4.1.5.1 小节描述性数据相关函数的介绍)。最后,我们可以利用 summary( )函数一次性得到所有相关描述性数据。

在 Newsela_SCA 数据中,总共有 14 个句法复杂度指标变量,因此我们需要写代码计算 56(14 * 4 = 56)次才能得到它们所有的平均值、标准差、最大值和最小值。在变量更多的情况下,需要重复的次数也越多,会更加费时费力。如果想要一次性算出各个句法指标的相关描述性数据,我们可以采用循环的方法进行计算。请看下面的示例。

code6_8. R

```
# To create empty vectors to store the results
syntactic_indices <- vector( )
mean_values <- vector( )
sd_values <- vector( )
max_values <- vector( )
min_values <- vector( )
```

```
# To obtain the descriptive statistics of the 14 indices with the "for. . . in" loop
for (i in 3: ncol(mydf)) {
    syntactic_indices[i-2] <- colnames(mydf)[i]
    mean_values[i-2] <- mean(mydf[,i])
    sd_values[i-2] <- sd(mydf[,i])
    max_values[i-2] <- max(mydf[,i])
    min_values[i-2] <- min(mydf[,i])
}
results <- data. frame(syntactic_indices, mean_values,
                        sd_values, max_values, min_values)
print(results)
```

在上面的代码中,我们利用 for. . . in 循环将所需的描述性信息一次性都计算出来了。前五行代码主要是创建空的向量,用于存储句法指标和相关描述性数据信息。后面一行代码给出了循环的序列为 3: ncol(mydf),其中 ncol(mydf)是计算 mydf 的列数,运行后结果为 16,表示该数据框中有 16 列数据。该循环表示对于序列 3: 16 中的每个元素,执行花括号中的语句。从 3 开始的原因是,数据从第三列开始才是和句法指标有关的变量。之后,利用下标向各个空向量中添加元素。第一次循环时,i 为 3,执行花括号中的第一条语句 syntactic_indices[3-2]<- colnames(mydf)[3],其中,colnames(mydf)[3]返回数据框 mydf 第三列的列名 MLS。因此,该语句的含义是将 syntactic_indices 向量中的第一个元素赋值为 MLS。然后,执行花括号中的第二条语句,其中 mydf[,3]是利用下标索引提取出第三列的数据,mean(mydf[,3])就是计算该列数据的平均值。该语句的含义就是将 mean_values 向量中的第一个元素赋值为第三列的平均值。后面的三行代码分别计算标准差、最大值和最小值。依次循环,直到遍历 3 到 16 列中的每个元素为止。最后,利用 data. frame( )函数将这五个向量合并成一个数据框,保存为 results。

打印查看 results,返回结果如下所示:

	syntactic_indices	mean_values	sd_values	max_values...
1	MLS	15. 3271244	5. 19245302	33. 8333...
2	MLT	14. 6729812	4. 43164740	30. 8889...
3	MLC	9. 2048962	1. 78611056	18. 2059...

4	C. S	1. 6388206	0. 36570386	3. 1136...
5	VP. T	2. 0034682	0. 44695481	4. 1250...
6	C. T	1. 5757703	0. 29290643	2. 8125...
7	DC. C	0. 2942880	0. 09457601	0. 5769...
8	DC. T	0. 4884203	0. 23856897	1. 5000...
9	T. S	1. 0346035	0. 06343002	1. 5217...
10	CT. T	0. 3709801	0. 14266793	0. 8889...
11	CP. T	0. 3077785	0. 17899456	1. 2206...
12	CP. C	0. 1897795	0. 09908224	0. 7411...
13	CN. T	1. 7814391	0. 69211426	4. 4167...
14	CN. C	1. 1073410	0. 31850571	2. 4359...

在上面的代码中,我们利用循环一次性计算了各个变量的描述性信息,但是代码还是过于繁琐。此时,我们可以利用 dplyr 包中的 group_by( )函数进行分组计算。需要注意的是,我们需要长数据才能利用 group_by( )函数进行分组。因此,我们可以读入上一小节中转换好的长数据格式的 Newsela_SCA_long 文本。请看下面的示例。

code6_8. R

```
setwd( "C: /DH_R/Materials")
mydf_long <- read. csv( ". /Output/Newsela_SCA_long. csv")

head( mydf_long)
results <- mydf_long %>%
  group_by( syntactic_indices) %>%
  summarise( SCA_mean = mean( syntactic_complexity),
            SCA_sd = sd( syntactic_complexity),
            SCA_max = max( syntactic_complexity),
            SCA_min = min( syntactic_complexity))

print( results)
```

在上面的代码中,我们首先利用 group_by( )函数将分组变量定义为 syntactic_indices,然后计算了其对应句法复杂度的平均值、标准差、最大值和最小值,并且利用 summarise( )函数对结果进行汇总。我们将返回的结果保存

为变量 results。打印查看 results 后,返回结果如下所示:

```
# A tibble: 14 x 5
   syntactic_indices SCA_mean SCA_sd SCA_max SCA_min
   <chr>                <dbl>  <dbl>   <dbl>   <dbl>
 1 C. S                  1.64  0.366    3.11   0.958
 2 C. T                  1.58  0.293    2.81   0.967
 3 CN. C                 1.11  0.319    2.44   0.439
 4 CN. T                 1.78  0.692    4.42   0.531
 5 CP. C                0.190  0.0991  0.741   0
 6 CP. T                0.308  0.179    1.22   0
 7 CT. T                0.371  0.143   0.889   0
 8 DC. C                0.294  0.0946  0.577   0
 9 DC. T                0.488  0.239    1.5    0
10 MLC                   9.20  1.79    18.2    5.44
11 MLS                  15.3   5.19    33.8    7.24
12 MLT                  14.7   4.43    30.9    7.36
13 T. S                  1.03  0.0634   1.52   0.889
14 VP. T                 2.00  0.447    4.12   1.03
```

除此之外,我们也可以利用函数 aggregate( ) 进行分组计算。函数 aggregate( ) 的基本语法如下所示:

```
aggregate( x, by = list( ), FUN, . . . )
```

其中,x 是待计算的数据,by 是分组方式,必须为列表格式,FUN 用于指定计算的函数。我们利用 aggregate( ) 函数计算了不同难度等级下的平均句法长度(MLS)。请看下面的示例。

code6_8. R

```
MLS_mean <- aggregate( mydf$MLS,
                       by = list( mydf$Text_Level),
                       FUN = mean)
print( MLS_mean)
```

运行上述代码后返回的结果如下所示:

```
   Group. 1          x
1        3    8.742325
2        5   11.783842
3        7   14.918376
4        9   18.027011
5       12   23.181521
```

函数 aggregate( ) 的一个优势是它支持多个分组变量。例如,如果想要计算不同难度等级下不同句法复杂度的平均值,我们可以将 Text_Level 和 syntactic_indices 两个分组变量同时放入 by 参数中。请看下面的示例。

code6_8. R

```
SCA_TL_mean<-aggregate(mydf_long$syntactic_complexity,
                       by=list(mydf_long$Text_Level,
                               mydf_long$syntactic_indices),
                       FUN = mean)
print(SCA_TL_mean)
```

运行上述代码后,返回结果如下所示:

```
   Group. 1 Group. 2        x
1        3    C. S   1.2612807
2        5    C. S   1.4311138
3        7    C. S   1.5932196
4        9    C. S   1.7800662
5       12    C. S   2.1295131
6        3    C. T   1.2744540
...
```

之后,我们可以根据需求对返回的数据 SCA_TL_mean 中的各列进行重新命名,以增强可读性。请看下面的示例。

code6_8. R

```
colnames(SCA_TL_mean) <- c("Text_level",
                           "Syntactic_indices",
                           "Syntactic_complexity")
```

```
print(SCA_TL_mean)
```

重新打印查看结果之后返回如下:

```
    Text_level Syntactic_indices Syntactic_complexity
1       3             C. S            1. 2612807
2       5             C. S            1. 4311138
3       7             C. S            1. 5932196
4       9             C. S            1. 7800662
5      12             C. S            2. 1295131
6       3             C. T            1. 2744540
. . .
```

最后,我们可以利用 write. csv( )函数写出结果。请看下面的示例。

code6_8. R

```
write. csv(SCA_TL_mean,". /Output/Newsela_SCA_mean. csv",
          row. names = FALSE)
```

6. 5. 2 统计分析

计算好描述性数据之后,我们经常需要进行数据统计分析,以便深入挖掘数据背后的规律。下面,我们将介绍如何在 R 语言中利用不同的检验方法进行数据统计分析,包括正态性检验、方差齐性检验、相关分析、卡方检验、t 检验、方差分析、线性回归等。本小节首先简单介绍相关的统计知识,然后重点介绍如何在 R 语言中编写代码进行统计分析。

6. 5. 2. 1 正态性检验

我们在选择统计方法之前,尤其当数据容量比较小时(一般小于等于30),需要对数据进行正态性检验(Normality Test)。如果数据服从正态分布,我们可以选择参数检验方法(如 t 检验、方差分析等)进行统计分析,否则需要采用非参数检验方法(如秩和检验、卡方检验等)进行检验。下面,我们将介绍正态性检验常用的两种方法。

第一种常用的正态性检验方法是图示法,即通过 Q‐Q 图来查看数据是否符合正态分布。在 R 语言中,我们可以通过 qqnorm( )函数绘制 Q‐Q 图。请看下面的示例。

code6_9. R

```
rm( list = ls( ) )

mydf <- read. csv( "C: /DH_R/Materials/Newsela_SCA. csv")
# To remove cases with missing values
mydf <- na. omit( mydf)

# To draw Q-Q plot
qqnorm( mydf$MLS)

# To add qqline
qqline( mydf$MLS)
```

运行上述代码后返回的 Q‐Q 图如下所示:

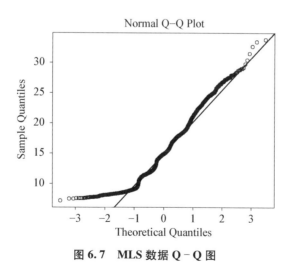

图 6.7　MLS 数据 Q‐Q 图

在 Q‐Q 图中,如果数据集中在参照线上,那么该数据符合正态分布。反之,如果数据偏离参照线太远,那么说明该数据不符合正态分布。

除了图示法之外,我们也可以利用 Shapiro-Wilk 正态性检验方法检验数据是否服从正态分布,其原假设(H0)和备择假设(H1)如下:

H0: 样本所来自的总体分布服从正态分布

H1: 样本所来自的总体分布不服从正态分布

一般来说,如果检验返回的 p 值大于或等于 0.05,符合原假设,说明数据服从正态分布。反之,如果 p 值小于 0.05,拒绝原假设,接受备择假设,说明数据不服从正态分布。

在 R 语言中,我们可以直接利用 shapiro.test() 函数实现 Shapiro-Wilk 正态性检验。请看下面的示例。

code6_9.R

```
shapiro.test(mydf$C.S)

# return:
# Shapiro-Wilk normality test

# data:    mydf$C.S
# W = 0.95242, p-value < 2.2e-16
```

在上述代码中,我们利用 shapiro.test() 函数对 C.S 这一列数据进行了正态性检验。结果显示,p 值小于 0.05,说明 C.S 这一列数据不服从正态分布。

在上文,我们介绍了 R 语言中检查一元数据(即单个变量)正态性的方法。然而,在实际语言数据分析中,我们经常遇到多元数据(多个变量),需要同时检验多个变量的正态性。当涉及多元变量的正态性检验时,我们可以利用 mvnormtest 包中的 mshapiro.test() 函数检验数据是否服从多元正态分布。请看下面的示例。

code6_9.R

```
install.packages("mvnormtest")
library(mvnormtest)

mshapiro.test(t(mydf[,3:16]))
```

```
# return:
# Shapiro-Wilk normality test

# data:   Z
# W = 0.68233, p-value < 2.2e-16
```

在上面的代码中,我们利用 mshapiro. test(t(mydf[,3:16]))代码检验了 mydf 数据中的 14 个句法指标变量是否服从多元正态分布。其中,mydf[,3:16]代码是利用下标提取数据中的 14 个句法指标变量(数据从第 3 列开始才是句法指标),然后利用 t()函数将数据调整成 mshapiro. test()函数的分析格式。最后返回的结果显示,p 值小于 0.05,说明该数据并不符合多元正态分布。

6.5.2.2　方差齐性

方差齐性(Homogeneity of Variance)指的是被检验的不同样本的总体方差不存在显著性差异(Moser & Stevens, 1992)。有些统计方法(比如独立样本 t 检验等)需要数据在满足方差齐性的条件下使用。因此,我们经常需要对数据进行方差齐性检验。

方差齐性常用的检验方法包括 Bartlett 检验、Flinger - Killeen 检验和 Levene 检验。本小节将以 Newsela_SCA 数据为例,详细介绍以上三种方法在 R 语言中的实现过程。需要注意的是,我们利用 Newsela_SCA 数据仅仅是为了示例,因此没有完全考虑使用各个方差同质性检验方法的前提条件。读者在进行处理数据时需要确认数据是否满足各个检验方法的前提条件(比如是否符合正态分布),然后再选择合适的检验方法。

方差齐性的原假设(H0)和备择假设(H1)如下:

H0: 各个样本的方差相等

H1: 各个样本的方差不相等

Bartlett 检验可用于 k 组样本间方差的比较(K>=2),但是该检验要求数据符合正态分布。

在 R 语言中,我们可以通过 Bartlett's test( ) 函数实现该检验。该函数要求的数据格式为长数据(关于长数据和宽数据的介绍以及相关转换请参考 6.4.1 小节)。因此,如果原本数据是宽数据格式,我们首先需要利用 tidyr 包中的 gather( ) 函数将其转换为长数据。Bartlet's test( ) 函数的基本句法如下所示:

```
Bartlett's test( y ~ x, data)
```

其中 x 是分组变量,y 是对应的值,data 是 x 和 y 所在的数据框。下面,我们以 Newsela_SCA 数据为例,展示 Bartlett's test( ) 函数的用法。

code6_10. R

```
rm( list = ls( ) )

setwd( "C:/DH_R/Materials")

mydf_long <- read. csv( "./Output/Newsela_SCA_long. csv")

bartlett. test( syntactic_complexity ~ syntactic_indices,
          data = mydf_long)
```

在上面的代码中,我们首先直接读入了 6.4.1 小节中转换成长数据格式后的 Newsela_SCA 数据,然后利用 Bartlett. test( ) 函数进行了方差齐性检验。返回的结果如下所示:

```
Bartlett test of homogeneity of variances
data:   syntactic_complexity by syntactic_indices
Bartlett's K-squared = 100707, df = 13, p-value <2.2e-16
```

结果显示,p 值小于 0.05,因此该数据各个样本的方差不相等。出现该结果的主要原因在于,Newsela_SCA 数据中的 14 个句法指标测量的是不同的句法层面,其方差自然存在差异性。

Fligner-Killeen 检验是非参数检验,对数据的分布没有要求。在 R 语言中,我们可以利用 fligner. test( ) 函数实现 Fligner-Killeen 检验。和 Bartlett's test ( )函数类似,该函数要求的数据格式也是长数据。具体使用请看下面的示例。

code6_10. R

```
fligner. test( syntactic_complexity ~ syntactic_indices ,
            data = mydf_long )
```

运行上述代码后,返回结果如下所示:

```
Fligner-Killeen test of homogeneity of variances

data:    syntactic_complexity by syntactic_indices
Fligner-Killeen: med chi-squared = 20869, df = 13, p-value < 2.2e-16
```

从以上结果可知,p 值小于 0.05,说明该数据各个样本的方差不相等。

Levene 检验也可以用于 k 组样本间方差的比较(K>=2),并且对数据的分布并不敏感。因此,Levene 检验既适用于正态分布的数据,也适用于非正态分布的数据。在 R 语言中,我们可以利用 car 包中的 leveneTest( )函数实现该检验。请看下面的示例。

code6_10. R

```
install. packages( "car" )
library( car )

leveneTest( syntactic_complexity ~ syntactic_indices ,
            data = mydf_long )
```

运行上述代码后返回结果如下所示:

```
Levene's Test for Homogeneity of Variance ( center = median )
        Df F value        Pr( >F)
group    13   3518. 6 < 2. 2e-16 * * *
```

```
     31472
---
Signif. codes: 0 ' * * * '0.001 ' * * '0.01 ' * '0.05 '.'0.1 ' ' 1
```

从以上返回结果可知,p 值小于 0.05,说明该数据各个样本的方差不相等。

6.5.2.3 相关分析

相关分析(Correlation Analysis)主要研究两个变量之间的相关关系(Gogtay & Thatte, 2017)。例如,研究人的身高和体重之间的相关关系或者研究焦虑情绪和二语成绩之间的相关关系。在 R 语言中,我们可以通过 cor. test ( )函数完成相关分析。该函数的基本句法如下所示:

```
cor. test( x, y, alternative = c( "two. sided", "less", "greater") , method = c( "pearson",
"kendall", "spearman") )
```

其中,参数 x 和 y 是等待进行相关分析的两个变量,alternative 用于指定双侧检验或者单侧检验,method 用于指定相关分析的方法,包括皮尔森相关分析(Pearson' r)、肯德尔相关分析(Kendall' tau)和斯皮尔曼相关分析(Spearman' rho)。两个变量之间的相关性以及相关强度主要通过相关系数进行判断。相关系数取值在-1~1 之间,相关系数的绝对值越大,越接近于 1,说明两者相关性越强。反之,相关系数越接近于 0,相关性越弱。如果相关系数是正数,那么说明两个变量之间是正相关。反之,如果相关系数是负数,那么说明两个变量之间是负相关。

如果两个变量都是连续变量并且满足正态分布,那么我们可以使用皮尔森相关分析研究它们之间的相关关系。连续变量(Continuous Variable)指的是能够连续取值的变量,比如年龄、温度、体重等。

下面,我们以 Newsela_SCA 数据中的 MLS 和 MLT 为例,展示如何利用皮尔森相关分析来探究它们之间的相关关系。

code6_11. R

```
rm( list = ls( ) )
mydf <- read. csv( "C:/DH_R/Materials/Newsela_SCA. csv")
mydf <- na. omit( mydf)

# To conduct the correlation analysis
cor. test( mydf$MLS, mydf$MLT,
        alternative = "two. sided",
        method = "pearson")
```

运行上述代码后返回结果如下所示:

```
        Pearson's product-moment correlation

data:    mydf$MLS and mydf$MLT
t = 248. 88, df = 2247, p-value < 2. 2e−16
alternative hypothesis: true correlation is not equal to 0
95 percent confidence interval:
0. 9808329 0. 9837315
sample estimates:
        cor
0. 9823411
```

相关分析结果显示, MLS 和 MLT 这两个变量之间的相关系数约为 0. 98, 并且 p 值小于 0. 05。该结果说明, MLS 和 MLT 之间存在显著的正相关关系, 并且两者呈现强相关。MLS(Mean Length of Sentence)和 MLT(Mean Length of T-unit)都用于衡量句子长度, 因此两者相关性非常高。

如果两个变量都是定序变量, 那么我们可以使用肯德尔相关分析研究它们之间的相关关系。定序变量(Ordinal Variable)指的是该变量的数值取值有大小之分, 代表一定的等级关系, 比如信用评级、成绩等级等。

例如, Materials 文件夹下的 English_Scores. csv 文件(如图 6. 8 所示)中包含了某学校三个班级 150 名学生自评的努力程度(effort_level)(1~5, 数字越大表示越努力)和第二次英语考试成绩等级(second_score_level)(1 表示不合格, 2 表示合格, 3 表示良好, 4 表示优秀)。努力程度(effort_level)和第二次考试成绩等级(second_score_level)都是定序变量,因此我们可以利用肯德尔相关分析探究两者的关系。请看下面的示例。

	A	B	C	D	E	F	G	H
1	students	classes	gender	effort_level	first_scores	first_score_level	second_scores	second_score_level
2	C1_S1	Class1	2	2	56	1	66	2
3	C1_S2	Class1	2	3	51	1	60	2
4	C1_S3	Class1	1	3	83	3	87	4
5	C1_S4	Class1	1	2	64	2	62	2
6	C1_S5	Class1	2	2	53	1	59	1
7	C1_S6	Class1	2	2	62	2	65	2
8	C1_S7	Class1	1	3	71	3	79	3
9	C1_S8	Class1	2	2	48	1	58	1
10	C1_S9	Class1	1	3	71	2	84	3
11	C1_S10	Class1	2	4	64	2	78	3

图 6.8　English_Scores 文件数据示意图

code6_11. R

```
scores_df<-read. csv( "C: /DH_R/Materials/English_Scores. csv")
cor. test( scores_df$effort_level,
        scores_df$second_score_level,
        alternative = "two. sided",method ="kendall")
```

运行上述代码后,返回结果如下所示:

```
        Kendall's rank correlation tau

data:    scores_df$effort_level and scores_df$second_score_level
z = 11. 166, p-value < 2. 2e-16
alternative hypothesis: true tau is not equal to 0
sample estimates:
      tau
0. 7719649
```

相关分析结果显示,努力程度和考试成绩等级之间存在显著的正相关关系,并且两者相关性比较强(tau = 0. 791 942 5,$p<0.05$)。

如果两个变量中,一个是定序变量,而另一个是连续变量,那么我们可以使用斯皮尔曼相关分析。例如,English_Scores 数据中的努力程度是定序变量,而第二次考试成绩(second_scores)是连续变量,因此我们可以利用斯皮尔曼相关分析探究两者的相关关系。请看下面的示例。

code6_11. R

```
cor. test( scores_df$effort_level, scores_df$second_scores,
        alternative = "two. sided", method = "spearman")
```

运行上述代码后返回结果如下所示:

```
        Spearman's rank correlation rho

data:    scores_df$effort_level and scores_df$second_scores
S = 91840, p-value < 2.2e−16
alternative hypothesis: true rho is not equal to 0
sample estimates:
      rho
0. 8367223
```

斯皮尔曼相关分析结果显示,努力程度和第二次考试成绩这两个变量之间的相关系数约为 0.87,并且 p 值小于 0.05。该结果说明,努力程度和考试成绩之间呈显著的正相关关系,并且相关性比较强。

6.5.2.4　卡方检验

卡方检验(Chi-square test)主要用于衡量观察频次(Observed Frequency)与期望频次(Expected Frequency)之间的偏离程度(Sharpe, 2015)。观察频次与期望频次之间的偏离程度决定了卡方值的大小。卡方值越大,两者偏差程度越大;反之,两者偏差越小。在 R 语言中,我们可以利用 chisq. test( )函数实现卡方检验。

例如,"next"这个单词在中国学习者语料库(Chinese Learners English Corpus, CLEC)和 Brown 语料库中出现的频次如下表所示(葛诗利,2010):

表 6.2　单词"next"在 CLEC 和 Brown 语料库中的使用频次列联表

	CLEC	Brown	Total
Freq of *next*	394	291	685
Freq of *next* not occurring	1 012 925	1 071 587	2 084 512
Total	1 013 319	1 071 878	2 085 197

　　接下来,我们将展示如何在 R 语言中利用卡方检验比较中国学习者和母语者在单词"next"的使用频次上是否存在显著差异。请看下面的示例。

code6_12. R

```
rm( list = ls( ) )
# To create a 2 * 2 matrix
mydata_next <- matrix( c( 394,1012925,291,1071587) ,
                ncol = 2)
# To rename the column names
colnames( mydata_next) <- c( "CLEC","Brown")
# To rename the row names
rownames( mydata_next) <- c( "Freq of next",
                    "Freq of next not occurring")
print( mydata_next)
# return:
#                                 CLEC    Brown
# Freq of next                     394      291
# Freq of next not occurring 1012925 1071587

# To conduct the chi-square test
result <- chisq. test( mydata_next)

print( result)
#          Pearson's Chi-squared test with Yates'continuity correction

# data:   mydata_next
# X-squared = 21.482, df = 1, p-value = 3.573e-06
```

　　卡方结果显示,中国学习者和母语者在单词"next"的使用频次上存在显著差异(X-squared = 21.482, $p<0.05$)。

另外,我们可以利用索引提取出结果中的期望频次、残差、标准残差等。请看下面的示例。

code6_12. R

```
# To return the expected frequency
result$expected
# return:
#                                    CLEC          Brown
# Freq of next                    332.8815      352.1185
# Freq of next not occurring 1012986.1185 1071525.8815


# To return the residuals
result$residuals
# return:
#                                    CLEC          Brown
# Freq of next                  3.34986897   -3.25707857
# Freq of next not occurring   -0.06072547    0.05904339


# To return the stdres
result$stdres
# return:
#                                    CLEC          Brown
# Freq of next                  4.673046     -4.673046
# Freq of next not occurring   -4.673046      4.673046
```

6.5.2.5　t 检验

t 检验主要是用 t 分布理论来推论差异发生的概率,从而比较两个平均数是否存在显著差异(Kim, 2016)。t 检验包括单样本 t 检验(One Sample t-test)、独立样本 t 检验(Independent Samples t-test)和配对样本 t 检验(Paired Samples t-test)。在 R 语言中,我们可以通过 t. test()函数实现 t 检验。该函数的基本句法如下所示:

```
t. test(x, y = NULL,
        alternative=c("two. sided", "less", "greater"),
```

```
                  mu = 0, paired = FALSE, var. equal = FALSE)
```

其中,参数 x 和 y 都是待检验的数值型向量,但是 y 有时可省略;
alternative 用于指定双侧检验或者单侧检验,默认为双侧检验"two. sided";mu
是数据的真实均值,在单样本 t 检验中需要设定;paired 是一个逻辑值,用于指
定是否进行配对检验,默认为 FALSE;var. equal 也是一个逻辑值,用于指定两
组数据的方差是否相等,默认为 FALSE。需要注意的是,使用 t 检验的前提条
件之一是数据要满足正态分布。因此,我们在对数据进行 t 检验之前需要进
行正态性检验。

下面,我们示例说明单样本 t 检验在 R 语言中的实现过程。在 English_
Scores 文件中,第五列(first_scores)记录了某学校三个初二班级学生的第一次
英语考试成绩,而全年级的第一次英语平均成绩为 72.7,那么这三个班级的
第一次英语成绩和全年级的平均成绩之间是否存在显著差异? 对此,我们可
以利用单样本 t 检验进行统计分析。我们以班级 1 的数据为例展示其分析过
程。请看下面的示例。

code6_13. R

```
rm( list = ls( ) )
library( dplyr)

scores_df<-read. csv( "C: /DH_R/Materials/English_Scores. csv")

# To extract the data of class 1
class1_df <- scores_df %>%
  filter( classes = = "Class1")

# To check the normality of the data
shapiro. test( class1_df$first_scores)
# The data is normally distributed ( p = 0. 1781)

# To conduct the t test
t. test( x = class1_df$first_scores, mu = 72. 7)
```

　　在上面的代码中,我们首先导入需要的包以及读入相关数据。然后,我们提取了班级 1 的数据,并检验第一次英语考试成绩是否满足正态分布要求。结果显示,该数据符合正态分布($p=0.1781$),因此可以进行 t 检验。最后,我们利用 t. test( ) 函数进行单样本 t 检验,参数 mu 设置为全年级的平均成绩72.7。最后,返回的结果如下所示:

```
        One Sample t-test

data:    class1_df$first_scores
t = -1.6093, df = 49, p-value = 0.114
alternative hypothesis: true mean is not equal to 72.7
95 percent confidence interval:
66.62853 73.37147
sample estimates:
mean of x
        70
```

　　从以上单样本 t 检验结果可以看出,该班级的第一次英语考试成绩和全年级的平均成绩之间不存在显著差异($t=-1.6093$, $p=0.114$)。采用类似的方法,我们可以分析其他两个班级的英语成绩和全年级的平均成绩之间是否存在显著差异。

　　独立样本 t 检验也可以用于比较两组相互独立的数据之间是否存在显著性差异。下面,我们通过独立样本 t 检验分析班级 1 和班级 2 第一次英语考试成绩(即 first_scores 一列)是否存在显著性差异。请看下面的示例。

code6_13. R

```
# To extract the data of class 2
class2_df <- scores_df %>%
  filter(classes == "Class2")

# To check the normality of the data
shapiro. test(class2_df$first_scores)
# The data is normally distributed(p = 0.33)
```

```
# To conduct the t test
t. test( class1_df$first_scores,class2_df$first_scores)
```

结果返回如下所示:

```
        Welch Two Sample t-test

data:    class1_df$first_scores and class2_df$first_scores
t = -2.6064, df = 97.316, p-value = 0.01059
alternative hypothesis: true difference in means is not equal to 0
95 percent confidence interval:
-10.462983   -1.417017
sample estimates:
mean of x mean of y
   70.00     75.94
```

根据以上结果可知,班级 1 和班级 2 的第一次英语考试成绩存在显著差异(t=-2.6064,p=0.01059),班级 2 的英语成绩显著高于班级 1 的成绩。

配对样本 t 检验用于比较前后两次重复测量的数据之间是否存在显著性差异。接下来,我们通过配对样本 t 检验分析第二个班级第一次和第二次英语考试成绩之间是否存在显著差异。请看下面的示例。

code6_13. R

```
# To check the normality of the data
shapiro. test( class2_df $ first_scores)
# The data is normally distributed( p = 0.33)

shapiro. test( class2_df $ second_scores)
# The data is normally distributed( p = 0.2857)

t. test ( class2 _ df $ first _ scores, class2 _ df $ second _ scores, alternative = "less",
        paired = TRUE)
```

在上面的代码中,我们首先对班级 2 的第一次和第二次英语考试成绩进行了正态性分布检验,结果显示两组数据均满足正态性分布要求。之后,我们进行了配对样本 t 检验。同时,我们将参数 paired 设置为 TRUE,表示使用配对样本 t 检验。最后,返回的结果如下所示:

```
        Paired t-test

data:    class2_df$first_scores and class2_df$second_scores
t = -4.2817, df = 49, p-value = 8.609e-05
alternative hypothesis: true difference in means is not equal to 0
95 percent confidence interval:
 -3.144394 -1.135606
sample estimates:
mean of the differences
                -2.14
```

配对样本 t 检验的结果显示,班级 2 的第一次和第二次英语考试成绩存在显著差异($t=-4.2817$,$p<0.001$),第一次英语成绩显著低于第二次。该结果说明,经过一段时间的努力,同学们的英语成绩整体上有了显著的进步。

6.5.2.6 方差分析

方差分析(Analysis of Variance, ANOVA)主要用于比较两组及以上的数据是否存在显著差异(Larson, 2008)。根据自变量的数目,方差分析可以分为单因素方差分析和多因素方差分析。在 R 语言中,我们可以利用 multcomp 包中的 aov( )函数实现方差分析。aov( )函数的基本句法如下所示:

```
aov(formula, data = dataframe)
```

其中,参数 formula 用于指定方差分析中的自变量和因变量,两者用"~"连接,左边是因变量,右边是自变量,比如 y~A。参数 data 用于指定待分析的数据,并且数据格式为数据框(Data Frame)。需要注意的是,方差分析的前提条件是数据要符合正态性分布并且满足方差齐性要求。因此,我们在进行方差分析之前需要进行正态性检验和方差齐性检验。

下面,我们将示例说明单因素方差分析在 R 语言中的实现过程。在前一小节中,我们利用独立样本 t 检验分析了班级 1 和班级 2 第一次英语考试成绩是否存在显著性差异。我们如果想要分析班级 1、班级 2 和班级 3 这三个班级的第一次英语考试成绩是否存在显著差异,可以使用单因素方差分析完成该任务。请看下面的示例。

code6_14. R

```
rm( list = ls( ) )
install. packages( "multcomp")
library( multcomp)
library( dplyr )
library( tidyr )
scores_df<-read. csv( "C: /DH_R/Materials/English_Scores. csv")

#The Normality Test
shapiro. test( scores_df $ first_scores[ scores_df $ classes = ="Class1"] )
shapiro. test( scores_df $ first_scores[ scores_df $ classes = ="Class2"] )
shapiro. test( scores_df $ first_scores[ scores_df $ classes = ="Class3"] )
#Test of Homogeneity of Variance
bartlett. test( first_scores~classes, scores_df )

fit1 <- aov( first_scores~classes,scores_df )
summary( fit1)
```

在上面的代码中,我们首先对数据进行了正态性检验和方差齐性检验,均符合要求后进行了方差分析。返回结果如下所示:

```
            Df Sum Sq Mean Sq F value Pr( >F)
classes      2     883    441.4    3. 308 0. 0393 *
Residuals  147   19614   133. 4
---
Signif. codes: 0 ' * * *'0. 001 ' * *'0. 01 ' *'0. 05 '.'0. 1 ' '1
```

从以上结果可知,这三个班级在第一次英语考试成绩上存在显著差异($df=2$, $F=3.308$, $p=0.0393$)。但是,我们并不知道三个班级中具体哪两个班之间存在显著差异还是三组之间均有显著差异。为此,还需要进行事后多重检验(Post Hoc Multiple Comparisons)分析具体哪些班级之间存在显著性差异。在 R 语言中,我们可以通过 TukeyHSD( )函数进行事后多重检验。请看下面的示例。

code6_14. R

```
TukeyHSD(fit1)
```

运行上述代码后返回结果如下所示:

```
Tukey multiple comparisons of means
      95% family-wise confidence level

Fit: aov(formula = first_scores ~ classes, data = scores_df)

$classes
                  diff        lwr          upr       p adj
Class2-Class1     5.94    0.470066    11.409934    0.0297692
Class3-Class1     2.82   -2.649934     8.289934    0.4429028
Class3-Class2    -3.12   -8.589934     2.349934    0.3697214
```

该结果显示,班级 1 和班级 2 的成绩存在显著差异($p = 0.0297692$),班级 2 的第一次英语考试成绩显著高于班级 1 的成绩。班级 1 和班级 3 在第一次英语考试成绩上不存在显著差异($p = 0.4429028$)。同样地,班级 2 和班级 3 也不存在显著差异($p = 0.3697214$)。

当研究中涉及多个自变量时,我们可以采用多因素方差分析进行检验。在 R 语言中,我们可以用一些特殊的符号连接这些自变量,从而表示不同的研究设计(详见表 6.3)。

表 6.3　多因素方差分析中常用符号及含义

符号	含 　义
+	连接各个自变量(如 y ~ A+B+C)
:	表示变量的交互项(如 y ~ A+B+A: B,A: B 表示 A 和 B 的交互效应)
*	表示所有可能交互项(如 y ~ A * B * C 表示: y ~ A+B+C+A: B+A: C+B: C+A: B: C)

下面,我们示例说明多因素方差分析在 R 语言中的实现过程。例如,我们想要分析班级和性别对第一次英语考试成绩是否存在显著影响,那么可以编写如下代码进行方差分析。

code6_14. R

```
fit2 <- aov(first_scores ~ classes * gender, scores_df)
summary(fit2)
```

运行上述代码之后,结果如下所示:

```
              Df Sum Sq Mean Sq F value    Pr(>F)
classes        2   883    441.4   3.766  0.025446  *
gender         1  1681   1681.0  14.343  0.000223  * * *
classes: gender 2  1056    528.2   4.507  0.012631  *
Residuals    144 16877    117.2
———
Signif. codes:  0 '* * *'0.001 '* *'0.01 '*'0.05 '.'0.1 ' '1
```

方差分析结果显示,班级(df = 2, F = 3.766, p = 0.025446)和性别(df = 2, F = 14.343, p<0.001)对第一次英语考试成绩都有显著影响。此外,班级和性别之间还存在显著的交互效应(df = 2, F = 4.507, p = 0.012631)。

接下来,我们利用 HH 包中的 interaction2wt() 函数来可视化结果,以便更清晰地展示班级和性别对成绩的影响以及两个变量之间的交互效应。请看下面的示例。

code6_14. R

```
install. packages("HH")
library(HH)

# To attach the data
attach(scores_df)

interaction2wt(first_scores ~ classes * gender)
```

最后,返回的可视化结果如图 6.9 所示。

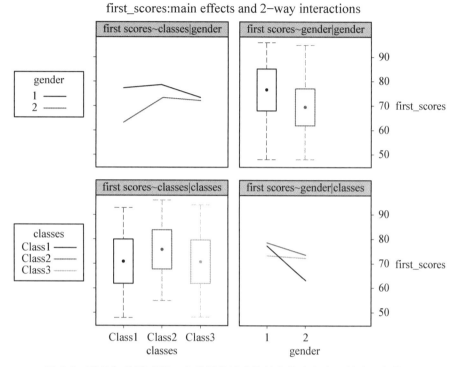

图 6.9 班级和性别对第一次英语考试成绩的主效应和交互效应可视化图

6.5.2.7　非参数检验: Mann-Whitney U、Wilconxon 和 Kruskal Wallis

当数据样本量比较小(小于等于 30)并且不成正态分布时,我们无法使用 t 检验、方差分析等参数检验。此时,可以采用 Mann-Whitney U、Wilconxon 和 Kruskal Wallis 等非参数检验完成相应的统计分析(Simar & Wilson, 2002)。Mann-Whitney U 主要用于比较两组数据之间是否存在显著差异。Wilconxon 用于比较两次重复测量的数据是否存在显著差异。Kruskal Wallis 用于比较三组或者三组以上的数据是否存在显著差异。下面,我们将示例说明在 R 语言中如何实现以上非参数检验。

在 R 语言中,我们可以通过 wilcox. test( )函数实现 Mann-Whitney U 和 Wilconxon 检验。wilcox. test( )函数的基本句法如下所示:

```
wilcox. test( x, y = NULL,
            alternative = c( "two. sided","less","greater") ,
            mu = 0, paired = FALSE...)
```

其中,参数 x 和 y 都是待检验的数值型向量,但是有时候 y 可省略；alternative 用于指定双侧检验或者单侧检验,默认为双侧检验"two. sided"；mu 是数据的真实均值,跟某一均值比较时需要设定；paired 是一个逻辑值,用于指定是否进行配对检验,默认为 FALSE。

例如,Math_Scores. csv 文件中包含了 3 个班级各 10 名学生两次数学考试的成绩。我们想要对比班级 1 和班级 2 在第一次数学考试成绩上是否存在显著差异。首先,我们对数据进行正态性检验。请看下面的示例。

code6_15. R

```
rm( list = ls( ) )
library( dplyr)
library( tidyr)

Math_scores <- read. csv( "C: /DH_R/Materials/Math_Scores. csv")

# To extract the data of class 1 and class 2
class1 <- Math_scores %>%
  filter( classes = = "Class1")

class2 <- Math_scores %>%
  filter( classes = = "Class2")

# To check the normality
shapiro. test( class1$first_scores)
# The data is not normally distributed( p = 0. 02076)
shapiro. test( class2$first_scores)
# The data is not normally distributed( p = 0. 01789)
```

正态性检验结果显示,班级 1 和班级 2 的第一次数学考试成绩均不符合正态分布。考虑到两个班级的样本量较小,我们不能采用独立样本 t 检验进行统计分析,只能采用非参数检验方法 Mann-Whitney U 进行检验。在 R 语言中,Mann-Whitney U 可以通过 wilcox. test( ) 函数实现。请看下面的示例。

code6_15. R

```
wilcox. test( x = class1$first_scores,
              y = class2$first_scores)
```

返回结果如下所示:

```
Wilcoxon rank sum test with continuity correction

data:    class1$first_scores and class2$first_scores
W = 61. 5, p-value = 0. 4048
alternative hypothesis: true location shift is not equal to 0
```

结果显示,班级 1 和班级 2 在第一次数学考试成绩上不存在显著差异 ($W = 61.5$, $p = 0.4048$)。

再如,如果想要比较这三个班级第一次和第二次数学考试成绩是否存在显著差异,我们可以如何进行统计分析呢? 首先,我们对数据进行正态性分布检验,请看下面的示例。

```
shapiro. test( Math_scores$first_scores)
# return: p = 0. 0004281

shapiro. test( Math_scores$second_scores)
# return: p = 0. 0001723
```

正态性检验结果显示,第一次和第二次数学考试成绩均不符合正态分布,无法使用配对样本 t 检验。鉴于此,我们可以采用非参数检验方法 Wilconxon 检验对比这两次的成绩是否存在显著差异。在 R 语言中,我们仍然可以通过 wilcox. test( ) 函数实现 Wilconxon 检验。需要注意的是,参数 paired 需要设置为 TRUE。请看下面的示例。

code6_15. R

```
wilcox. test( x = Math_scores$first_scores,
              y = Math_scores$second_scores, paired = TRUE)
```

运行上述代码后,返回结果如下所示:

```
        Wilcoxon signed rank test with continuity correction

data:   Math_scores$first_scores and Math_scores$second_scores
V = 17.5, p-value = 1.562e−05
alternative hypothesis: true location shift is not equal to 0
```

Wilconxon 检验结果显示,这两次数学考试成绩之间存在显著差异(v = 17.5, $p < 0.001$)。

如果我们想要对比三个班级第一次数学考试成绩是否存在显著差异,可以利用非参数检验方法 Kruskal Wallis 进行检验。在 R 语言中,我们可以通过 kruskal. test( ) 函数实现 Kruskal Wallis 检验。该函数的基本句法如下所示:

```
kruskal. test( formula, data = dataframe)
```

与 aov( ) 函数类似,参数 formula 用于指定自变量和因变量,两者用"~"连接,左边是因变量,右边是自变量。请看下面的示例。

code6_15. R

```
kruskal. test( first_scores ~ classes, Math_scores)
```

返回结果如下所示:

```
Kruskal−Wallis rank sum test

data:   first_scores by classes
Kruskal-Wallis chi-squared = 3.0331, df = 2, p-value = 0.2195
```

Kruskal-Wallis 检验结果显示,这三个班级在第一次考试成绩上不存在显著差异($p = 0.2195$)。

跟方差分析一样,我们可以进行事后多重检验。此时,我们可以利用 pairwise.wilcox.test() 函数完成事后多重比较,查看具体哪些组之间存在显著性差异。该函数的基本句法如下所示:

```
pairwise.wilcox.test(x, g,
                     p.adjust.method = p.adjust.methods,
                     paired = FALSE, ...)
```

其中,x 是因变量,g 是分组变量或者自变量,p.adjust.method 可以设置多重比较 p 值的调整方法,有"holm""hochberg""hommel""bonferroni""BH""BY""fdr"和"none"共 8 种选择,默认为"holm"。最后,paired 是一个逻辑值,用于指定是否进行配对检验,默认为 FALSE。请看下面的示例。

code6_15.R

```
pairwise.wilcox.test(Math_scores$first_scores,
                     Math_scores$classes)
```

返回的结果如下所示:

```
Pairwise comparisons using Wilcoxon rank sum test with continuity correction

data:   Math_scores$first_scores and Math_scores$classes

       Class1 Class2
Class2 0.77    -
Class3 0.77   0.29

P value adjustment method: holm
```

6.6 数据可视化

数据可视化(Data Visualization)指的是将数据以图形的形式呈现出来,不仅能够更加清晰、有效地传递主要数据信息,还能揭示数据的趋势走向和潜在规律(Chen et al., 2008)。虽然数据可视化并不改变数据原有的内容,但是它能通过视觉方式让读者快速直观地理解数据所表达的内容,从而提高读者对研究结果的认可度,起到锦上添花的作用。因此,在汇报研究结果或者论文写作中,我们常常利用数据可视化来汇报和展示数据分析的结果。

R 语言拥有一系列用于数据可视化的内置函数和包,具有强大的数据可视化功能,能够绘制出各种类型的图表。例如,在"6.3 数据清理"和"6.5 数据分析"小节中,我们就利用 R 语言中的内置函数 boxplot( )和 qqnorm( )绘制了箱线图和 Q - Q 图。此外,R 语言还有许多开发好的可视化包,比如 ggplot2、graphics 等。这些包功能强大、使用方便,能够满足用户的不同绘图需求。

目前,最受广大用户喜爱的图形绘制 R 包是 ggplot2(Wickham, 2009)。该包的优势主要如下:①绘图思想简单、操作简便;②包中含有大量预设图形,能快速绘制出精美的图表;③采用图层(Layer)叠加的方式绘图,可以添加多个几何对象函数;④拥有许多拓展包,比如 ggiraphExtra 包、GGally 包、ggTimeSeries 包等,大大丰富了 ggplot2 的绘图功能,能够快速绘制出更复杂的图表。鉴于此,本小节主要介绍如何在 R 语言中利用 ggplot2 包进行基本的数据可视化。

6.6.1 ggplot( )

ggplot2 中的"gg"表示图形语法(Grammar of Graphics),说明该包主要通过"语法"来绘制图表。在 R 语言中,我们主要通过 ggplot2 包中的 ggplot( )函数绘制底层图表。ggplot( )函数的基本句法如下所示:

```
ggplot(data, aes(x, y, other aesthetics))
```

其中,data 表示作图用的数据集;aes( )用于描述图形和数据的对应关系,设定图形底板以及 x 轴和 y 轴相关信息,添加图形对象。此外它还可以设置一些美学参数,比如线条颜色(colour)、填充颜色(fill)、形状(shape)、大小(size)等。通过以上语法,我们可以创建图形的底图,之后可以利用几何函数和其他函数在底图上添加绘制线条和图案。

6.6.2　几何函数

通过 ggplot( )函数绘制好底图之后,我们可以通过叠加几何对象函数进行逐层绘图。几何函数主要用于指定数据的图形类型,比如直方图、箱线图、线图、直方图、点图等。在 ggplot2 包中,我们可以通过 geom_xxx( )相关函数指定具体的几何函数。表 6.4 是绘制图形时常用的几何函数及其对应的图形类型。

表 6.4　**ggplot2 包中常用的几何函数及其对应图形类型**

几何函数	图形类型
geom_bar( )	条形图
geom_boxplot( )	箱线图
geom_density( )	密度图
geom_histogram( )	直方图
geom_point( )	散点图
geom_line( )	折线图
geom_smooth( )	平滑曲线图
geom_text( )	增加文本

在 R 语言中,我们主要通过"+"连接各个函数,以图层的方式来黏合构图。例如,下面的代码就是利用 ggplot( )函数和 geom_line( )函数绘制折线图。

```
ggplot(data, aes(x, y)) + geom_line( )
```

ggplot2 中常见的一些美学参数及其含义如表 6.5 所示:

表 6.5　ggplot2 包中常见的美学参数及其含义

参数	含　　义
vjust	控制文本的垂直距离,0~1 之间,0 表示 bottom(下),1 表示 top(上)
hjust	控制文本的水平距离,0~1 之间,0 表示 right(右),1 表示 left(左)
face	设置字体类型(比如"plain""italic""bold""bold. italic")
fill	设置填充颜色,比如"red""blue""green"
colour	设置轮廓颜色,比如"red""blue""green"
shape	设置形状,比如"diamond"或者通过 1~25 数字进行设定
angle	设置文字旋转的角度
alpha	设置文本重叠部分的透明度,在[0,1]之间
group	设置分组
width	设置宽度
height	设置高度
linetype	设置线条类型,比如"dashed""dotdash"等

6.6.3　其他图表相关函数

在利用 ggplot2 包进行作图时,我们可以通过叠加其他图表相关的函数来添加或者修改坐标轴名称、图标题、图例名称、主题等属性,从而绘制出更加精美的图表。表 6.6 是绘图时常用的图表相关函数及其功能说明和用法示例。

表 6.6　常用图表相关函数及其功能说明和用法示例

函数	功能	用法示例
labs( )	更改坐标轴的名称	labs(x = "Classes", y = "Scores")
	添加图标题	labs(title = "This is the title")
	添加副标题	labs(subtitle = "This is the subtitle")
	在图的右下角添加文字	labs(caption = "Data: English Scores")
	在图的左上角添加文字	labs(tag = "Figure 1.")

（续表）

函数	功能	用法示例
xlab( )	更改 x 轴的名称	xlab("Year")
ylab( )	更改 y 轴的名称	ylab("GDP")
xlim( )	限制 x 轴范围	xlim(c(1,10))
ylim( )	限制 y 轴范围	ylim(c(0,20))
scale_x_continuous( )	设置 x 轴的美学参数	scale_x_continuous(breaks = c(3,5,7,9,12))#设置 x 轴刻度
scale_y_continuous( )	设置 y 轴的美学参数	scale_y_continuous(labels = percent)#设置 y 轴标签为百分比
scale_x_reverse( )	逆转坐标轴 x	scale_x_reverse( )
scale_y_reverse( )	逆转坐标轴 y	scale_y_reverse( )
stat_ellipse( )	生成散点图中数据 95% 的置信区间	stat_ellipse( )
coord_fixed( )	设置 y 轴和 x 轴之间的长度比例,默认 1∶1	coord_fixed(ratio = 2) # y∶x＝2∶1
coord_flip( )	交换 x 轴和 y 轴	coord_flip( )

　　除了以上函数之外,常用的函数还有 theme( )主题函数,主要用于设置和格式有关的属性,比如标题、坐标轴和图例的尺寸、颜色、大小、字体、位置等。theme( )函数下面主要包含四类子函数,即 element_line( )、element_rect( )、element_text( )和 element_blank( )。element_line( )函数主要用于设置与线条有关的属性,比如网格线、坐标轴刻度线等。element_rect( )函数主要用于设置与矩形区域有关的属性,比如面板背景、边距等。element_text( )函数主要用于设置与文本有关的属性,比如图表标题、坐标轴标题等。element_blank( )函数用于关闭显示的主题内容,比如 theme(panel. grid = element_blank( ))代码表示取消网格线。几乎所有和主题相关的元素都可通过以上四类子函数设置。

　　表 6.7 总结了 theme( )函数中常见的参数及其功能说明和用法示例。

表 6.7　theme( )函数中常见的参数及其功能说明和用法示例

参数	功能	用法示例
标题相关参数		

plot. title	设置图表标题	theme(plot. title = element_text(size = 15,#字体大小
		
		　　　　face = "bold" #字体加粗
		　　　　color = "blue" #字体颜色
		　　　　hjust = "0. 5" #调整横轴
		　　　　　位置))

plot. subtitle	设置图表副标题	theme(plot. subtitle = element_text(size = 15,#字体大小 　　　　vjust = "0. 5" #调整纵轴位置))
plot. caption	设置图表右下角文字格式	theme(plot. caption = element_text(size = 10)
strip. text	设置分面标签的颜色、大小、字体等	theme(strip. text = element_text(size = 10)
坐标轴相关参数		
axis. title. x	横坐标标题	theme(axis. title. x = element_text(size = 10,#字体大小 　　　　color = "black" #字体颜色))
axis. title. y	纵坐标标题	theme(axis. title. y = element_text(size = 10,#字体大小 　　　　color = "black" #字体颜色))
axis. text. x	横坐标轴刻度标签属性	theme(axis. text. y = element_text(size = 5,#字体大小 　　　　angle = 45　#文字角度))
axis. text. y	纵坐标轴刻度标签属性	theme(axis. text. y = element_text(size = 5 #字体大小))
图例相关参数		
legend. text	设置图例文字标签属性	theme (legend. title = element _ text (colour = "red"))
legend. background	设置图例背景	theme (legend. background = element _ rect ("grey") #图例背景颜色

（续表）

参数	功能	用法示例
legend. position	设置图例的位置,包括"none"、"left"、"right"、"bottom"、"top"	theme(legend. position = "none") #无图例 theme(legend. position = "top") #图例在顶部 theme(legend. position = c(0.5, 0.5)) #自定义位置
legend. title	设置图例标题属性	theme(legend. title = element_text(colour = "red"))
legend. margin	设置图例边界	theme(legend. margin = margin(6, 6, 6, 6))
legend. key	设置图标背景色	theme(legend. key = element_rect("black"))
legend. direction	设置图例排列方向("horizontal"垂直或者"vertical"水平)	theme(legend. direction = "vertical") #图例水平排列
绘图区域相关参数		
plot. background	设置整个图片背景	theme(plot. background = element_rect("white"))

panel. grid	设置绘图区网格线	theme(panel. grid = element_blank()) #取消网格线
		theme(panel. grid = element_line(color = "black"))

　　下面,我们将以 Newsela_SCA_mean 和 English_Scores 数据为例,介绍条形图、箱线图、散点图、折线图等常见图形在 R 语言中的绘制过程。Newsela_SCA_mean 记录了不同难度等级阅读文本的平均句法复杂度,而 English_Scores 文件记录了三个班级两次英语考试的成绩以及成绩等级等相关信息。需要注意的是,在利用 ggplot2 包进行数据可视化时,我们常常需要以长数据为基础进行图形绘制。因此,我们将以 Newsela_SCA_mean(如图6. 10 所示) 和 English _ Scores _

Text_level	Syntactic_indices	Syntactic_complexity
3	C.S	1.261280667
5	C.S	1.431113778
7	C.S	1.593219556
9	C.S	1.780066222
12	C.S	2.12951314
3	C.T	1.274454
5	C.T	1.425196222
7	C.T	1.554813778
9	C.T	1.693176222
12	C.T	1.932002895
3	CN.C	0.709821333
5	CN.C	0.955253333

图 6. 10　Newsela_SCA_mean 文件中的数据示意图

long(如图 6.11 所示)长数据格式的文件为基础进行图表绘制。

	A	B	C	D	E	F	G
1	Students	Classes	Gender	Effort_level	Tests	English_scores	English_score_level
2	C1_S1	Class1	2	2	First test	56	1
3	C1_S2	Class1	2	3	First test	51	1
4	C1_S3	Class1	1	3	First test	83	3
5	C1_S4	Class1	1	2	First test	64	2
6	C1_S5	Class1	2	2	First test	53	1
7	C1_S6	Class1	2	2	First test	62	2
8	C1_S7	Class1	1	3	First test	71	3
9	C1_S8	Class1	2	2	First test	48	1
10	C1_S9	Class1	1	3	First test	71	2
11	C1_S10	Class1	2	4	First test	64	2
12	C1_S11	Class1	1	3	First test	63	2
13	C1_S12	Class1	2	2	First test	66	2
14	C1_S13	Class1	1	4	First test	78	3
15	C1_S14	Class1	2	1	First test	50	1
16	C1_S15	Class1	2	1	First test	49	1
17	C1_S16	Class1	1	4	First test	80	3

图 6.11　English_Scores_long 文件中的数据示意图

6.6.4　条形图

在利用 ggplot2 包进行绘图之前,我们首先需要安装和载入 ggplot2 包。如果电脑中已经安装了 ggplot2 包,那么只需载入包即可。请看下面的示例。

code6_16. R

```
rm( list = ls( ) )
install. packages( "ggplot2")
library( "ggplot2")
```

English_Scores_long 数据记录了三个班级两次英语考试的成绩和对应的成绩等级。我们如果想要查看第一次和第二次英语考试中各个等级的人数分布,可以通过绘制条形图观察。请看下面的示例。

code6_16. R

```
scores_df_long<-read. csv( "C: /DH_R/Materials/English_Scores_long. csv")

# To plot the first layer
p <- ggplot( scores_df_long, aes( x = English_score_level) )
```

```
# To add different layers to the plot
p + geom_bar( ) +
   labs( x = "Score levels", y = "No. of students")
```

　　在上面的代码中,我们首先读入长数据格式的成绩数据。然后,我们利用 ggplot( )绘制了第一层底图 p,里面设置了用于绘制的数据,以及 x 轴对应的变量。最后,我们利用 geom_bar( )函数叠层绘制了各个成绩等级人数的条形图,返回结果如图 6.12 所示。

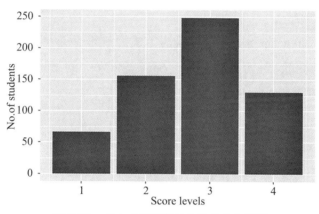

图 6.12　各个成绩等级的人数分布条形图

　　需要注意的是,在上面的代码中,变量"English_score_level"这一列包含了第一次和第二次英语考试等级,因此图 6.12 代表的是这两次考试的成绩等级分布。如果我们想要分别查看第一次和第二次英语考试成绩等级的人数,可以将 aes( )中的 fill 参数设置为"Tests",让函数按照第一次、第二次考试的分组类别进行颜色填充。请看下面的示例。

code6_16. R

```
p1 <- ggplot( scores_df_long,
                aes( x = English_score_level, fill = Tests) )
p1+geom_bar( )+labs( x = "Score levels", y = "No. of students")
```

　　运行上述代码后返回的结果如图 6.13 所示。

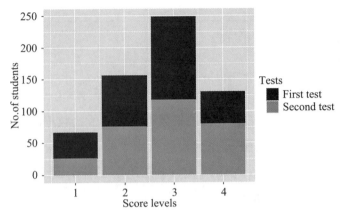

6.13　第一次和第二次英语考试成绩等级的人数分布堆叠条形图

从图中可知,geom_bar()函数默认生成的是堆叠条形图。我们如果想要绘制并排分组柱状图,可以将 geom_bar()函数中的参数"position"设置为"dodge"。请看下面的示例。

code6_16. R

```
p2 <- ggplot( scores_df_long ,
              aes( x = English_score_level , fill = Tests ) )

p2 + geom_bar( position = "dodge") +
  labs( x = "Score levels",  y = "No. of students")
```

返回的结果如图 6.14 所示。

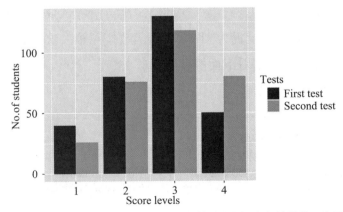

图 6.14　第一次和第二次英语考试成绩等级的人数分布并排分组条形图

　　如果想把第一次和第二次考试成绩等级人数分布图绘制在不同面板上，可以利用 facet_wrap( )函数进行分面处理,让程序按照 Tests 中的分组分面绘制条形图。请看下面的示例。

code6_16. R

```
p3 <- ggplot( scores_df_long,aes( x =English_score_level) )
p_bar <- p3 + geom_bar( ) +
  facet_wrap( ~ Tests) +
  labs( x = "Score levels", y = "No. of students")
print( p_bar)
```

　　运行上述代码后返回的结果如图 6.15 所示。

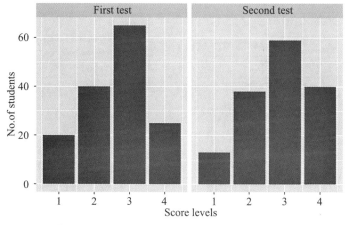

图 6.15　第一次和第二次英语考试成绩等级的人数分布分面条形图

　　绘制完成后,我们可以通过两种方式保存图表,一是通过点击右下方面板中 Export 下的"Save as Image"保存(如图 6.16 所示)。点击之后,会跳出如图 6.17 所示的画面。其中,Image format 可以修改图形保存的格式,比如 PNG、GPEG、TIFF 等;Directory 可以设置图形保存的路径;File name 可以设置保存的图形名称;Width 和 Height 可以设置图形的宽度和高度。设置完成之后,我们可以点击右下角的"Save"按钮保存。

　　另一种方式是通过 ggsave( )函数保存图片。ggsave( )函数的基本句法如下所示:

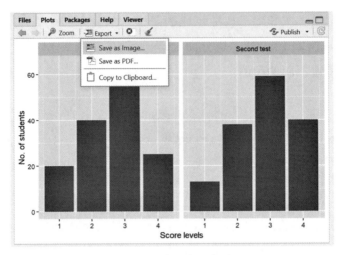

图 6.16　图表保存示意图一

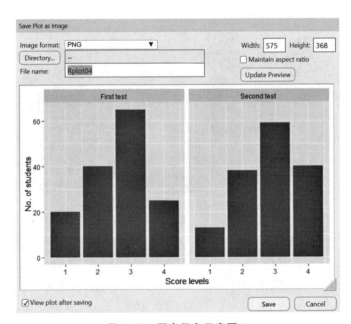

图 6.17　图表保存示意图二

```
ggsave("filename. png",filename, width=NA, height=NA,
     dpi=600,...)
```

其中,双引号中的内容用于指定图片存储路径、名称以及保存的格式,参数 filename 用于指定要保存的图片,width 和 height 参数用于设定图片的宽度和高度,dpi 用于设置图片的分辨率。请看下面的示例。

code6_16. R

```
ggsave( "C:/DH_R/Materials/Output/p_bar.png",p_bar,dpi = 300)
```

在上面的代码中,我们利用 ggsave( )函数将绘制好的 p_bar 图形保存到了 Output 文件夹中,并将分辨率设置为了 300。

6.6.5　箱线图

假如我们想要查看三个班级英语考试成绩的分布情况,可以绘制箱线图。请看下面的示例。

code6_17. R

```
rm( list = ls( ) )
library( ggplot2)

scores_df_long<-read.csv( "C:/DH_R/Materials/English_Scores_long.csv")

p <- ggplot( scores_df_long,
            aes( x = Classes, y = English_scores, fill = Tests) )

p + geom_boxplot( )
```

在上面的代码中,我们利用 ggplot( )和 geom_boxplot( )函数绘制了箱线图。在绘制底图时,将自变量 x 参数设置为了 Classes,表示各个班级,因变量 y 为对应的英语成绩 English_scores,颜色 fill 按照变量 Tests 进行分组填充。运行上述代码后,返回的结果如图 6.18 所示。

从图 6.18 可知,相比于第一次英语考试成绩,这三个班级第二次考试成绩都有明显提高,尤其是班级 1 的学生,进步最为明显。

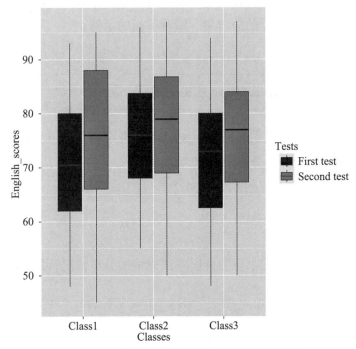

图 6.18　三个班级两次英语考试成绩箱线图示例

6.6.6　散点图

如果想要查看某个变量的变化趋势或者是某两个变量之间的关系,可以绘制散点图。例如,如果想要查看第一次英语考试成绩和第二次英语考试成绩之间的关系,我们可以绘制散点图查看两者之间的相关关系。请看下面的示例。

code6_18. R

```
rm( list = ls( ) )
scores_df_long<-read. csv( "C: /DH_R/Materials/English_Scores. csv" )

p<-ggplot( scores_df_long , aes( x = first_scores , y = second_scores ) )

p_point <- p + geom_point( ) +
```

```
    labs(x = "English scores in the first test",
        y = "English scores in the second test")

print(p_point)
```

在上面代码中,我们利用 ggplot( )函数和 geom_point( )函数绘制了散点图,返回的结果如图 6.19 所示。

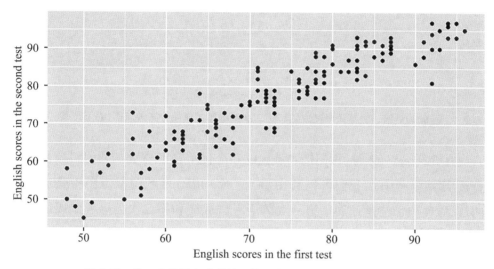

图 6.19　第一次英语考试成绩和第二次英语考试成绩分布散点图

从图中可知,第一次英语考试成绩和第二次英语考试成绩之间呈正相关的关系。

如果我们想要更改散点图中各个点的形状,可以通过 shape 参数进行设置。下面我们将圆点改成钻石形状,请看下面的示例。

code6_18. R

```
p + geom_point(shape = "diamond") +
    labs(x = "English scores in the first test",
        y = "English scores in the second test")
```

运行上述代码后返回的结果如下图所示:

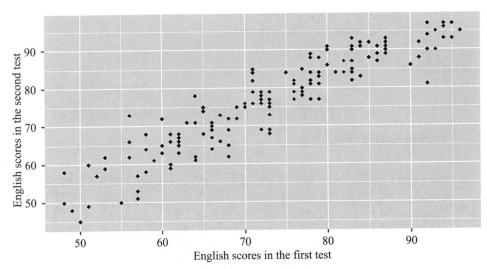

图 6.20　第一次英语考试成绩和第二次英语考试成绩分布散点图（钻石形状）

在介绍 ggplot2 时，我们提到该包的一个优势是能够叠加几何对象函数进行逐层绘图。因此，我们可以利用 geom_smooth( )函数向散点图中叠加平滑曲线，以便更加清楚地展示第一次英语考试成绩和第二次英语考试成绩之间的关系。请看下面的示例。

code6_18. R

```
p_point + geom_smooth( )
```

在以上代码中，p_point 就是原先绘制好的散点图，即图 6.20。然后，我们通过叠加 geom_smooth( )函数绘制平滑曲线。p_point 散点图和 geom_smooth( )函数之间用"＋"连接。运行后返回的结果如图 6.21 所示。图中颜色较深的曲线就是拟合后的平滑曲线，阴影部分是 95% 的置信区间。函数 geom_smooth( )对数据进行拟合时默认采用的方式是 loess（局部多项式回归拟合）。我们也可以通过使用参数 method 将拟合方式设置为 lm（线性回归拟合）、glm（广义线性拟合）等。另外，我们如果不想在图表中显示 95% 的置信区间，可以在 geom_smooth( )函数中将参数 se 设置为 FALSE。

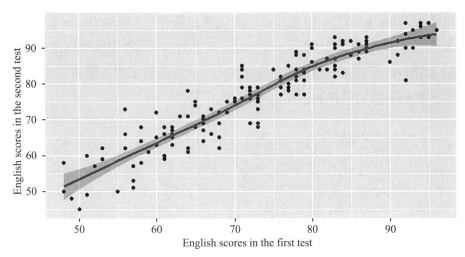

图 6.21　第一次英语考试成绩和第二次英语考试成绩分布散点图和平滑曲线

6.6.7　折线图

折线图也是数据可视化中常绘制的一种图形,可以直观展示两个变量之间的变化关系。在 ggplot2 包中,我们可以通过 geom_line( ) 函数绘制折线图。例如,Newsela_SCA_mean. csv 文件记录了不同难度等级下各个句法指标的平均句法复杂度。如果想要查看各个句法复杂度如何随文本难度等级的变化而改变,那么可以通过绘制折线图观察其变化趋势。请看下面的示例。

code6_19. R

```
rm( list = ls( ) )
library( ggplot2)
SCA_mean<- read. csv( "C: /DH_R/Materials/Output/Newsela_SCA_mean. csv")
p <- ggplot( SCA_mean, aes( x = Text_level,
                            y = Syntactic_complexity,
                            color = Syntactic_indices) ) )


p+geom_point( ) +
    geom_line( ) +
    scale_x_continuous( breaks = c( 3,5,7,9,12) )
```

在上面的代码中,我们首先通过 ggplot( ) 函数绘制了底图 p,将 x 设置为难度等级"Text_level",y 设置为对应的句法复杂度值"Syntactic_complexity",将颜色参数 color 设置为"Syntactic_indices",即按不同的句法指标进行着色。之后,利用 geom_point( )函数和 geom_line( )函数绘制了散点图和折线图。运行上述代码后返回结果如图 6.22 所示。

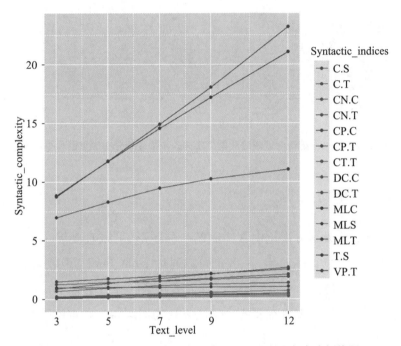

图 6.22　不同难度等级下各个句法指标的平均句法复杂度折线图一

然而,由于不同的句法指标的值相差比较大,将所有的指标绘制到同一张图上时(如图 6.22 所示),很难展示其变化趋势。此时,我们可以进行分面处理,将各个句法指标单独绘制到一个小的面板中展现其变化趋势。请看下面的示例。

code6_19. R

```
p+geom_point( )+
    geom_line( )+
    xlab( "Text Levels")+
    ylab( "Results")+
    scale_x_continuous( breaks = c(3,5,7,9,12))+
```

```
facet_wrap( ~ Syntactic_indices , scales = "free") +
theme( axis. text. y = element_text( size = 10) ,
      axis. text. x = element_text( size = 10 , angle = 45) ,
      strip. text = element_text( size = 10) ,
      legend. position = "none")
```

在上面的代码中,我们通过叠层绘图增加了散点图和折线图,然后利用
xlab( )和 ylab( )函数添加了 x 轴和 y 轴的标签,通过 scale_x_continuous( )将 x
轴的坐标刻度设置为 3、5、7、9、12。同时,我们利用 facet_wrap( )函数进行了
分面处理,让其按照不同的句法指标分面绘制图表。最后,我们通过 theme( )
函数修改了 x 轴和 y 轴坐标刻度的字体大小和角度,修改了各个分面的标题
字体大小,取消了图例。最后返回的结果如下图所示。

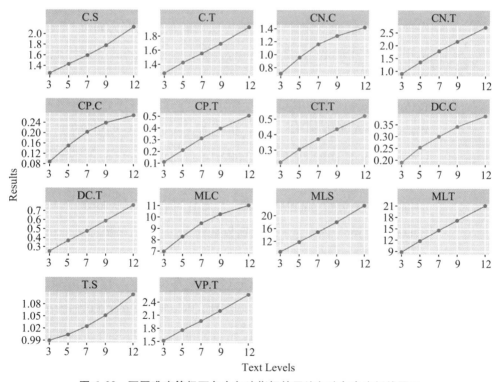

图 6.23　不同难度等级下各个句法指标的平均句法复杂度折线图二

从图 6.23 可知,该图展示了各个句法复杂度指标随着文本难度等级变化

的趋势,每个句法指标对应一个小的面板,更能清晰地展现它们的变化趋势。

6.7 数据处理基本操作练习

在 Materials 文件夹中有一个 CSV 文件 Handwriting. csv。该文件是手写汉字心理语言数据库的一部分,里面记录了 1 600 个汉字手写时的准确率以及各个汉字的词汇特征,比如汉字习得年龄 AoA(Age of Acquisition)、汉字含义数量 nMeaning(number of Meaning)、笔画数量 nStroke(number of Stroke)等(Wang et al., 2020)。请基于该文件中的数据,完成以下练习(答案见 code6_20. R)。

(1) 请读入 Handwriting. csv 文件,并将其保存为变量 mydf。

(2) 在 Duration_z 这一列包含有缺失值,请查找出缺失值所在的位置,并将含有缺失值的行删除,删除缺失值后的数据保存为 mydf1。

(3) 基于 mydf1 中的数据,试计算 ACC 和 AoA 这两列的描述性数据,包括平均值、中位数、最小值、最大值和四分位数。

(4) 在 AoA (Age of Acquisition) 习得年龄这一列记录了各个汉字习得的年龄,包含 6.5 岁到 12.5 岁。试根据 AoA 生成一个新的变量 SoA (Stage of Acquisition)习得阶段,其中 8 岁之前(AoA<8)习得的汉字为早期习得汉字("early"),8 岁~10 岁(8<=AoA<10)之间习得的汉字为中期习得汉字("middle"),10 岁以上习得汉字为晚期习得汉字("late")。请将该新变量添加到数据框中,并将结果保存为 mydf2。

(5) 在 mydf2 数据的基础上,试计算 SoA(Stage of Acquisition)中三个阶段习得的汉字的平均准确率(ACC)分别是多少。

(6) 试探究书写准确率 ACC 和意义数量 nMeaning 以及笔画数 nStroke 之间的关系。它们之间是否存在显著的相关关系? 如果是,两者存在正相关还是负相关?

(7) 试绘制折线图展示不同意义数量 nMeaning 的汉字的平均准确率变化情况。最后,将绘制好的图保存为 nMeaning_ACC. png,分辨率设置为 300。

第7章 语言数字人文文本处理基本操作

语言数字人文研究的主要研究对象之一是文本,比如翻译文本、录音转录文本、文学作品、学习者文本等等。因此,在语言数字人文数据处理中,我们常常需要对文本进行处理和分析,探究文本的特点。鉴于此,本章主要介绍 R 语言中文本处理的基本操作,包括文本的读取和写出、分词、词形还原、词性标注、句法分析等。

7.1 文本读取和处理

语言数字人文研究中的文本数据大多以 txt 纯文本文件或者 xml 可扩展标记语言形式存储。本节首先介绍单个 txt 纯文本文件的读取。另外,由于语言数字人文数据的规模都比较大,往往包含成百上千乃至上万的文本文件,因此本小节还将介绍如何利用 for...in 循环(关于 for...in 循环的介绍详见第 5 章)批量读取文本文件。然后,本节将介绍 xml 文本的读取和处理。

7.1.1 读取单个文本文件

在 Materials 文件夹中有一个 mytext. txt 的纯文本文件(如图 7.1 所示),那么如何读取该文件中的内容呢?

在 R 语言中,我们可以通过 scan( ) 函数读取 txt 文本文件中的内容。该函数的基本句法如下所示:

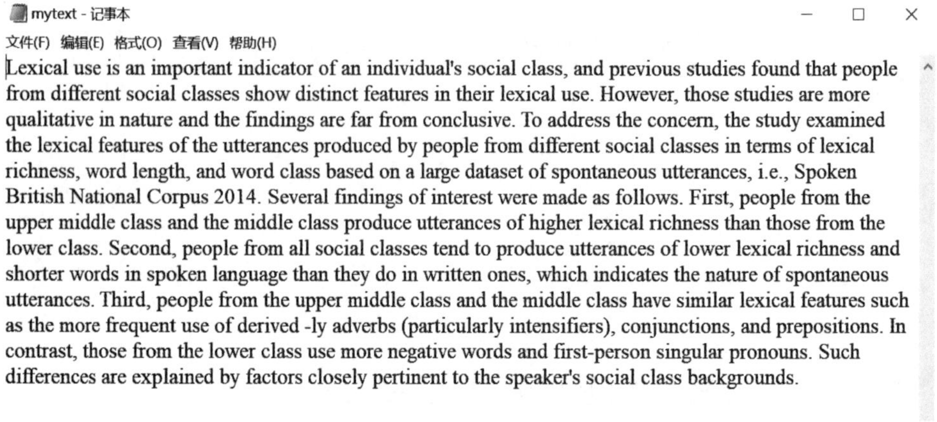

```
mytext - 记事本                                    —  □  ×
文件(F)  编辑(E)  格式(O)  查看(V)  帮助(H)
```

Lexical use is an important indicator of an individual's social class, and previous studies found that people from different social classes show distinct features in their lexical use. However, those studies are more qualitative in nature and the findings are far from conclusive. To address the concern, the study examined the lexical features of the utterances produced by people from different social classes in terms of lexical richness, word length, and word class based on a large dataset of spontaneous utterances, i.e., Spoken British National Corpus 2014. Several findings of interest were made as follows. First, people from the upper middle class and the middle class produce utterances of higher lexical richness than those from the lower class. Second, people from all social classes tend to produce utterances of lower lexical richness and shorter words in spoken language than they do in written ones, which indicates the nature of spontaneous utterances. Third, people from the upper middle class and the middle class have similar lexical features such as the more frequent use of derived -ly adverbs (particularly intensifiers), conjunctions, and prepositions. In contrast, those from the lower class use more negative words and first-person singular pronouns. Such differences are explained by factors closely pertinent to the speaker's social class backgrounds.

图 7.1 mytext 文件示例图

```
scan( file, what, sep, encoding,... )
```

其中,参数 file 用于指定要读取文件的路径和名字,地址既可以是绝对路径,也可以是相对路径。参数 what 用于指定要读取数据的类型,比如逻辑型("logical")、数值型("numeric")、字符型("character")等。一般来说,如果读取的是文本文件,我们可以把 what 设置为字符型("character")。参数 sep 用于设置文件中数据的分隔方式,比如空格(" ")、换行符("\n")、制表符("\t")等,默认以空格进行分隔。参数 encoding 可以设置读入文本的编码格式,比如"UTF-8"。另外,文本文件在保存时最好保存为 UTF-8 的编码格式,避免读取文本文件时出现乱码。

我们以 mytext.txt 为例展示如何读入文本文件。请看下面的示例。

code7_1. R

```
rm( list = ls( ) )
library( dplyr )
setwd( "C:/DH_R/Materials")

mytext <-scan( "./mytext. txt",
                what = "character",
```

```
          encoding = "UTF-8")
print(mytext)
```

在上面的代码中,我们利用 scan( )函数读取了 mytext 文本,并将读取的内容保存为变量 mytext,方便后续对该文本的重复使用。读取时,我们没有指定分隔符形式,让它按默认的空格进行分隔。最后,我们打印 mytext 查看读入的文本。返回结果如下所示:

```
[1] "Lexical"        "use"        "is"        "an"
[5] "important"      "indicator"  "of"        "an"
[9] "individual's"   "social"     "class,"    "and"
[13] "previous"      "studies"    "found"     "that"
...
```

从以上结果可知,scan( )函数以空格为分隔符将 mytext 文本中的每个单词作为一个元素进行读取和存储。我们如果想要将整段作为一个元素存储,那么可以将参数 sep 设置为换行符("\n")。请看下面的示例。

code7_1. R

```
mytext1 <- scan("./mytext. txt",
                what="character", sep = "\n",
                encoding = "UTF-8")
print(mytext1)
```

打印之后返回结果如下所示:

[1] "Lexical use is an important indicator of an individual's social class, and previous studies found that people from different social classes show distinct features in their lexical use. However, those studies are more qualitative in nature and the findings are far from conclusive. To address the concern, the study examined the lexical features of the utterances produced by people from different social classes in terms of lexical richness, word length, and word class based on a large dataset of spontaneous utterances, i. e., Spoken British National Corpus 2014. Several findings of interest were made as follows. First, people from the upper middle class and the middle class produce utterances of higher lexical richness than those from the lower class. Second,

people from all social classes tend to produce utterances of lower lexical richness and shorter words in spoken language than they do in written ones, which indicates the nature of spontaneous utterances. Third, people from the upper middle class and the middle class have similar lexical features such as the more frequent use of derived -ly adverbs (particularly intensifiers), conjunctions, and prepositions. In contrast, those from the lower class use more negative words and first-person singular pronouns. Such differences are explained by factors closely pertinent to the speaker's social class backgrounds. "

7.1.2 批量读取文本文件

在前面的小节中,我们介绍了如何读取单个文本文件。然而,语言数字人文数据规模比较大,往往存储在多个文件中。因此,在处理数据时,我们需要批量读取多个文本文件。本小节将具体介绍如何在 R 语言中批量读取文本文件。

名称	修改日期	类型
ELA0001_3	2022/7/17 17:43	文本文档
ELA0002_5	2022/7/17 20:57	文本文档
ELA0003_7	2022/7/17 20:57	文本文档
ELA0004_9	2022/7/17 20:57	文本文档
ELA0005_12	2022/7/17 20:57	文本文档
ELA0006_3	2022/7/17 20:58	文本文档
ELA0007_5	2022/7/17 20:58	文本文档
ELA0008_7	2022/7/17 20:58	文本文档
ELA0009_9	2022/7/17 20:58	文本文档
ELA0010_12	2022/7/17 20:58	文本文档

图 7.2　10 篇 Newsela 课外阅读改编文本示意图

在文件夹 Materials 中有一个子文件夹叫 Newsela,里面包含了 10 篇从英语学习网站 Newsela 上面下载的课外阅读改编文本(如图 7.2 所示)。例如,文件夹中的前五个文本就是由同一篇文本改编成的难度等级为 3、5、7、9、12 的文本。那么我们如何批量读取该文件夹中的文本文件呢?

在 R 语言中,我们可以通过循环 for…in 遍历读取文件夹中的每个文本文件。请看下面的示例。

code7_1. R

```
files <- list. files('. /Newsela')

print( files)
# return:
# [ 1 ] "ELA0001_3. txt" "ELA0002_5. txt" "ELA0003_7. txt" "ELA0004_9. txt"
# [ 5 ] "ELA0005_12. txt" "ELA0006_3. txt"  "ELA0007_5. txt"  "ELA0008_7. txt"
# [ 9 ] "ELA0009_9. txt"  "ELA0010_12. txt"

for (filename in files) {
    text<-scan( paste( ". /Newsela","/", filename, sep = "") ,
                  sep = "\n", what = "character", encoding = "UTF-8")
    print( filename)
    print( text)
}
# return:
# Read 1 item
# [ 1 ] "ELA0001_3. txt"
# [ 1 ] "As Asian Americans face racist attacks, a PBS series celebrates their unsung
history. . . . "
```

在上面的代码中,我们首先利用相对路径和 list. files( )函数列出给定目录下的所有文件的名字,并将结果保存为 files。在给出的相对路径中,"./"代表了当前工作路径,"./Newsela"则表示 Newsela 这个文件夹所在的位置。打印 files 查看结果,显示了 Newsela 文件夹中所有文本文件的名称,比如"ELA0001_3. txt""ELA0001_5. txt""ELA0001_7. txt"等。然后,我们利用 for. . . in 循环遍历读取文件夹中的每个文本文件。该循环的含义是,对于 files 中的每个 filename,执行花括号中的语句。第一条语句是利用 scan( )函数读取当前 filename 的文本。scan( )函数的第一个参数是目标文本的路径和文件名,在这里我们利用 paste( )函数(关于该函数的介绍详见 3. 2. 3. 3 小节)将"./Newsela""/"和 filename 连接在一起,构成文本的相对路径。比如,第一次循环时,filename 就是 files 中的第一个元素,即"ELA0001_3. txt",通过 paste( )函数连接之后得到该文本的相对路径为"./Newsela/ELA0001_3. txt"。之后,利用 scan( )函数读取当前文本,指定 sep 分隔符为"\n",读取的数据类型为字符型("character"),编码格式为"UTF-8",并且将读取的文本内容储存为text。最后,我们打印 filename 和 text 查看结果。

需要注意的是,利用循环读取每个文本后,读取的内容将暂时保存到 text 变量中,但是随着目标文件的变化,text 只会存储当前文件的内容。比如,读取第一个文本时,text 存储的是文本 ELA0001_3 的内容,但是读取第二个文本时,text 存储的就是文本 ELA0001_5 的内容了。如果想要同时保存所有文本的内容,可以事先创建一个空向量,之后将读取的每个文本内容都存储到该向量中。请看下面的示例。

code7_1. R

```
mytexts <- vector( )

for (filename in files){
  text<-scan( paste("./Newsela","/",filename, sep="") ,
              sep="\n", what="character", encoding="UTF-8")
  mytexts <- c(mytexts,text)
}

length(mytexts)
#return: 10

print(mytexts[2])
# return:
# [1] " As Asian Americans face racist attacks, a PBS series celebrates their unsung
history..."
```

在上面的代码中,我们将 10 个文本的内容存储在了一个向量 mytexts 里面,向量中的每一个元素代表了一个文本的内容,比如 mytexts[2]返回的就是第二个文本的内容。另外,我们也可以把文本名和文本对应的内容 mytexts 合并成一个数据框,方便将文件名和对应的文本内容进行一一对应。请看下面的示例。

code7_1. R

```
filenames <- gsub(". txt","",files)
```

```
mydf <- data.frame(filenames,mytexts)

glimpse(mydf)
```

在上面的代码中,我们首先利用 gsub( ) 函数将文件名中的".txt"删除,只保留文件名,并将其保存为变量 filenames。最后,利用 data.frame( ) 函数将filenames 和 mytexts 合并成一个数据框,保存成 mydf。查看该数据框后返回的结果如下所示:

```
Rows: 10
Columns: 2
$ filenames <chr> "ELA0001_3", "ELA0002_5", "ELA0003_7", "ELA0004_9", "...
$ mytexts   <chr> "As Asian Americans face racist attacks, a PBS series...
```

如果想要在读取文本时将所有文本合并成一个大的文本,那么可以利用 paste( ) 函数完成该任务。请看下面的示例。

code7_1.R

```
all_texts <- character( )

for (filename in files){
  text<-scan(paste("./Newsela","/",filename,sep=""),
             sep="\n",what="character",encoding="UTF-8")
  all_texts<-paste(all_texts,text,sep = " ")
}
length(all_texts) #return: 1
print(all_texts)
```

在上面的代码中,我们利用循环读取单个文本,同时利用 paste( ) 函数将每个文本和 all_texts 进行合并连接。例如,第一次循环时,我们读入了第一个文本 ELA0001_3 的内容并将其保存为 text,然后利用 paste( ) 函数将 all_texts 和 text 中的内容用空格连接起来保存成新的变量 all_texts。此时,all_texts 中的内容就是第一个文本的内容。接着,第二次循环时,我们读入第二个文本

ELA0001_5 的内容并将其保存为 text,然后再利用 paste( )函数将 all_texts(包含第一个文本的内容)和 text 中的内容用空格连接起来保存成新的 all_texts 变量。此时,all_texts 中就包含了第一个文本和第二个文本的内容。依次循环,将所有文本读入并保存入 all_texts 中。我们通过 length( )函数查看 all_texts,返回的只有一个元素,说明 10 个文本被合并成了一个大文本。打印查看该文本的内容,返回结果如下所示:

> ［1］" As Asian Americans face racist attacks, a PBS series celebrates their unsung history.　Daniel Dae Kim is a popular actor. When he was a baby, his parents came to the United States. They moved from South Korea. They had just $200 with them. They built a life for themselves and their children. Their story is similar to many of the stories told in a new documentary series...... says Oathman Ben Guara, municipal environmental adviser, shaking his head disapprovingly.　\"But it buys them time. \""...

最后,我们可以通过 write. table( )函数写出文本,请看下面的示例。

```
write. table( all_texts,
        "C:/DH_R/Materials/Output/all_texts. txt",
        row. names = FALSE, col. names = FALSE, quote = FALSE)
```

在上面的代码中,第一个参数 all_texts 是待写出的文本;第二个参数用于设置文本保存的地址路径;第三个和第四个参数 row. names 和 col. names 用于设置是否显示行名和列名,默认为 TRUE;第五个参数 quote 用于设置输出结果是否用双引号包围,默认为 TRUE。运行上述代码后,在 Output 文件夹中会生成一个 all_texts. txt 文件。

7.1.3　读取和处理单个 xml 文本

xml(Extensible Markup Language)指的是可扩展标记语言,是一种类似于 HTML 的标记语言,主要用于标记数据或者定义数据类型。在 Materials 中的 xml 文件夹中有 10 篇 xml 格式的文件。这 10 篇 xml 文件选自 2014 英国国家口语语料库(Spoken BNC2014)。该语料库由 1251 份录音转录文本构成,广泛收录了参与者的日常交流对话,充分反映了当代英语的口语表达习惯(Love et al.,2017)。我们可以通过文本编辑软件打开查看 xml 格式的文件。例如,我们通过 Notepad++打开第一个文件 S2A5.xml,打开后如图 7.3 所示。

```
1  <text id="S2A5">
2  <u n="1" who="S0024" trans="nonoverlap" whoConfidence="high">
3  <w pos="AT1" lemma="a" class="ART" usas="Z5">an</w>
4  <w pos="NNT1" lemma="hour" class="SUBST" usas="T1:3">hour</w>
5  <w pos="RRR" lemma="later" class="ADV" usas="T4">later</w>
6  <pause dur="short"/>
7  <w pos="VV0" lemma="hope" class="VERB" usas="X2:6">hope</w>
8  <w pos="PPHS1" lemma="she" class="PRON" usas="Z8">she</w>
9  <w pos="VVZ" lemma="stay" class="VERB" usas="M8">stays</w>
10 <w pos="RP" lemma="down" class="ADV" usas="Z5">down</w>
11 <pause dur="short"/>
12 <w pos="RG" lemma="rather" class="ADV" usas="A13:5">rather</w>
13 <w pos="JJ" lemma="late" class="ADJ" usas="T4">late</w>
14 </u>
15 <u n="2" who="S0144" trans="nonoverlap" whoConfidence="high">
16 <w pos="RR" lemma="well" class="ADV" usas="A5:1">well</w>
17 <w pos="PPHS1" lemma="she" class="PRON" usas="Z8">she</w>
18 <w pos="VHD" lemma="have" class="VERB" usas="A9">had</w>
19 <w pos="DD2" lemma="those" class="ADJ" usas="Z5">those</w>
20 <w pos="MC" lemma="two" class="ADJ" usas="N1">two</w>
21 <w pos="NNT2" lemma="hour" class="SUBST" usas="T1:3">hours</w>
22 <w pos="RRR" lemma="earlier" class="ADV" usas="N4">earlier</w>
23 </u>
24 <u n="3" who="S0024" trans="nonoverlap" whoConfidence="high">
25 <w pos="UH" lemma="yeah" class="INTERJ" usas="Z4">yeah</w>
26 <w pos="PPIS1" lemma="i" class="PRON" usas="Z8">I</w>
27 <w pos="VV0" lemma="know" class="VERB" usas="X2:2">know</w>
28 <w pos="CCB" lemma="but" class="CONJ" usas="Z5">but</w>
29 <w pos="DD1" lemma="that" class="ADJ" usas="Z8">that</w>
30 <w pos="VBZ" lemma="be" class="VERB" usas="A3">'s</w>
31 <w pos="RRQ" lemma="why" class="ADV" usas="A2:2">why</w>
32 <w pos="PPIS2" lemma="we" class="PRON" usas="Z8">we</w>
33 <w pos="VBR" lemma="be" class="VERB" usas="A3">'re</w>
34 <w pos="AT1" lemma="a" class="ART" usas="Z5">an</w>
35 <w pos="NNT1" lemma="hour" class="SUBST" usas="T1:3">hour</w>
36 <w pos="RR" lemma="late" class="ADV" usas="T4">late</w>
37 <w pos="VBZ" lemma="be" class="VERB" usas="Z5">is</w>
38 <w pos="XX" lemma="not" class="ADV" usas="Z6">n't</w>
39 <w pos="PPH1" lemma="it" class="PRON" usas="Z8">it</w>
40 <w pos="YQUE" lemma="PUNC" class="STOP" usas="">?</w>
41 <pause dur="long"/>
```

图 7.3　S2A5.xml 文件示意图

事实上,xml 格式的文本文件类似于一个层级节点树(图 7.4)。顶端的节点被称为根节点。例如,在图 7.4 中,<text>就是根节点。节点树中的节点彼此之间都有层级关系。上一层的节点是下一层节点的父节点。例如,<text>

是<u>的父节点,而<u>是<w>的父节点。反之,下一层的节点是上一层节点的子节点。例如,<u>是<text>的子节点,<w>是<u>的子节点。位于相同层级上的节点称为同级节点。例如,各个<u>之间是同级节点,而各个<w>之间也是同级节点。

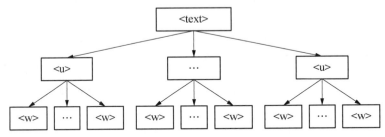

图 7.4　S2A5. xml 文本层级结构示意图

例如,在文件 S2A5. xml 中,第一行<text id="S2A5">是第一层,包含整个文本。第 2 行到 14 行是文本中第一句话语(Utterance)的内容。第 2 行<u n="1" who="S0024" trans="nonoverlap" whoConfidence="high">是该话语的开始标签,里面记录了该话语的一些属性(attribute)信息,比如话语的序号(n)、说话者(who)等。等号后面是属性的值(value)。需要注意的是,属性值必须加引号,比如"1""S0024""nonoverlap""high"。第 14 行的</u>是该话语的结束标志。中间以<w ... >开头和</w>结束的部分记录了 xml 中的元素,即该话语中的各个单词,比如"an""hour""late"等。<w ... >中的内容是该单词的一些属性信息,比如它的词性(pos)、词目(lemma)、词类(class)等。

xml 文件中包含了丰富的信息,我们可以提取出这些信息进行深入探究。那么如何提取 xml 文件中的属性信息和元素呢? 在 R 语言中,我们可以利用 xml2 包完成 xml 文件中的信息提取工作。

首先,我们需要安装并载入 xml2 包。请看下面的示例。

code7_2. R

```
rm( list = ls( ) )
install. packages( "xml2")
library( "xml2")
```

然后,我们可以利用 xml2 包中的 read_xml( ) 函数读取 xml 文件。例如,在下面代码中,我们通过相对路径读取 S2A5. xml 文件。

code7_2. R

```
setwd( "C: /DH_R/Materials")
my_xml <- read_xml( "./xml/S2A5-tgd. xml")
```

读取 xml 文件之后,我们可以利用 xml2 包中的函数提取相关的属性和元素。下面,我们将分别介绍 xml2 包中常用的几个函数,包括 xml_find_all( )、xml_attrs( ) 和 xml_text( )。

函数 xml_find_all( ) 用于寻找匹配到的节点,其基本句法如下所示:

```
xml_find_all( x, xpath... )
```

其中,参数 x 可以是整个 xml 文件,也可以是某个节点(node) 或者节点集(node set)。参数 xpath 是包含有路径的字符串。请看下面的示例。

code7_2. R

```
all_u <- xml_find_all( my_xml, ".//u")
head( all_u )
```

在上面的代码中,我们利用 xml_find_all( ) 函数查找了 my_xml 文本中所有的<u>节点,并将结果保存为变量 all_u。查看 all_u 前六条数据,返回结果如下图所示:

```
{xml_nodeset (6)}
[1] <u n ="1" who ="S0024" trans ="nonoverlap"...
[2] <u n ="2" who ="S0144" trans ="nonoverlap"...
[3] <u n ="3" who ="S0024" trans ="nonoverlap"...
[4] <u n ="4" who ="S0144" trans ="nonoverlap"...
[5] <u n ="5" who ="S0024" trans ="nonoverlap"...
[6] <u n ="6" who ="S0144" trans ="nonoverlap"...
```

函数 xml_attrs( )主要用于提取节点中的属性信息。例如,在下面的代码中,我们利用 xml_attrs( )函数提取了 my_xml 的属性信息。

code7_2. R

```
xml_attrs( my_xml )
#return:
# id
# "S2A5"
```

运行上述代码后,返回结果是<text>节点中的属性信息,id 是该文本的属性,"S2A5"是其对应的属性值。

再如,在下面的代码中,我们利用 xml_attrs( )函数提取了第一个<u>节点的属性信息。

code7_2. R

```
attrs_u <- xml_attrs( all_u[ 1 ] )
print( attrs_u )
```

在上述代码中,all_u[1]表示利用下标提取出第一个<u>节点,然后我们利用 xml_attrs( )函数提取其属性信息,打印后返回结果如下所示:

```
[[1]]
          n         who        trans whoConfidence
        "1"     "S0024"  "nonoverlap"        "high"
```

需要注意的是,返回的结果为列表格式,我们可以利用 unlist( )、matrix( )和 data. frame( )函数将列表转换为数据框格式,方便后续提取使用。请看下面的示例。

code7_2. R

```
# To convert the list into a vector
attrs_u_v <- unlist( attrs_u )
print( attrs_u_v )
#return:
```

```
#          n          who          trans whoConfidence
#          "1"       "S0024"  "nonoverlap"          "high"

# To convert the vector into a data frame
attrs_u_df<-data. frame( matrix( attrs_u_v, nrow = 1, byrow = T) )
colnames( attrs_u_df) <- names( attrs_u_v)

print( attrs_u_df)
```

在上面的代码中,我们首先利用 unlist( )函数将列表转换为了向量。然后,我们利用 matrix( )和 data. frame( )函数将其转换为了数据框。接着,对该数据框的列名进行重新命名,将原先向量 attrs_u_v 中的名称赋值给 attrs_u_df 数据框的列名。最后,打印查看该数据框,返回的结果如下所示。

```
   n   who          trans whoConfidence
1 1 S0024 nonoverlap                 high
```

同样地,我们也可以提取出<w>节点及其属性信息,请看下面的示例。

code7_2. R

```
all_w <- xml_find_all( my_xml, ". //w")

head( all_w)
#return:
#{ xml_nodeset （6） }
# [1] <w pos = "AT1" lemma = "a" class = "ART". . .
# [2] <w pos = "NNT1" lemma = "hour" class = "SUBST". . .
# [3] <w pos = "RRR" lemma = "later" class = "ADV". . .
# [4] <w pos = "VV0" lemma = "hope" class = "VERB". . .
# [5] <w pos = "PPHS1" lemma = "she" class = "PRON". . .
# [6] <w pos = "VVZ" lemma = "stay" class = "VERB". . .

# To find the attributes of the first node <w>
attrs_w <- xml_attrs( all_w[1] )
unlist( attrs_w)
# return:
```

```
#     pos lemma class   usas
#   "AT1"  "a" "ART"   "Z5"
```

在上面的代码中,我们提取出了所有<w>节点,然后利用 xml_attrs( )函数提取了第一个节点的属性。我们也可以一次性提取所有<w>节点的属性。请看下面的示例。

code7_2. R

```
attrs_w <- xml_attrs( all_w)
attrs_w_v <- unlist( attrs_w)
attrs_w_df <- data. frame( matrix( attrs_w_v,
                                   nrow = length( attrs_w),
                                   byrow = TRUE))
colnames( attrs_w_df) <- names( attrs_w[[ 1]])
head( attrs_w_df)
```

在上面的代码中,我们利用 xml_attrs( )函数将<w>节点中所有单词的属性都提取出来了。由于每个单词都有其对应的属性,因此返回的 attrs_w 是一个列表,其中的每个元素对应的是每个单词的属性。之后,我们利用 unlist( )、matrix( )和 data. frame( )函数将结果转换为了数据框格式。其中,参数 nrow 设置的是 attrs_w 列表中的元素数量。例如,列表 attrs_w 的长度是 1 897,说明里面有 1 897 个元素,包含的是各个单词的属性。因此,我们的 nrow 行数应该设置为相应的元素数量,使其每一行存储每个单词的属性信息。最后,我们查看 attrs_w_df 的前六条数据,返回的结果如下所示:

	pos	lemma	class	usas
1	AT1	a	ART	Z5
2	NNT1	hour	SUBST	T1: 3
3	RRR	later	ADV	T4
4	VV0	hope	VERB	X2: 6
5	PPHS1	she	PRON	Z8
6	VVZ	stay	VERB	M8

最后,我们可以用 xml_text( )函数提取出<w>节点中的元素,即该文本中的各个单词。请看下面的示例。

code7_2. R

```
# To return the word in the first <w> node
xml_text( all_w[ 1 ] )
# return: "an"


# To return the words of all  <w> nodes
xml_text( all_w )
#return: "an"      "hour"      "later"      "hope" ...
```

7.1.4　批量读取和处理 xml 文本

在前面的小节中,我们介绍了如何读取和处理单个 xml 文本。然而,语言数字人文数据规模比较大,往往需要处理多个 xml 文件。如果一个个读取、处理 xml 文本,会很费时耗力。此时,我们可以批量读取和处理 xml 文件,一次性完成大规模文本的处理。本小节将具体介绍如何在 R 语言中利用 for… in 循环批量读取和处理 xml 文件。

在 xml 文件夹中有 10 篇 xml 格式的文件,假设我们想要提取这些文本中的以下信息:各个<u>节点的属性信息,比如话语序号(n)、说话者(who),以及单词的词性(pos)、词目(lemma)和词类(class)。下面我们将介绍如何批量读取和处理这 10 篇 xml 文本。请看下面的示例。

code7_3. R

```
rm( list = ls( ) )
library( xml2 )
library( dplyr )
setwd( "C:/DH_R/Materials/xml")

# To list all file names in the current directory
files <- list. files('./')
print( files )
```

```
# To create an empty data frame to store results
outdf <- data. frame( )
counter <- 1
for ( file in files) {
  # To extract the name of the file
  current_text_id <- gsub('\\. xml', '', file)

  # To print the name of the file currently being processed
  print( paste( counter, current_text_id) )

  # To read the current file
  txt <- read_xml( paste0( './', file) )

  # To extract all <u>s
  u <- xml_find_all( txt, ".//u")

  # To extract the attributes of all <u> nodes
  for ( i in u) {
    # To extract the attributes of the current <u> node
    u_attrs <- xml_attrs( i)

    # To store the attributes in a data frame
    u_attrs_v <- unlist( u_attrs)
    u_attrs_df <- data. frame( matrix(
      u_attrs_v, nrow = 1, byrow = TRUE) )
    colnames( u_attrs_df) <- names( u_attrs_v)

    # To extract all <w> nodes
    w <- xml_find_all( i, './/w')

    # if w is empty, it will move on to the next one
    if  ( rlang: : is_empty( w) ) {
      next
    }

    # To extract all attributes of <w>
    w_attrs <- xml_attrs( w)

    # To store attributes in a data frame
```

```
    w_attrs_v <- unlist(w_attrs)
    w_attrs_df <- data. frame(matrix(
      w_attrs_v,nrow = length(w_attrs),byrow = TRUE))
    colnames(w_attrs_df) <- names(w_attrs[[1]])
    attrs_df <- cbind(u_attrs_df,w_attrs_df)

    # To extract all words in the current <u> node
    tokens <- xml_text(w)
    text_id <- rep(current_text_id,length(tokens))

    # To combine all results in a data frame
    attrs_df <- cbind(text_id,u_attrs_df,w_attrs_df,tokens)
    outdf <- rbind(outdf,attrs_df)
  }
  counter <- counter + 1
}
head(outdf)
```

在上面的代码中,我们利用两个循环完成了 10 篇 xml 文件的信息提取。循环中的主要内容就是上一小节提取<u>节点和<w>节点属性并将其转换为数据框的代码。运行上述代码时,我们利用 print() 函数打印查看了当前正在处理的文件的序号以及文件名称,结果会在左下方的控制台面板中显示,方便我们查看程序处理的进度(如图 7.5 所示)。

图 7.5 文件处理进度示意图

然后,我们查看 outdf 结果的前六条数据,返回结果如下图所示:

```
> head(outdf)
  text_id  n   who          trans whoConfidence      pos lemma class  usas
1 S2A5-tgd 1 S0024 nonoverlap           high      AT1     a   ART    Z5
2 S2A5-tgd 1 S0024 nonoverlap           high     NNT1  hour SUBST T1:3
3 S2A5-tgd 1 S0024 nonoverlap           high      RRR later   ADV    T4
4 S2A5-tgd 1 S0024 nonoverlap           high      VV0  hope  VERB  X2:6
5 S2A5-tgd 1 S0024 nonoverlap           high   PPHS1   she  PRON    Z8
6 S2A5-tgd 1 S0024 nonoverlap           high      VVZ  stay  VERB    M8
  tokens
1     an
2   hour
3  later
4   hope
5    she
6  stays
```

图 7.6 outdf 结果返回示意图

从图 7.6 可知,有几列变量的名称没有太大意义,比如 n、who 等,因此我们可以对这些列进行重新命名。另外,各列的顺序也需要进行调整,使其更加符合我们的阅读习惯。我们可以利用 select( ) 函数进行如下调整:

code7_3. R

```
final_outdf <- outdf %>%
  dplyr: : select(text_id,
                 sentence_id=n,
                 speaker_id = who,
                 tokens,
                 lemma,
                 pos1 = pos,
                 pos2 = class,
                 trans,
                 speaker_confidence = whoConfidence,
                 other = usas)
head(final_outdf)
```

查看 final_outdf 结果,返回如图 7.7 所示:

```
> head(final_outdf)
  text_id sentence_id speaker_id tokens lemma  pos1  pos2      trans
1 S2A5-tgd           1     S0024     an     a   AT1   ART nonoverlap
2 S2A5-tgd           1     S0024   hour  hour  NNT1  SUBST nonoverlap
3 S2A5-tgd           1     S0024  later later   RRR   ADV nonoverlap
4 S2A5-tgd           1     S0024   hope  hope   VV0  VERB nonoverlap
5 S2A5-tgd           1     S0024    she   she PPHS1  PRON nonoverlap
6 S2A5-tgd           1     S0024  stays  stay   VVZ  VERB nonoverlap
  speaker_confidence other
1               high    Z5
2               high  T1:3
3               high    T4
4               high  X2:6
5               high    Z8
6               high    M8
```

图 7.7　**final_outdf** 输出结果示意图

最后,我们可以通过 write.csv( )函数输出结果。请看下面的示例。

code7_3. R

```
write.csv(final_outdf,
        'C:/DH_R/Materials/Output/BNC_spoken.csv',
        row.names = FALSE)
```

运行上述代码后,在 Output 文件夹下会生成一个 BNC_spoken.csv 文件,打开后如图 7.8 所示。

	A	B	C	D	E	F	G	H	I	J
1	text_id	sentence_i	speaker_id	tokens	lemma	pos1	pos2	trans	speaker_c	other
2	S2A5-tgd	1	S0024	an	a	AT1	ART	nonoverla	high	Z5
3	S2A5-tgd	1	S0024	hour	hour	NNT1	SUBST	nonoverla	high	T1:3
4	S2A5-tgd	1	S0024	later	later	RRR	ADV	nonoverla	high	T4
5	S2A5-tgd	1	S0024	hope	hope	VV0	VERB	nonoverla	high	X2:6
6	S2A5-tgd	1	S0024	she	she	PPHS1	PRON	nonoverla	high	Z8
7	S2A5-tgd	1	S0024	stays	stay	VVZ	VERB	nonoverla	high	M8
8	S2A5-tgd	1	S0024	down	down	RP	ADV	nonoverla	high	Z5
9	S2A5-tgd	1	S0024	rather	rather	RG	ADV	nonoverla	high	A13:5
10	S2A5-tgd	1	S0024	late	late	JJ	ADJ	nonoverla	high	T4
11	S2A5-tgd	2	S0144	well	well	RR	ADV	nonoverla	high	A5:1
12	S2A5-tgd	2	S0144	she	she	PPHS1	PRON	nonoverla	high	Z8

图 7.8　**BNC_spoken. csv** 文件示意图

7.2 分 词 处 理

读入 txt 文本文件后,我们经常需要对读入的文本进行预处理,用于后续分析。常见的预处理包括分词、词性还原、词性标注等。本小节主要介绍如何对文本进行分词处理。

顾名思义,分词(tokenization)就是将句子中各个单词分割开来。例如,下面是未分词前的一句话。

“Nice to meet you”

对上述句子进行分词处理之后,显示如下:

“Nice”“to”“meet”“you”

在 R 语言中,我们可以利用 tidytext 包中的 unnest_tokens()函数进行分词。首先,我们安装并载入 tidytext 包。请看下面的示例。

code7_4. R

```
rm( list = ls( ) )
install. packages( "tidytext")
library( "tidytext")
```

函数 unnest_tokens()的基本句法如下:

```
unnest_tokens( tbl, output, input, token = "words",... )
```

其中,tbl 是 tibble 格式的数据。tibble 是数据框(Data Frame)的一种形式,语法和功能都与数据框相似。我们可以利用 tibble()函数将数据框格式下的数据转换为 tibble 格式。第二个和第三个参数 output 和 input 分别是输出列的列名和输入列的列名。第四个参数是 token,用于设置分词的单位,默认为单词("words")。我们也可以将分词单位设置为句子("sentences")、N 元词组("ngrams")、段落("paragraphs")等单位。

下面,我们将以 Newsela 文件夹中的文本为例,展示文本分词过程。请看下面的示例。

code7_4. R

```
library("dplyr")
mytext<-scan("C:/DH_R/Materials/Newsela/ELA0001_3.txt",
             what="character",sep="n",encoding="UTF-8")
mytext_tbl <- tibble(mytext)
print(mytext_tbl)
```

在上面的代码中,我们首先读入数据,然后将读入的文本文件转换为 tibble 格式,保存为变量 mytext_tbl,打印查看后返回结果如下所示:

```
# A tibble: 1 x 1
  mytext
  <chr>
1 "As Asian Americans face racist attacks, a PBS series celebrates their unsu~
```

在上文中我们提到 tibble 格式和数据框类似,因此返回结果中的 mytext 相当于一列的列名。因此,我们可以通过 $ 提取该列的内容。请看下面的示例。

code7_4. R

```
mytext_tbl $mytext
# return:
# [1] "As Asian Americans face racist attacks, a PBS series celebrates their unsung
history...
```

然后,我们利用 unnest_tokens()函数对文本进行分词。请看下面的示例。

code7_4. R

```
mytokens <- mytext_tbl %>%
```

```
    unnest_tokens(word, mytext, token = 'words')
 print(mytokens)
```

在上面的代码中,unnest_tokens()函数中的第一个参数 word 是输出结果的列名,而 mytext 是输入的列名,即 mytext_tbl 中的 mytext 这一列数据,token 参数设置了分词的单位为单词。然后,我们将分词的结果保存为了变量 mytokens。最后,打印查看 mytokens 后,返回结果如下所示:

```
# A tibble: 500 x 1
   word
   <chr>
 1 as
 2 asian
 3 americans
 4 face
 5 racist
 6 attacks
 7 a
 8 pbs
 9 series
10 celebrates
# ... with 490 more rows
```

从以上可知,返回的结果也是一个 tibble 格式的数据,word 是其中的一列,里面包含了分词后的各个单词,每一行对应一个单词。

除了将文本分为单个单词之外,我们在处理语言数字人文数据时还经常需要从文本中提取 N 元词组。此时,我们也可以利用 unnest_tokens()函数完成该任务。我们只需要将参数 token 设置为"ngrams"即可,然后在后面增加一个参数 n,设置其元组数就能完成 N 元词组的提取工作。请看下面的示例。

code7_4. R

```
my2grams <- mytext_tbl %>%
```

```
    unnest_tokens(ngram, mytext, token = 'ngrams', n = 2)
print(my2grams)
```

打印查看 my2grams 后,返回结果如下所示:

```
# A tibble: 499 x 1
   ngram
   <chr>
 1 as asian
 2 asian americans
 3 americans face
 4 face racist
 5 racist attacks
 6 attacks a
 7 a pbs
 8 pbs series
 9 series celebrates
10 celebrates their
# ... with 489 more rows
# i Use 'print(n = ...)'to see more rows
```

从以上结果可知,我们顺利提取了 ELA0001_3. txt 文本中的二元词组。如果想要提取其他多元词组,只需要将 unnest_tokens( )函数中的参数 n 设置为相应的数字即可。

上面我们介绍了单个文本的分词处理,但是当有多个文本需要处理时应该怎么办呢? 如果文本数量只有几个时,我们可以一次读入一个文本进行分词处理。如果文本数量太多,有几十个或者成百上千个文本时,一个个处理文件显然不可取。此时,我们可以利用 for... in 循环进行批量处理。下面,我们以 Newsela 中的 10 个文本为例,展示如何对这 10 个文本进行批量分词处理。请看下面的示例。

code7_5. R

```
rm(list = ls())

library(dplyr)
```

```
library(tidytext)

setwd('C:/DH_R/Materials/Newsela')

# To list all file names in the current directory
files <- list.files('./')

# To create empty vectors to store the results
file_name <- vector()
tokens <- vector()

counter <- 1

for (file in files) {
  text_id <- gsub('\\.txt', '', file)

  print(paste(counter, text_id))
  counter <- counter + 1
  # To read the current file
  txt <- scan(paste0('./', file), what = "character",
              sep = "\n", encoding = "UTF-8")
  txt_tbl <- tibble(txt)

  # To tokenize the current file
  txt_tokens <- txt_tbl %>%
    unnest_tokens(word, txt, token = 'words')

  file_name <- c(file_name,
                 rep(text_id, length(txt_tokens$word)))
  tokens <- c(tokens, txt_tokens$word)
}

Newsela_tokens <- data.frame(file_name, tokens)
head(Newsela_tokens)
```

在上面的代码中,我们利用循环对 10 个文本进行了批量分词处理,并将
结果保存成了 Newsela_tokens。最后,我们可以利用 head()函数查看前六条

数据,返回结果如下所示:

```
   file_name      tokens
1 ELA0001_3          as
2 ELA0001_3       asian
3 ELA0001_3   americans
4 ELA0001_3        face
5 ELA0001_3      racist
6 ELA0001_3     attacks
```

7.3　词形还原和词性标注

词形还原(Lemmatization)指的是去除文本中单词的词缀,将词形还原成一般形式(Plisson, et al., 2004)。例如,单词"going""gone""goes"经过词形还原之后是"go",单词"cars"经过词形还原之后是"car"。

词性标注(Part-of-Speech tagging 或者 POS tagging)也被称为语法标注(Grammatical Tagging),指的是将文本中的单词按其含义和上下文内容进行词性标记。例如,单词"go"是动词(verb),"car"是名词(noun)。

在 R 语言中,我们可以利用 udpipe 包实现词形还原和词性标注。下面,我们将展示其实现过程。

首先,我们需要安装和载入 udpipe 包。

code7_6. R

```
rm( list = ls( ) )
install. packages( "udpipe")
library( "udpipe")
```

然后,我们下载并载入所需的语言模型。这些语言模型事先经过训练,能够比较准确地对新文本进行词形还原和词性标注。目前,udpipe 包有 65 种预先训练好的语言模型,比如英文、中文、荷兰语、德语等(Straka & Straková,

2017)。由于本书所用的示例文本是英文文本,因此选择英语语言模型。读者可以根据实际需求下载相应的语言模型。请看下面的示例。

code7_6. R

```
# Method 1
# To download the required model
udmodel <- udpipe_download_model(language = "english")
# To import the model
udmodel_eng <- udpipe_load_model(file = udmodel$file_model)

# Method 2
# To import the model
udmodel_eng <- udpipe_load_model(file =
'C:/DH_R/Codes/english-ewt-ud-2.3-181115.udpipe')
```

在上面的代码中,我们展示了如何利用两种不同的方式载入所需的语言模型。第一种方式是通过 udpipe_download_model() 函数下载英语模型,然后利用 udpipe_load_model() 函数载入模型。第二种方式是使用 Codes 文件夹中直接提供的英语模型包,因此可以直接利用绝对路径导入模型。读者只需采取其中一种方法载入模型即可。

接下来,我们可以利用 udpipe 包中的 udpipe_annotate() 函数进行词形还原和词性标注。函数 udpipe_annotate() 的基本句法如下:

```
udpipe_annotate(object, x, tagger = c("default", "none"),
parser =  c("default", "none"),...)
```

其中,object 是解析所用的语言模型,x 是文本向量。第三个参数 tagger 用于设置是否进行词性标注,“default”表示用默认的词性解析器进行词性标注,而“none”表示不进行词性标注。第四个参数 parser 用于设置是否进行句法标注,“default”表示用默认的依存句法解析器进行句法标注,而“none”表示不进行句法标注。

下面,我们以 ELA0001_3.txt 文本为例,展示如何利用 udpipe_annotate() 函数进行词形还原和词性标注。请看下面的示例。

code7_6. R

```
mytext<-scan("C:/DH_R/Materials/Newsela/ELA0001_3.txt",
                what="character",sep="\n",encoding="UTF-8")
mytext_result <- udpipe_annotate(udmodel_eng,
                                     mytext,
                                     tagger = "default",
                                     parser = "none")
mytext_result_df <- as.data.frame(mytext_result)
colnames(mytext_result_df)
```

　　在上面的代码中,我们利用 udpipe_annotate( )函数将读入的 ELA0001_3.
txt 文本进行了词性标注和词形还原,并将结果保存为数据框格式的 mytext_
result_df。然后,我们利用 colnames( )函数查看了数据框的列名,返回结果如
下所示:

```
[1] "doc_id"    "paragraph_id"  "sentence_id"   "sentence"
[5] "token_id" "token"         "lemma"         "upos"
[9] "xpos"     "feats"         "head_token_id""dep_rel"
[13] "deps"    "misc"
```

　　从返回结果可知,mytext_result_df 中包含多列,比如文本序号(doc_id)、
段落序号(paragraph_id)、句子序号(sentence_id)、当前句子(sentence)、单词
序号(token_id)、单词(token)、词目(lemma)、词性(upos 和 xpos)等。其中,词
目 lemma 列就是词形还原后的结果,而 upos 和 xpos 是词性标注的结果。其
中,upos(Universal part-of-speech tag)是普遍词性标注,即各种语言共用的标注
方式,而 xpos(Language-specific part-of-speech tag)是特定语言词性标注方式。
需要注意的是,由于我们将 udpipe_annotate( )函数中的参数 parser 设置为了
"none",即不对文本进行句法分析,因此 head_token_id、dep_rel 等几列返回的
是缺失值(NA)。

　　然后,我们可以根据需求选择保存要输出的列。在下面,我们就利用
select( )函数选择了文本序号(doc_id)、句子序号(sentence_id)、单词(token)、
词目(lemma)、词性(upos 和 xpos)这几个变量。请看下面的示例。

code7_6. R

```
mytext_result_df <- mytext_result_df %>%
    dplyr: : select( doc_id, sentence_id, token, lemma, upos, xpos)
head( mytext_result_df)
```

查看前六条数据,返回结果如下所示:

	doc_id	sentence_id	token	lemma	upos	xpos
1	doc1	1	As	as	ADP	IN
2	doc1	1	Asian	asian	ADJ	JJ
3	doc1	1	Americans	Americans	PROPN	NNPS
4	doc1	1	face	face	NOUN	NN
5	doc1	1	racist	racist	NOUN	NN
6	doc1	1	attacks	attack	NOUN	NNS

最后,我们写出结果,保存为 csv 文件。

code7_6. R

```
write. csv( mytext_result_df,
    'C: /DH_R/Materials/Output/ELA0001_3_pos_lemma. csv',
        row. names = FALSE)
```

在上面,我们对单个文本进行了词形还原和词性标注。如果有多个文本需要进行处理,那么应该如何一次性实现词形还原和词性标注? 例如,在 Newsela 文件夹中有 10 篇文本,下面我们将展示如何一次性完成这 10 篇文本的词形还原和词性标注工作。

首先,我们可以利用 for... in 循环依次读入这 10 篇文本,然后将它们拼接成一个向量,向量中的每个元素对应的是一篇文本的内容。请看下面的示例。

code7_7. R

```
rm( list = ls( ))
setwd( 'C: /DH_R/Materials/Newsela' )
```

```
# To list all file names in the current directory
files <- list. files('. /')

# To create empty vectors to store file names and texts
file_name <- vector( )
text <- vector( )

# To read each file and store it in the vector of text
for ( i in 1: length( files) ) {
   file <- files[ i]
   print( file)
   file_name[ i] <- gsub('\\. txt', '', file)
   text[ i] <- scan( paste0('. /', file),
                     what = "character", sep = "\n",
                     encoding = "UTF-8")
}
# To store file_name and text in a data frame
Newsela_files <- data. frame( file_name, text)
head( Newsela_files)
```

在上面的代码中,我们利用循环读取了各个文本的内容,然后利用下标将它们存储到一个向量 text 中。具体而言,向量 text 中包含了 10 个元素,每个元素对应的是 Newsela 中的一个文件内容。最后,我们将文本名字 file_name 和文本 text 合并成一个数据框 Newsela_files。

基于 Newsela_files 数据,我们利用 udpipe_annotate( ) 函数可以一次性实现这 10 个文本的词形还原和词性标注。请看下面的示例。

code7_7. R

```
# To import the model
udmodel_eng <- udpipe _load _model ( file = ' C: /DH_R/Codes/english-ewt-ud-2. 3-
181115. udpipe')

Newsela_result <- udpipe_annotate( udmodel_eng,
                                    Newsela_files$text,
                                    tagger = "default",
                                    parser = "none")
```

```
Newsela_result_df <- as. data. frame(Newsela_result)

# To select the needed columns
Newsela_result_df <- Newsela_result_df %>%
    dplyr: : select(doc_id, sentence_id, token, lemma, upos, xpos)
head(Newsela_result_df)
tail(Newsela_result_df)
```

查看 Newsela_result_df 前六条数据后返回结果如下所示:

	doc_id	sentence_id	token	lemma	upos	xpos
1	doc1	1	As	as	ADP	IN
2	doc1	1	Asian	asian	ADJ	JJ
3	doc1	1	Americans	Americans	PROPN	NNPS
4	doc1	1	face	face	NOUN	NN
5	doc1	1	racist	racist	NOUN	NN
6	doc1	1	attacks	attack	NOUN	NNS

查看 Newsela_result_df 后六条数据后返回结果如下所示:

	doc_id	sentence_id	token	lemma	upos	xpos
11829	doc10	90	it	it	PRON	PRP
11830	doc10	90	buys	buy	VERB	VBZ
11831	doc10	90	them	they	PRON	PRP
11832	doc10	90	time	time	NOUN	NN
11833	doc10	90	.	.	PUNCT	.
11834	doc10	90	"	"	PUNCT	"

文本处理完成后,我们利用 write. csv() 函数写出结果,将其保存为 Newsela_pos_lemma. csv 文件,请看下面的示例。

code7_7. R

```
write. csv(Newsela_result_df,
          'C: /DH_R/Materials/Output/Newsela_pos_lemma. csv',
          row. names = FALSE)
```

7.4　依存句法分析

　　句法分析(Syntactic Parsing)指的是分析句子中各个单词的语法功能、关系和结构(Van Gompel & Pickering, 2007)。它也是文本预处理中常见的任务之一,可以为语义分析、情感分析、搭配分析等后续分析做准备(Lei et al., 2020)。句法分析主要可以分为两大类。一类是传统的分析句子的成分结构,比如句子的主语、谓语、宾语、状语等(Franck et al., 2010)。另一类是分析句子中单词之间的依存关系,如主谓关系、动宾关系等。第二类的依存句法分析揭示了句子中单词和单词之间的关系,有助于获取更深层的语义信息(Nivre, 2005)。因此,依存句法分析是目前常用的、影响力比较大的一类句法分析。本小节主要介绍如何在 R 语言中进行依存句法分析。

　　依存句法(Dependency Grammar)主要通过描述句子中两个单词之间的依存关系来确定句子的句法结构(Hudson, 2010; Lei & Jockers, 2020)。在这两个有依存关系的单词中,有一个单词是从属词(dependent),而另一个单词被称为支配词(head)(Lei & Wen, 2020; Liu et al., 2009; Liu et al., 2017)。例句(1)的依存句法关系如图 7.9 和表 7.1 所示。例如,单词"they"和"done"之间存在依存关系(即 nsubj,nominal subject),其中"they"是从属词而"done"是支配词。再如,单词"nothing"和"wrong"之间存在依存关系(即 amod, adjectival modifier),其中"nothing"是支配词而"wrong"是它的从属词。

　　例句(1):*They had done nothing wrong.*

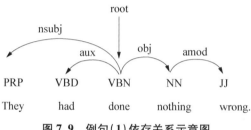

图 7.9　例句(1)依存关系示意图

表 7.1　例句(1)依存关系表

单词	依存关系	从属词序号	支配词序号
They	nsubj	1	3
had	aux	2	3
done	root	3	0
nothing	obj	4	3
wrong	amod	5	4
.	punct	6	3

　　在 R 语言中,我们也可以利用 udpipe 包中的 udpipe_annotate( )函数实现依存句法分析。在上一小节介绍词形还原和词性标注时,我们介绍了 udpipe_annotate( )函数的用法和参数。其中,有一个参数是 parser,用于设置是否进行句法标注,"default"表示用默认的依存句法解析器进行句法标注,而"none"表示不进行句法标注。因此,我们只需要将 parser 设置为"default"就可以进行依存句法标注。请看下面的示例。

code7_8. R

```
rm( list = ls( ) )
library("udpipe")
# To import the model

udmodel_eng <- udpipe_load_model( file ='C:/DH_R/Codes/english-ewt-ud-2.3-
181115. udpipe')

# To read the text
mytext <- scan("C:/DH_R/Materials/Newsela/ELA0001_3. txt",
            what ="character", sep = "\n", encoding = "UTF-8")
result <- udpipe_annotate( udmodel_eng, mytext,
                              tagger = "default",
                              parser = "default")
# To stores the results in a data frame
result_df <- as. data. frame( result)
```

```
# To select the needed columns
result_df <- result_df %>%
    dplyr::select(doc_id, sentence_id,
            token_id, token, lemma,
            head_token_id, dep_rel)
head(result_df)
```

在上面的代码中,我们对 ELA0001_3 文本进行了依存句法分析,并将结果保存转换为 result_df。查看前六条数据后返回的结果如下图所示:

```
> head(result_df)
  doc_id sentence_id token_id    token    lemma head_token_id  dep_rel
1   doc1           1        1       As       as             6     case
2   doc1           1        2    Asian    asian             3     amod
3   doc1           1        3 Americans Americans           6 compound
4   doc1           1        4     face     face             5 compound
5   doc1           1        5   racist   racist             6 compound
6   doc1           1        6  attacks   attack            11      obl
```

图 7.10　ELA0001_3 文本依存句法分析结果示意图

从上图可知,返回的结果中主要包含了各个单词的词目(lemma)、支配词序号(head_token_id)以及依存关系(dep_rel)。然而,结果中只给出了支配词的序号,没有给出具体的单词,这可能会给研究者的进一步分析带来不便。例如,根据结果显示,我们只知道单词"Asian"对应的支配词是序号为 3 的单词,但不知道具体对应句子中的哪个单词。我们需要按顺序找出句子中的第 3 个单词"Americans"才能找到"Asian"对应的支配词,这大大增加了研究者的分析负担。因此,我们最好增加一列变量,直接给出对应的支配词。请看下面的示例。

code7_8. R

```
result_df$lemma_head<-result_df$lemma[match(result_df$head_token_id,
                                            result_df$token_id)]
head(result_df)
```

在上面的代码中,我们利用下标和索引给 result_df 增加了一列 lemma_head,这一列根据匹配函数 match()生成(关于该函数的介绍见 4.1.5.9 小节）。match( ) 函数结果返回第一个向量中的元素在第二个向量中的位置。最后,利用位置下标提取出 lemma 列中对应的单词词目,并将其赋值给新的变量 lemma_head。完成之后,利用 head( ) 函数查看前六条数据,返回结果如下所示:

```
> head(result_df)
  doc_id sentence_id token_id     token    lemma head_token_id  dep_rel
1   doc1           1        1        As       as             6     case
2   doc1           1        2     Asian    asian             3     amod
3   doc1           1        3 Americans Americans           6 compound
4   doc1           1        4      face     face             5 compound
5   doc1           1        5    racist   racist             6 compound
6   doc1           1        6   attacks   attack            11      obl
  lemma_head
1     attack
2  Americans
3     attack
4     racist
5     attack
6   celebrate
```

图 7.11　ELA0001_3 文本依存句法分析（有支配词）结果示意图

从图中可知,result_df 最后新增了一列 lemma_head,列出了 lemma 列单词对应的支配词,有助于研究者观察单词之间的依存关系。

如果我们想要对多个文本进行依存关系分析,可以参照上一小节对文本批量进行词形还原和词性标注的方法。具体而言,我们先利用 for... in 循环依次读入需要处理的文本,然后将它们拼接成一个向量,向量中的每个元素对应的是一篇文本的内容。然后,再利用 udpipe_annotate( ) 函数对各个文本进行依存句法分析即可。

7.5　文本处理基本操作练习

在 Materials 文件夹下面有一个子文件夹 Abstracts,里面包含了 10 篇《自然》杂志发表的论文摘要。请基于该文件中的数据,在 R 语言中完成以下练习(答案见 code7_9. R):

（1）请读取该文件夹中的第一个文本文件（即 Nature_2016_01. txt）,并将其保存为变量 mytxt。在读取时,请以换行符作为分隔符,读取的数据类型为字符型,解码方式设置为"UTF‐8"。读取完毕之后,打印出该文本内容。

（2）请对 Nature_2016_01 文本进行分词处理,分别提取出文本中的单个单词（token）、二元词组（2-gram）和三元词组（3-gram）,并将结果分别保存为变量 mytokens、my_2_grams 和 my_3_gram。最后,把结果写出为 csv 文件。

（3）请对 Nature_2016_01 文本进行词形还原、词性标注以及依存句法分析。处理完成之后,挑选出文本序号（doc_id）、句子序号（sentence_id）、单词序号（token_id）、单词（token）、词目（lemma）、词性（upos 和 xpos）、支配词序号（head_token_id）、依存关系（dep_rel）这几个变量。另外,增加新的一列变量 lemma_head,给出各个单词具体的支配词词目。最后,将结果写出为 Nature_2016_01_result.csv。

（4）请利用循环对 Abstracts 文件夹中的每个文件进行(2)、(3)两步的处理。

第8章 论文被引的奥秘：话题具体性、标题长度和摘要可读性的贡献

    语言数字人文的研究对象之一是基于语言风格/特征的非语言学领域研究，其中就包括文献计量学。研究者们利用数字技术对学术文本的内容、语言、结构、参考文献等特征进行分析，然后探究这些特征与论文被引之间的关系。这些分析和探究对研究者们后续的选题、论文写作等有重要的借鉴意义和指导作用。然而，如何恰当地将语言数字人文技术和文献计量学相结合是当前研究者们遇到的一个难题。鉴于此，本章将以文献计量学领域的问题为导向，展示如何利用 R 语言探究高被引论文和低被引论文在话题具体性、论文标题长度以及摘要可读性上的差异。该案例旨在向读者展示如何在 R 语言中计算论文的话题具体性、论文标题长度以及摘要可读性，同时示例说明 R 语言在文献计量学学科中的具体应用。下面，我们先介绍该研究的背景，然后介绍以上三个指标的定义、计算方法以及在 R 语言中的实现过程。最后，我们将详细汇报得到的结果并进行讨论。

8.1 研 究 背 景

    论文被引次数(Citations)指的是某论文发表后被其他论文引用的次数(Zhu et al., 2015)。然而，论文被引分布极不均匀，呈现极端的两极分化趋势(Aksnes & Sivertsen, 2004)。只有一小部分论文发表后被同行频繁引用，成为高被引论文(Highly Cited Papers)，而大部分论文在发表之后便石沉大海，无人问津(Aksnes, 2003; Bornmann, 2014)。例如，Meho(2007)发现有50%以上

的论文只被其作者、编辑或审稿人读过，从来没有被其他读者下载阅读。另外，有 90% 左右的论文发表后从来没被其他学者引用过。

目前，论文被引次数或者高被引论文数量也是学术评估的重要组成部分，间接反映了某学者的学术表现、学术影响力和学术认可度（Lutz Bornmann & Marx, 2014; Lai, 2020），是影响职称评定和评奖评优的重要因素之一。比如，Hirsch（2005）提出的 H 指数（H-index）就是根据论文的被引次数来衡量研究人员的学术产出数量与水平。另外，论文被引次数或者高被引论文数量也是衡量某个国家科研成就的重要指标，展现了其科技实力和创新能力，对于建设科技强国具有重要的意义（Aksnes, 2003; Aksnes & Sivertsen, 2004）。例如，欧洲委员会（European Commission）将高被引论文的数量作为比较欧洲各个国家科研表现的重要依据（European Commission, 2001）。

上文中，我们提到了论文被引次数的极端分布，讨论了论文被引次数以及高被引论文在学术表现评估中的重要性，那么如何发表高被引论文呢？或者说，应如何提高论文的被引次数呢？事实上，高被引论文或者被引次数比较多的论文往往存在一些共同之处。通过挖掘这些共性，我们可以了解论文频繁被引背后的规律，从而帮助研究者把握研究方向和写作思路。

鉴于此，许多研究者开始从不同角度探究高被引论文的特征（Aksnes, 2003; Chen et al., 2021; Tahamtan et al., 2016; Taşkin & Al, 2018）。有研究者从高被引论文的内容出发探究它们关注的研究话题，帮助研究者了解该领域的研究前沿和热点（Blessinger & Hrycaj, 2010; Lai, 2020; Taşkin & Al, 2018；邱均平、吕红, 2013）。例如，Blessinger 和 Hrycaj（2010）分析了图书情报学领域 32 篇高被引论文的内容和主题。研究发现，这些高被引论文的主题涉及用户研究、信息检索、图书馆信息科学理论等方面，这些主题是未来研究的热点。类似地，Lai et al.（2020）探究了移动学习（Mobile Learning）方向前 100 篇高被引论文。结果显示，这些高被引论文的研究话题主要涉及以下四个方面：新的学习策略的提出、移动学习在新科目中的应用、新领域的调查和新问题的探究。总之，这些高被引论文在内容或者研究话题上具有较大的创新性，一定程度上开辟了新的研究方向，引领了该领域的研究潮流，因此受到了其他研究者的广泛关注和引用。

其他研究者另辟蹊径,从论文的元信息出发探究高被引论文的特征(Chen & Ho, 2015; Ivanovic & Ho, 2019; Tahamtan et al., 2016)。例如,Ivanović 和 Ho(2019)探究了教育学领域高被引论文的元信息,比如论文发表时间、期刊、单位、国家等。研究发现,高被引论文一般发表时间相对较早,发表的期刊水平较高。另外,研究还发现,很多高被引论文的单位是全球排名靠前的高校,并且大部分来自美国。再如,Tahamtan et al. (2016)还分析了论文被引次数和作者相关因素之间的关系。结果显示,作者数量较多以及涉及国际合作的论文被引次数会比较高。

综合来看,先前研究主要从论文的内容和元信息方面出发探究了高被引论文的特征,对研究者选题和发表论文具有一定的启示意义。然而,对于研究者来说,有些特征并不在他们的掌控范围之内,很难改变。例如,研究发现很多高被引论文发表在高水平期刊上,单位来自美国名校。这些都是客观因素,研究者难以改变和掌控。因此,我们应该从研究者的角度出发探究高被引论文的特征,这样对他们修改或者创作论文具有更大的指导意义。鉴于此,本研究主要从论文写作的角度出发探究高被引论文的特征,希望能为研究者的论文修改或者写作提供一些思路。具体而言,本研究主要分析高被引论文和低被引论文在话题具体性、标题长度和摘要可读性上的差异。下面,我们将详细介绍这三个指标。

8.2　指　标　介　绍

本小节将详细介绍话题具体性、标题长度和可读性这三个指标的定义、计算以及这些指标在先前研究中的应用。

8.2.1　话题具体性

话题具体性(Topic Specificity)指的是某篇论文对某些话题的聚焦程度(Amjad, 2021; Daud et al., 2019)。一般来说,一篇论文会围绕某一话题或者某些话题展开分析讨论,比如探究身高和体重的关系、调查研究生论文发表动机状况等。当该论文研究的话题越具体、越聚焦于某些话题时,该论文的话题具体性就会越高。反之,当该论文的话题越广泛、同时关注的话题越多时,该论文的话题具体性会越低。

论文的话题具体性反映了论文的聚焦程度,一定程度上影响了该论文研究的深度和广度,因此可能会影响论文的质量及其发表刊物的水平(Daud et al.,2019)。例如,Daud et al. (2019)探究了论文的话题具体性和论文发表刊物水平(通过被引次数计算)之间的关系。研究发现,发表刊物的水平和论文的话题具体性之间呈正相关关系,即水平越高或者影响力越大的刊物发表的论文所关注的话题越具体。

基于先前研究发现,我们可以假设论文研究的话题越具体、越有针对性,它们可能探究得更深入,其创新性可能会更高、价值更大,更容易发表在高水平的期刊上,因此它们的被引次数可能会比较高,更容易成为高被引论文(除一些综述类文章外)。

话题具体性可以通过熵计算得到(Daud et al.,2019)。熵(Entropy)原本是信息论中的一个概念,主要用于描述各个可能事件发生的不确定性(Shannon,1948)。之后,熵被引入语言学领域,可用于衡量文本中某个变量的分布均匀性(Shannon,1951)。熵值越高说明该变量在文本中的分布越均匀(Shi & Lei,2022)。在本研究中,我们主要通过计算标题的熵值来衡量某论文的话题具体性。我们通过标题计算话题具体性的原因主要在于,标题反映了整篇论文的内容,凝练了该论文的主题(Sagi & Yechiam,2008),因此能够衡量该论文的话题具体性和聚焦程度(Cho & Wallraven,2022)。当各个话题分布越均匀时,熵值会越高,说明该论文的话题具体性越低。反之,当话题分布不均匀时,即文本聚焦于某个话题时,熵值会越低,说明该论文的话题具体性越高。

熵的计算公式具体如下:

$$H = -\sum_{i=1}^{n} p_i \log_2 p_i \qquad (公式 8.1)$$

其中,n 是某论文标题中的单词,P_i 是第 i 个单词在标题中出现的概率(通过相对频次计算),$-\log_2 P_i$ 是该单词的自信息,而 $-P_i \log_2 P_i$ 是其数学期望值。最后,该标题的熵值 H 就是其中所有单词的数学期望值的总和。

8.2.2 标题长度

标题长度(Title Length)指的是某篇论文标题中包含的单词数量(Guo et al., 2018)。先前研究探究了标题长度和论文被引次数之间的关系,但得出的结论并不一致。一方面,有研究发现,标题长度和论文被引之间呈负相关关系(Letchford et al., 2015; Paiva et al., 2012)。例如,Paiva et al. (2012)探究了423 篇生物医学领域论文的标题长度及其被引次数之间的关系。结果显示,标题越短的论文被引次数越多。研究者们将两者之间的负相关关系称为"简洁效应"(The Succinct Effect)。也就是说,简短明了的论文标题更能吸引读者的阅读兴趣,从而增加被引的机会(Vintzileos & Ananth, 2010)。反之,过长的论文标题可能会让读者认为该论文复杂啰嗦,降低了他们的阅读欲望,减少了被引的可能性。因此,期刊编辑或者有经验的学者往往建议新手作者使用简洁的标题,有些期刊甚至还明确规定了论文标题的字数。

另一方面,其他研究发现标题长度和论文被引之间呈正相关关系,即论文标题的长度越长,被引次数越高(Jacques & Sebire, 2010; Van Wesel et al., 2014)。例如,Jacques 和 Sebire(2010)分析了医学领域 25 篇被引次数最高和 25 篇被引次数最低的论文的标题长度。分析发现,高被引论文的标题比低被引论文的标题更长。标题长度和论文被引之间的正相关关系被称为"信息效应"(The Informative Effect)。根据搜索引擎最优化理论(Search Engine Optimization Theory),标题中的单词越多,传递的信息就越丰富多样,因此该论文被检索到的可能性就越大。尤其是在现在这个信息化和电子化的时代,论文标题是检索和获取论文的重要方式,因此作者应该尽可能提供丰富的信息,增加被检索到的机会(Yitzhaki, 2002),从而提高被引的次数。

事实上,简洁效应和信息效应可能同时存在,共同影响论文的被引次数(Guo et al., 2018)。例如,Guo et al. (2018)探究了 1956 年到 2012 年之间发表的 300 000 篇经济学领域的论文标题长度和被引次数之间的关系。研究结果显示,在早期阶段(1956 年到 2000 年),简洁效应占据主导地位,即论文标题长度和被引次数之间是负相关关系。在后期(2000 年之后),信息效应占据主导地位,即论文标题长度和被引次数之间是正相关关系。

先前研究探究了不同领域中论文的标题长度和被引次数之间的关系,并且得到了不一致的结果。这说明两者之间的关系可能存在学科差异性。因此,有必要针对不同的学科探究论文的标题长度和被引次数之间的关系。目前为止,还没有研究从语言学领域出发探究两者的关系。因此,本研究将探究语言学领域论文的标题长度和被引次数之间的关系,从而为语言学研究者在论文标题的拟定上提供指导。

8.2.3　可读性

从写作风格上来说,可读性或者易读性(Readability)指的是阅读或者理解某一文本的难易程度(Dale & Chall, 1948; Klare, 1963)。可读性强的文本能大大减轻读者的阅读压力,让读者能够专注于文本的内容,从而更有利于知识的传播和信息的传递(Hartley et al., 2002)。反之,可读性差的文本会消磨读者的兴趣,不利于文本内容的理解和传递。因此,有学者呼吁写作时应注意其简明性,以提高文本的可读性(Marroquín & Cole, 2015; Zinsser, 2021)。

目前为止,许多研究者探究了如何通过公式来量化衡量文本的可读性(Gazni, 2011)。其中,使用比较广泛、影响力比较大的可读性公式有 Flesch 易读指数(The Flesch Reading Ease, FRE)(Flesch, 1948)和 SMOG 指标(Simple Measure of Gobbledygook Statistics)(McLaughlin, 1969)。Flesch 易读指数主要是通过文本中的音节、单词和句子数量来计算文本的可读性,生成文本的 FRE 分数。FRE 分数越高,文本的可读性就越强。当某文本的 FRE 分数超过 80 分时,该文本的可读性比较强,而当 FRE 分数低于 50 时,该文本的理解难度比较大(Lei & Yan, 2016)。表 8.1 列出了 FRE 分数及其对应的阅读难度类别(Dolnicar & Chapple, 2015)。

表 8.1　FRE 分数及其对应难度类别

FRE 分数	类别
高于 90	非常容易
80~90	容易

（续表）

FRE 分数	类别
70~80	相对容易
60~70	标准
50~60	相对困难
30~50	困难
低于 30	非常困难

　　SMOG 可读性指数主要通过计算文本中的多音节单词（Polysyllabic Words）数量来衡量文本的可读性（McLaughlin，1969）。多音节单词指的是音节数量超过两个音节的单词。通过多音节单词数来计算文本可读性的主要原因在于，多音节单词往往是难度比较大的单词，因此能够更加准确地估计不同文本的难易程度。和 FRE 分数相比，SMOG 可读性分数更加简单易懂（Fitzsimmons et al.，2010）。SMOG 分数就是指一般读者理解这篇文本所需要的教育年数。也就是说，SMOG 分数越高，该文本的阅读难度就越大，可读性就越差。

　　可读性是学术写作的关注点之一，许多研究者从不同的角度出发探究了学术文本的可读性（Hartley et al.，2002；Sawyer et al.，2008）。有研究者计算了研究性论文的可读性，发现学术论文的可读性较差，往往比较难理解。例如，Hartley et al.（2002）探究了 1935 年到 1990 年之间发表的 164 篇心理学学术论文的可读性。结果显示，学术文本的 FRE 可读性分数一般在 19 到 34 之间，属于很难理解的读物。

　　其他研究者还探究了学术文本的可读性和被引次数之间的关系（Dolnicar & Chapple，2015；Gazni，2011；Lei & Yan，2016；Stremersch et al.，2007）。例如，Stremersch et al.（2007）调查了市场营销领域 1 825 篇论文的可读性和论文被引次数之间的关系。研究发现，可读性和被引次数之间呈负相关关系。具体来说，可读性越差的论文被引用的次数反而越多。Dolnicar 和 Chapple（2015）分析了旅游业领域论文可读性和被引次数之间的关系，得到了和 Stremersch et al.（2007）类似的结果。但是，Lei 和 Yan（2016）从信息科学领域出发探究了两者之间的关系,却发现它们之间并不存在显著的相关关系。

先前研究虽然从心理学、市场营销、信息科学等多个学科领域出发调查了论文可读性和被引次数之间的关系,但得到的结果并不一致。这说明论文可读性和被引次数之间的关系随着学科的改变而变化。因此,我们有必要针对不同的学科进行探究,得到的结果对该领域研究者的论文写作启示意义更大。目前为止,还没有学者针对语言学领域探究两者之间的关系。鉴于此,本研究将分析语言学领域论文摘要的可读性和被引次数之间的关系。

8.3　研究目的和问题

本研究的主要目的是探究语言学领域高被引论文的话题具体性、论文标题长度以及摘要可读性特征。具体而言,本研究有两个具体的研究目的。一是探究近十年来语言学领域的论文在话题具体性、论文标题长度以及摘要可读性上的变化趋势。二是探究语言学领域中高被引论文和低被引论文在话题具体性、论文标题长度以及摘要可读性上的差异。基于以上两个研究目的,本研究拟回答以下两个问题:

(1)近十年来语言学领域的论文在话题具体性、论文标题长度以及摘要可读性上是否发生了改变? 如果是,变化趋势是什么?

(2)高被引论文和低被引论文在话题具体性、论文标题长度以及摘要可读性上是否存在差异? 如果存在差异,存在何种差异?

8.4　研　究　方　法

本小节首先介绍该研究中使用的语料,即语言学领域的论文。然后,我们将详细描述如何在 R 语言中计算论文的话题具体性、标题长度和摘要可读性,包括具体的步骤和实现代码。

8.4.1 语料

本研究使用的语料是 2012 年到 2021 年之间在 *Applied Linguistics*、*Modern Language Journal*、*Lingua*、*Annual Review of Linguistics* 这四本权威语言学期刊上发表的研究性论文。我们主要通过 Web of Science(WOS)收集在以上四本期刊上发表的论文。收集时,检索表达式设置为"IS = 0142‐6001 OR IS = 1540‐4781 OR IS = 0024‐3841 OR IS = 2333‐9691"(IS 代表该期刊的 ISSN 或者 ISBN 号),时间限定为"2012‐01‐01"至"2021‐12‐31"。收集的信息主要包括论文作者、发表期刊、发表年份、摘要、标题、被引用次数等(如图 8.1 所示)。收集之后进行人工核查,有些论文缺少摘要,因此手工将它们剔除。最后,我们总共收集到了 1 704 篇论文,存储在 Materials 文件夹中的 Linguistics_papers. csv 文件中。表 8.2 展示了各个年份包含的论文篇数。

	A	B	C	D	E	F	G
1	Authors	Article_Title	Source_Title	DOI	Publication	Abstract	Citations
2	Baker, Pau	Sketching	APPLIED LI	10.1093/ap	2013	This article	107
3	Migdadi, F	Public Con	APPLIED LI	10.1093/ap	2012	This study	8
4	Barton, Da	Redefining	APPLIED LI	10.1093/ap	2012	In this artic	34
5	Bjorge, An	Expressing	APPLIED LI	10.1093/ap	2012	English spo	28
6	Lin, Phoeb	Sound Evic	APPLIED LI	10.1093/ap	2012	With the e	27
7	Hashemi, M	Reflections	APPLIED LI	10.1093/ap	2012	This comm	20
8	Levey, Step	General Ex	APPLIED LI	10.1093/ap	2012	This small‐	9
9	Tambuluka	Linguistic D	APPLIED LI	10.1093/ap	2012	A lack of f	13
10	Gallagher,	Willingness	APPLIED LI	10.1093/ap	2013	Although r	39
11	Kramsch, C	Imposture:	APPLIED LI	10.1093/ap	2012	This article	28
12	Preminger	The absen	LINGUA	10.1016/j.li	2012	Basque un	18

图 8.1 语言学论文数据概览图

表 8.2 各个年份包含的论文篇数

发表年份	论文数量
2012	148
2013	185
2014	178

（续表）

发表年份	论文数量
2015	180
2016	159
2017	154
2018	163
2019	162
2020	177
2021	198
总计	1 704

8.4.2　数据处理和分析

本小节首先描述针对研究问题 1 进行的数据处理和分析过程,然后描述研究问题 2 的数据处理过程。

8.4.2.1　研究问题 1 的数据处理和分析

首先,我们导入数据处理需要的包,然后利用 read. csv( ) 函数读入数据 Linguistics_papers. csv 文件。请看下面的示例。

code8_1. R

```
rm( list = ls( ) )
library( tidytext )
library( dplyr )
install. packages( "quanteda. textstats")
library( quanteda. textstats )
library( quanteda )

mydf<-read. csv( "C:/DH_R/Materials/Linguistics_papers. csv")
glimpse( mydf)
```

注意,在上面的代码中,导入的 quanteda. textstats 包主要是用于计算熵值。如果读者未下载该包,可以先通过 install. packages("quanteda. textstats")语句安装该包。

读入数据之后,我们利用 glimpse()函数查看了该数据的概况。返回结果如下所示:

```
Rows: 1,704
Columns: 7
$ Authors            <chr> "Baker, Paul; Gabrielatos, ~
$ Article_Title      <chr> "Sketching Muslims: A Corpus~
$ Source_Title       <chr> "APPLIED LINGUISTICS", "APPLIED~
$ DOI                <chr> "10. 1093/applin/ams048", ~
$ Publication_Year   <int> 2013, 2012, 2012, 2012, 2012, ~
$ Abstract           <chr> "This article uses methods from~
$ Citations          <int> 107, 8, 34, 28, 27, 20, 9, 13, ~
```

然后,我们可以查看各个年份的论文篇数。请看下面的示例。

code8_1. R

```
mydf %>%
    group_by(Publication_Year) %>%
    summarise(Number_of_papers=length(Publication_Year))
```

返回结果如下所示:

```
# A tibble: 10 x 2
    Publication_Year Number_of_papers
               <int>            <int>
1              2012              148
2              2013              185
3              2014              178
4              2015              180
5              2016              159
6              2017              154
7              2018              163
8              2019              162
```

| 9 | 2020 | 177 |
| 10 | 2021 | 198 |

　　接着,我们计算各个标题的话题具体性。在 8.2.1 小节中,我们介绍了话题具体性可以通过熵计算。在 R 语言中,我们可以利用 quanteda. textstats 包中的 textstat_entropy( )函数计算标题的熵值。请看下面的示例。

code8_1. R

```
# To calculate the topic specificity
Topic_Specificity <- vector( )

for (i in 1: length( mydf$Publication_Year)) {
    print(i)
    current_title <- mydf$Article_Title[i]
    result <- textstat_entropy(dfm(tokens(current_title)))
    Topic_Specificity[i] <- result$entropy
}
# To combine mydf and Topic_Specificity
mydf2 <- data. frame(mydf, Topic_Specificity)
```

　　在上面的代码中,我们首先创建一个空的向量 Topic_Specificity 用于存储结果。然后,我们利用循环和 textstat_entropy( )函数计算每一个标题的熵。需要注意的是,在利用 textstat_entropy( )函数计算熵值时需要先用 tokens( )函数对文本进行分词,然后利用 dfm( )函数将其转换为文档特征矩阵格式。基于文档特征矩阵格式的数据,textstat_entropy( )函数计算出标题的熵值。接着,我们提取出计算的熵值,并利用下标索引将熵值结果存储到 Topic_Specificity 变量中。最后,我们利用 data. frame( )函数将 Topic_Specificity 变量合并到 mydf 数据框中,并将其保存为 mydf2。

　　然后,我们可以分组计算各年话题具体性的描述性数据,并将其保存为变量 Topic_Specificity_ds。请看下面的示例。

code8_1. R

```
Topic_Specificity_ds <- mydf2 %>%
```

```
    group_by(Publication_Year) %>%
    summarise(Mean = mean(Topic_Specificity),
              SD = sd(Topic_Specificity),
              Max = max(Topic_Specificity),
              Min = min(Topic_Specificity))
print(Topic_Specificity_ds)
```

打印查看变量 Topic_Specificity_ds 后返回的结果如下所示:

```
# A tibble: 10 x 5
   Publication_Year   Mean     SD     Max    Min
              <int>  <dbl>  <dbl>   <dbl>  <dbl>
1              2012   3.19  0.651    4.48    1
2              2013   3.23  0.701    4.56    0
3              2014   3.31  0.625    4.64    1
4              2015   3.43  0.579    4.48    1
5              2016   3.39  0.596    4.58    1
6              2017   3.45  0.596    4.39    1.58
7              2018   3.52  0.559    4.44    1
8              2019   3.57  0.493    4.39    1
9              2020   3.59  0.505    4.55    2
10             2021   3.62  0.441    4.68    2
```

然后,我们可以绘制折线图和点图展示话题具体性的历时变化趋势。请看下面的代码。

code8_1. R

```
library(ggplot2)
p1 <- ggplot(Topic_Specificity_ds,
             aes(x = Publication_Year, y = Mean))

p1+geom_line()+geom_point()+
  xlab("Year")+ylab("Mean of topic specificity")
```

运行上述代码后,返回的结果如下图所示:

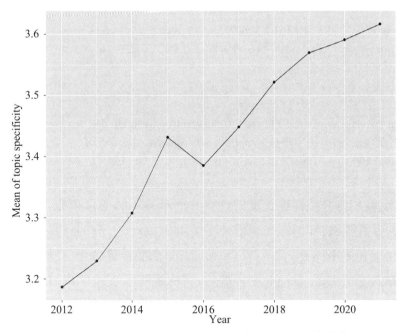

图 8.2　十年来语言学领域论文标题熵值平均值变化趋势

最后，我们进行线性回归分析，探究十年来话题具体性是否呈现显著增长趋势。请看下面的代码。

code8_1. R

```
lm_fit<-lm(data=mydf2,Topic_Specificity~Publication_Year)
summary(lm_fit)
```

运行上述代码后，返回结果如下所示：

```
Call:
lm(formula=Topic_Specificity~Publication_Year,data = mydf2)

Residuals:
    Min        1Q  Median       3Q      Max
-3.2597   -0.2776   0.1031   0.3985   1.3322

Coefficients:
                Estimate Std. Error t value Pr(>|t|)
```

```
( Intercept )        -93. 955163   9. 697798   -9. 688    <2e-16 * * *
Publication_Year      0. 048294   0. 004809   10. 042    <2e-16 * * *
---
Signif. codes: 0 '* * *' 0.001 '* *' 0.01 '*' 0.05 '.' 0.1 ' ' 1

Residual standard error: 0. 5772 on 1702 degrees of freedom
Multiple R-squared:   0. 05594,   Adjusted R-squared:   0. 05538
F-statistic: 100. 8 on 1 and 1702 DF,   p-value: < 2. 2e-16
```

下面,我们将介绍标题长度的计算并展示其历时变化趋势。与上述话题具体性的计算类似,我们首先利用循环、unnest_token( )分词函数(关于该分词函数的介绍和使用详见 7.2 小节)和 length( )函数计算各个标题的单词数量,将结果存入变量 Title_Length 中。然后,将标题长度变量 Title_Length 合并到mydf2 中。请看下面的代码。

code8_1. R

```
Title_Length <- vector( )
for ( i in 1: length( mydf2$Publication_Year ) ) {
  print( i )
  current_title <- mydf2$Article_Title[ i ]
  current_title_tb <- tibble( current_title )
  mytokens <- current_title_tb %>%
      unnest_tokens( word, current_title, token = 'words' )
  Title_Length[ i ] <- length( mytokens$word )
}

mydf2 <- data. frame( mydf2, Title_Length )
```

接着,我们计算历年来标题长度的描述性数据,并绘制折线图展示其历时变化趋势,以及进行简单线性回归分析。请看下面的代码。

code8_1. R

```
#To calculate the descriptive statistics of the title length across ten years
Title_Length_ds <- mydf2 %>%
  group_by( Publication_Year ) %>%
```

```
    summarise( Mean = mean( Title_Length) ,
              SD = sd( Title_Length) ,
              Max = max( Title_Length) ,
              Min = min( Title_Length) )
print( Title_Length_ds)


# To plot the line chart
p2 <-ggplot( Title_Length_ds,
              aes( x = Publication_Year, y = Mean) )
p2+geom_line( )+geom_point( )+
  xlab( "Year")+ylab( "Mean of title length")


# To conduct the simple linear regression analysis
lm_title_length_fit <- lm( data = mydf2,
                           Title_Length ~ Publication_Year)


summary( lm_title_length_fit)
```

各年来标题长度的描述性数据结果如下所示:

```
# A tibble: 10 x 5
   Publication_Year   Mean      SD    Max    Min
              <int>   <dbl>   <dbl>  <int>  <int>
 1            2012    10. 1   4. 28     23      2
 2            2013    10. 5   4. 32     25      1
 3            2014    10. 8   4. 15     26      2
 4            2015    11. 8   4. 33     24      3
 5            2016    11. 4   4. 22     27      2
 6            2017    12. 1   4. 46     22      3
 7            2018    12. 6   4. 31     25      2
 8            2019    13      4. 27     28      2
 9            2020    13. 1   4. 27     27      4
10            2021    13      3. 92     27      4
```

各年来标题长度的变化趋势图如下图所示:

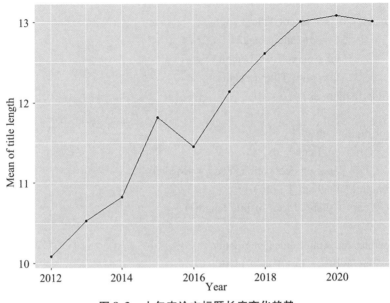

图 8.3 十年来论文标题长度变化趋势

线性回归分析结果如下所示:

```
Call:
lm(formula = Title_Length ~ Publication_Year, data = mydf2)
Residuals:
     Min        1Q     Median       3Q       Max
-10.7097   -2.9821   -0.3276   2.6358   15.3268

Coefficients:
                   Estimate Std. Error t value Pr(>|t|)
(Intercept)      -684.87578   71.36314   -9.597  <2e-16 * * *
Publication_Year    0.34551    0.03539    9.763  <2e-16 * * *
---
Signif. codes: 0 ' * * *' 0.001 ' * *' 0.01 ' *' 0.05 '.' 0.1 ' ' 1

Residual standard error: 4.248 on 1702 degrees of freedom
Multiple R-squared: 0.05304, Adjusted R-squared: 0.05248
F-statistic: 95.32 on 1 and 1702 DF,  p-value: < 2.2e-16
```

最后,我们将介绍可读性的计算并展示它的历时变化趋势。在 R 语言中,我们可以利用 quantcda 包中的 textstat_readability() 函数计算文本的可读性。该函数的基本句法如下所示:

```
textstat_readability( x , measure = "Flesch")
```

其中,x 是待计算的文本,参数 measure 可以设置文本可读性的计算公式,比如"Flesch""Flesch. Kincaid""SMOG"等。目前,textstat_readability() 函数支持近 50 种可读性公式,具体可以通过?textstat_readability 查看其帮助文档,了解各个可读性公式的定义和计算。在本研究中,我们主要通过"Flesch"和"SMOG"这两种公式计算摘要的可读性。请看下面的代码。

code8_1. R

```
Abstract_Read<-textstat_readability(
    mydf2$Abstract , measure = c( "Flesch","SMOG") )
head( Abstract_Read )
```

查看 Abstract_Read 摘要可读性的前六条数据,返回结果如下所示:

	document	Flesch	SMOG
1	text1	10. 05814	18. 69942
2	text2	27. 96041	16. 32212
3	text3	26. 99121	15. 71938
4	text4	39. 76586	13. 22790
5	text5	41. 51403	13. 46385
6	text6	27. 77696	15. 47004

然后,我们将 Flesch 和 SMOG 两种可读性结果合并到 mydf2 中,并按年计算摘要可读性的描述性数据。最后,对摘要可读性进行可视化和线性回归分析,查看其历时变化趋势。请看下面的代码。

code8_1. R

```
mydf2 <- data. frame( mydf2 , FRE = Abstract_Read$Flesch ,
                        SMOG = Abstract_Read$SMOG )

Readability_ds <- mydf2 %>%
```

```
    group_by(Publication_Year) %>%
    summarise(FRE_mean = mean(FRE),
              FRE_SD = sd(FRE),
              FRE_max = max(FRE),
              FRE_min = min(FRE),
              SMOG_mean = mean(SMOG),
              SMOG_SD = sd(SMOG),
              SMOG_max = max(SMOG),
              SMOG_min = min(SMOG))

print(Readability_ds)

# To plot the line chart
ggplot(Readability_ds, aes(x = Publication_Year, y = FRE_mean)) +
  geom_line() + geom_point() +
  xlab("Year") + ylab("Mean of Flesch readability")

ggplot(Readability_ds, aes(x = Publication_Year, y = SMOG_mean)) +
  geom_line() + geom_point() +
  xlab("Year") + ylab("Mean of SMOG readability")

# To conduct the simple linear regression analysis

lm_FRE_fit <- lm(data = mydf2, FRE ~ Publication_Year)
summary(lm_FRE_fit)

lm_SMOG_fit <- lm(data = mydf2, SMOG ~ Publication_Year)
summary(lm_SMOG_fit)
```

历年来摘要可读性的描述性数据结果返回如下所示:

```
# A tibble: 10 x 9
   Publication_Year FRE_mean FRE_SD FRE_max FRE_min...
              <int>    <dbl>  <dbl>   <dbl>   <dbl>...
1              2012     24.6   14.1    57.5  -14.7...
2              2013     24.5   12.7    55.9   -9.72...
3              2014     22.8   13.5    57.4  -20.2...
4              2015     24.4   11.5    54.0   -7.48...
```

5	2016	21. 4	14. 0	64. 2	−30. 6. . .
6	2017	19. 9	13. 7	55. 9	−15. 4. . .
7	2018	21. 5	14. 0	57. 0	−16. 4. . .
8	2019	21. 3	12. 3	48. 3	−16. 5. . .
9	2020	19. 9	13. 1	49. 2	−21. 3. . .
10	2021	18. 9	14. 3	54. 2	−25. 6. . .

#. . . with 2 more variables: SMOG_max <dbl>, SMOG_min <dbl>

FRE 摘要可读性的历时变化趋势如下图所示：

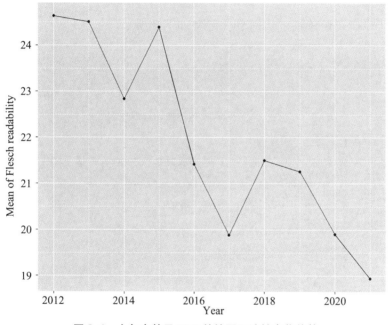

图 8.4　十年来基于 FRE 的摘要可读性变化趋势

FRE 摘要可读性的线性回归分析结果返回如下：

```
Call:
lm( formula = FRE ~ Publication_Year, data = mydf2)

Residuals:
    Min      1Q   Median      3Q     Max
−52. 891  −8. 101   0. 672   8. 874   41. 916
```

Coefficients:

	Estimate	Std. Error	t value	Pr(>|t|)	
(Intercept)	1275.2203	224.1430	5.689	1.50e-08	***
Publication_Year	-0.6215	0.1112	-5.592	2.62e-08	***

Signif. codes: 0 '***' 0.001 '**' 0.01 '*' 0.05 '.' 0.1 ' ' 1

Residual standard error: 13.34 on 1702 degrees of freedom
Multiple R-squared: 0.01804, Adjusted R-squared: 0.01746
F-statistic: 31.27 on 1 and 1702 DF, p-value: 2.616e-08

SMOG 摘要可读性的历时变化趋势如下图所示:

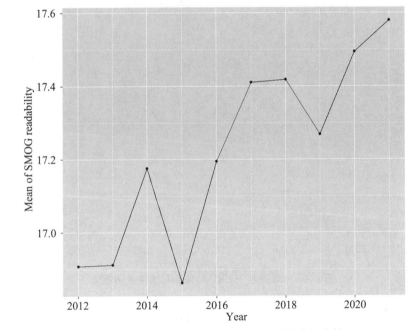

图 8.5 十年来基于 SMOG 的摘要可读性变化趋势

SMOG 摘要可读性的线性回归分析结果返回如下:

Call:
lm(formula = SMOG ~ Publication_Year, data = mydf2)

```
Residuals:
     Min      1Q  Median      3Q     Max
 -6.0498  -1.5100  -0.2249   1.4173  8.9508

Coefficients:
                  Estimate Std. Error t value Pr(>|t|)
(Intercept)     -136.48194   38.10663  -3.582 0.000351 * * *
Publication_Year   0.07622    0.01890   4.034 5.74e-05 * * *
———
Signif. codes:  0 ' * * *' 0.001 ' * *' 0.01 '*' 0.05 '.' 0.1 ' ' 1

Residual standard error: 2.268 on 1702 degrees of freedom
Multiple R-squared: 0.009469, Adjusted R-squared: 0.008887
F-statistic: 16.27 on 1 and 1702 DF,  p-value: 5.735e-05
```

最后，我们将 mydf2 数据保存为 Linguistics_papers2.csv 文件，以便后续使用。请看下面的代码。

code8_1.R

```
write.csv(mydf2,
          "C:/DH_R/Materials/Output/Linguistics_papers2.csv",
          row.names = FALSE)
```

以上所有代码均存储在 code8_1.R 文件中。

8.4.2.2　研究问题 2 的数据处理和分析

在上一小节中，我们计算了论文的话题具体性、标题长度和摘要可读性，并将数据保存为了 Linguistics_papers2.csv，存放在 Output 文件夹中。现在，我们将基于该数据进一步分析和处理，从而回答本研究的第二个研究问题。

首先，我们读入 Linguistics_papers2.csv 数据。请看下面的示例。

code8_2.R

```
rm(list=ls())
library(tidytext)
```

```
library(dplyr)
mydf<- read.csv("C:/DH_R/Materials/Output/Linguistics_papers2.csv")
```

研究问题 2 主要探究高被引论文和低被引论文之间在话题具体性、标题长度和摘要可读性上的差异。因此,我们需要将论文按照被引次数的高低分为高被引论文和低被引论文。需要注意的是,由于各个文章发表的年份不一致,发表早的论文被引的机会更大,被引次数自然会更多,因此各个论文的原始被引频次无法直接进行比较。鉴于此,我们按照 Lei 和 Yan(2016)的方法对原始频次进行标准化,计算出相对被引率(Relative Citation Rate)。相对被引率计算公式如下所示:

$$relative\ citaion\ rate\ (RCR) = \frac{observed\ citation\ rate\ (OCR)}{expected\ citation\ rate\ (ECR)}$$

(公式 8.2)

其中,observed citation rate(OCR)是某论文的实际被引频次,而 expected citation rate(ECR)是该论文的期望被引频次,即该论文发表那一年所有论文的平均被引次数。

下面,我们将详细展示相对被引率在 R 语言中的计算过程。首先,我们计算期望被引频次,即每年的平均被引次数。请看下面的代码。

code8_2.R

```
# To calculate the expected citation rate (ECR)
ECR <- aggregate(mydf$Citations,
                 by=list(mydf$Publication_Year),
                 mean)
colnames(ECR) <- c("Publication_Year","ECR")
print(ECR)
```

在上面代码中,我们利用 aggregate()函数(该函数的介绍和用法示例详见 6.5.1 小节)计算了各个年份的平均被引频次,并将结果保存为 ECR(Expected Citation Rate)。然后,我们利用 colnames()函数将数据框 ECR 的列名重新命名为"Publication_Year"和"ECR"。打印查看 ECR 后,返回的结果如

下所示:

	Publication_Year	ECR
1	2012	19. 263514
2	2013	20. 789189
3	2014	21. 870787
4	2015	17. 611111
5	2016	17. 993711
6	2017	15. 331169
7	2018	14. 073620
8	2019	9. 956790
9	2020	4. 022599
10	2021	2. 090909

之后,我们利用公式 8.2 计算各篇论文的相对被引率。请看下面的代码。

code8_2. R

```
# To calculate the relative citation rate（RCR）
mydf <- merge（mydf,ECR,by = "Publication_Year"）
mydf$RCR <- mydf$Citations/mydf$ECR
head（mydf$RCR）
```

在上面的代码中,我们利用 merge( )函数将 mydf 和 ECR 两个数据框按照 "Publication_Year"这一列进行合并。合并之后,数据框 mydf 中会出现 ECR 这一列,里面记录了每年对应的期望被引频次。然后,我们通过公式 8.2 计算出论文的相对被引率 RCR,并将其存入 mydf 中。最后,通过 head( )函数查看 RCR,返回结果如下所示:

```
0. 4152929 1. 0382322 1. 4535251 0. 4152929 1. 0901438 1. 1939670
```

接下来,我们根据相对被引率的高低对论文进行从高到低的排序,并将排序后的数据保存为新的变量 mydf2。请看下面的示例。

code8_2. R

```
# To sort the data in a descending order according to RCR
```

```
mydf2 <- mydf[order(mydf$RCR,decreasing = TRUE),]
```

然后,我们参照 Dolnicar、Chapple(2015)等先前研究的方法,将被引次数排在前 20%的论文定为高被引论文(Most Cited Papers),而被引次数处于最后 20%的论文定为低被引论文(Least Cited Papers)。本研究中总共有 1 704 篇论文,因此前 340 篇(1 704×0.2≈340)论文为高被引论文,后 340 篇论文为低被引论文。请看下面的代码。

code8_2. R

```
mydf3 <- rbind(mydf2[1:340,], mydf2[1365:1704,])

Citation_Type <- c(rep("most_cited",340),rep("least_cited",340))

mydf3 <- data. frame(mydf3,Citation_Type)
```

在上面的代码中,我们根据被引率高低排序提取出了前 340 篇和后 340 篇论文的数据,并将其保存为了 mydf3。之后,我们利用 rep()函数创建了一个新的变量 Citation_Type 存储论文的被引类型,即前 340 篇的被引类型为高被引"most_cited",后 340 篇为低被引"least_cited"。最后,我们将变量 Citation_Type 加入 mydf3 数据框中。

基于数据框 mydf3,我们利用 t 检验对比高被引论文和低被引论文在话题具体性、标题长度和摘要可读性上是否存在显著差异。请看下面的代码。

code8_2. R

```
# To compare the most cited papers with the least cited papers in terms of the topic specificity

t. test(x=mydf3$Topic_Specificity[mydf3$Citation_Type=="most_cited"],
    y=mydf3$Topic_Specificity[mydf3$Citation_Type=="least_cited"])

# To compare the most cited papers with the least cited papers in terms of the title length

t. test(x=mydf3$Title_Length[mydf3$Citation_Type=="most_cited"],
```

```
        y = mydf3$Title_Length[ mydf3$Citation_Type = = "least_cited"] )

# To compare the most cited papers with the least cited papers in terms of
FRE readability

t. test( x = mydf3$FRE[ mydf3$Citation_Type = = "most_cited"] ,
        y = mydf3$FRE[ mydf3$Citation_Type = = "least_cited"] )

# To compare the most cited papers with the least cited papers in terms of
SMOG readability

t. test( x = mydf3$SMOG[ mydf3$Citation_Type = = "most_cited"] ,
        y = mydf3$SMOG[ mydf3$Citation_Type = = "least_cited"] )
```

运行以上代码后，标题具体性的 t 检验返回结果如下所示：

```
Welch Two Sample t-test

data: mydf3$Topic_Specificity[ mydf3 $Citation_Type = = "most_cited"] and mydf3
$Topic_Specificity[ mydf3$Citation_Type = = "least_cited"]
t = 3. 4962, df = 675. 34, p-value = 0. 0005028
alternative hypothesis: true difference in means is not equal to 0
95 percent confidence interval:
 0. 06825628 0. 24313211
sample estimates:
mean of x mean of y
 3. 549578   3. 393883
```

标题长度的 t 检验返回结果如下所示：

```
Welch Two Sample t-test

data:　mydf3$Title_Length[ mydf3$Citation_Type = = "most_cited"] and mydf3$Title_
Length[ mydf3$Citation_Type = = "least_cited"]
t = 3. 4129, df = 675. 05, p-value = 0. 0006811
alternative hypothesis: true difference in means is not equal to 0
95 percent confidence interval:
```

```
0.4946397 1.8347721
sample estimates:
mean of x mean of y
12.77059   11.60588
```

FRE 摘要可读性的 t 检验返回结果如下所示:

```
Welch Two Sample t-test

data:   mydf3$FRE[mydf3$Citation_Type == "most_cited"] and mydf3$FRE[mydf3
$Citation_Type == "least_cited"]
t = -9.5436, df = 678, p-value < 2.2e-16
alternative hypothesis: true difference in means is not equal to 0
95 percent confidence interval:
 -11.62823   -7.65993
sample estimates:
mean of x mean of y
16.33077   25.97485
```

SMOG 摘要可读性的 t 检验返回结果如下所示:

```
Welch Two Sample t-test

data:   mydf3$SMOG[mydf3$Citation_Type == "most_cited"] and mydf3$SMOG
[mydf3$Citation_Type == "least_cited"]
t = 9.0733, df = 677.91, p-value < 2.2e-16
alternative hypothesis: true difference in means is not equal to 0
95 percent confidence interval:
 1.224673 1.901095
sample estimates:
mean of x mean of y
18.08027   16.51738
```

本小节的代码均存储在 code8_2.R 文件中。

8.5 结 果 和 讨 论

首先,本小节汇报话题具体性、标题长度和摘要可读性的历时变化趋势。然后,本小节将汇报高被引论文和低被引论文在话题具体性、标题长度和摘要可读性上的差异。

8.5.1 话题具体性、标题长度和摘要可读性历时变化趋势

表 8.3 和图 8.2 展示了近十年来论文标题熵值的描述性数据。从图表中可知,论文标题的熵值逐年增长,从 2012 年的 3.19 增长到了 2021 年的 3.62。线性回归结果显示,论文标题熵值呈显著的上升趋势[$F_{(1702)} = 100.8, p < 0.001$]。

表 8.3 十年来论文标题熵值描述性数据

年份	平均值	标准差	最大值	最小值
2012	3.19	0.651	4.48	1
2013	3.23	0.701	4.56	0
2014	3.31	0.625	4.64	1
2015	3.43	0.597	4.48	1
2016	3.39	0.596	4.58	1
2017	3.45	0.596	4.39	1.58
2018	3.52	0.559	4.44	1
2019	3.57	0.493	4.39	1
2020	3.59	0.505	4.55	2
2021	3.62	0.441	4.68	2

论文的话题具体性主要通过熵计算得来,并且它和熵值呈负相关。熵值越低,说明各个话题分布越不均匀,论文更加关注某一话题,即该论文的话题

就越具体和集中。反之,熵值越高,说明各个话题分布越均匀,论文的针对性就越弱,即论文的话题具体性就越弱。因此,以上结果可能说明,近十年来语言学领域论文的话题具体性变得越来越低,即某篇论文关注的话题越来越多样。

表 8.4 和图 8.3 展示了十年来标题长度的描述性数据。从图表中可知,语言学领域论文标题的平均长度一般在 10 到 13 个单词之间,并且随着时间的推移标题长度在逐渐增加。回归分析结果显示,十年来语言学领域论文的标题长度呈显著的上升趋势[$F_{(1702)} = 95.32, p < 0.001$]。

表 8.4　十年来论文标题长度描述性数据

年份	平均值	标准差	最大值	最小值
2012	10.1	4.28	23	2
2013	10.5	4.32	25	1
2014	10.8	4.15	26	2
2015	11.8	4.33	24	3
2016	11.4	4.22	27	2
2017	12.1	4.46	22	3
2018	12.6	4.31	25	2
2019	13	4.27	28	2
2020	13.1	4.27	27	4
2021	13	3.92	27	4

表 8.5 和图 8.4、图 8.5 展示了十年来 FRE 和 SMOG 摘要可读性的描述性数据。根据 FRE 可读性指标可知,语言学领域论文的可读性平均分数大概在 20 左右,属于非常困难的读物。根据 SMOG 可读性指标来看,语言学领域论文读者群体是 17 级左右的学生,即大学高年级学生或者研究生才能读懂。该结果和先前研究发现一致,都表明论文是专业性极强并且比较难读懂的文章(Hartley et al., 2002)。

表 8.5　十年来 FRE 和 SMOG 摘要可读性描述性数据

年份	FRE				SMOG			
	平均值	标准差	最大值	最小值	平均值	标准差	最大值	最小值
2012	24.6	14.1	57.5	-14.7	16.9	2.45	25.1	12.2
2013	24.5	12.7	55.9	-9.72	16.9	2.18	23.9	11.6
2014	22.8	13.5	57.4	-20.2	17.2	2.30	26	12.4
2015	24.4	11.5	54	-7.48	16.9	1.99	22.3	11.9
2016	21.4	14	64.2	-30.6	17.2	2.14	26	11.2
2017	19.9	13.7	55.9	-15.4	17.4	2.50	25.3	13.1
2018	21.5	14	57	-16.4	17.4	2.42	24.7	13.1
2019	21.3	12.3	48.3	-16.5	17.3	2.08	23.5	12.9
2020	19.9	13.1	49.2	-21.3	17.5	2.15	25	12.2
2021	18.9	14.3	54.2	-25.6	17.6	2.46	25.6	11.9

从图 8.4 和回归分析结果可知,论文摘要的 FRE 可读性分数呈现显著的下降趋势[F(1702)=31.27,$p<0.001$]。FRE 分数和可读性成反比,因此该下降趋势说明语言学领域的论文可读性变差,摘要变得越来越难读懂。从图 8.5 和回归分析结果可知,论文摘要的 SMOG 可读性分数呈现显著的上升趋势[F(1702)=16.27,$p<0.001$]。SMOG 指标和可读性之间成正比,因此该上升趋势说明论文摘要越来越难读懂。以上两个指标得出的结果一致,均说明语言学领域论文的摘要可读性变差。另外,该结果也跟先前研究发现相类似(Lei & Yan, 2016)。例如,Lei 和 Yan(2016)探究了信息科学领域论文摘要可读性的历时变化趋势。他们发现,信息科学领域论文的摘要变得越来越难读懂。本研究发现,该现象在语言学领域也同样存在。

综合来看,语言学领域论文的话题具体性正在慢慢变弱,即一篇论文关注的话题越来越丰富多样。同样地,标题的长度呈现显著变长的趋势。从可读性来看,论文摘要的可读性显著变差,变得越来越难读懂。

以上研究发现可能跟语言研究的发展有关。一方面,随着人类的发展和社会的进步,语言相关的问题变得越来越复杂,因此涉及的变量也越来越多样(Berthele & Udry, 2021; Peters et al., 2019)。另一方面,随着科技的进步,用于探究语言问题的技术和方法也越来越先进,出现了眼动仪、语料库技术、自然语言处理技术、人工智能等辅助语言研究的新技术(Bax & Chan, 2019; Maulud et al., 2021; McEnery et al., 2019)。同时,学科交叉研究和大数据逐渐兴起,比如计量语言学、心理语言学、计算语言学、数字人文等跨学科领域迅速发展(戴炜栋等,2020;刘海涛,2021),给语言问题研究带来了新视角和新方法。

语言问题的复杂化、技术的发展和学科的融合必然会导致研究问题的复杂化和多样化。也就是说,面对日益复杂的语言变量,研究者必须关注更多更复杂的话题才能更好地揭示语言的本质。因此,论文的话题变得越来越丰富多样,从而导致论文的话题具体性变弱。同时,话题的多样性影响了论文标题的长度。论文标题凝练了论文的研究重点和关注话题。由于研究的话题越来越多样、复杂,论文标题的长度自然会随之增加。类似地,随着研究的深入和多样化,论文的专业性逐渐增强,文本中出现大量专业词汇和术语,从而引起论文摘要可读性变差。这说明读者越来越需要具有一定的语言专业背景和知识才能读懂语言学领域的论文。

8.5.2 高被引论文和低被引论文差异

高被引论文和低被引论文在话题具体性、标题长度和摘要可读性上的描述性数据如表 8.6 所示。

表 8.6 高被引论文和低被引论文在话题具体性、标题长度和摘要可读性上的描述性数据

	话题具体性		标题长度		FRE 可读性		SMOG 可读性	
	高被引	低被引	高被引	低被引	高被引	低被引	高被引	低被引
平均值	3.55	3.39	12.8	11.6	16.3	26.0	18.1	16.5
标准差	0.562	0.599	4.3	4.59	13.2	13.2	2.26	2.23
最大值	4.68	4.63	27	27	45	57.4	26.0	25.6
最小值	0	1	1	2	−30.6	−19	13.2	11.2

t 检验结果显示,高被引论文和低被引论文在话题具体性($t=3.4962$, $p<0.001$)、标题长度($t=3.4129$, $p<0.001$)以及摘要可读性(FRE: $t=-9.5436$,

$p<0.001$; SMOG: t $=9.0733$, $p<0.001$)上均存在显著差异。具体而言,高被引论文的话题具体性显著低于低被引论文的话题具体性,即高被引论文关注的话题分布更均匀。类似地,高被引论文的标题也显著长于低被引论文的标题。就可读性来说,FRE 和 SMOG 可读性指标均表明,高被引论文的摘要比低被引论文的摘要更加难读。

以上研究发现可能也和语言研究的发展有关。在上一小节中,我们提到语言研究的发展和进步驱使研究者们关注更多样、更复杂和更专业的话题,这导致近十年来语言学领域的论文话题具体性逐渐变弱、标题变长、摘要越来越难读懂。在此大背景下,高被引论文必然顺应时代发展趋势,关注更加多样的话题,探究更为复杂的语言问题,进行更加专业的分析。因此,高被引论文在话题具体性、标题长度以及可读性上均符合以上历史发展趋势。

8.6　结　　论

本章主要探究了语言学领域论文在话题具体性、标题长度和摘要可读性上的历时变化趋势,以及高被引论文和低被引论文在这三个方面存在的差异。研究发现,近十年来语言学领域论文的话题具体性正在慢慢变弱,标题变长,摘要可读性变差。和低被引论文相比,高被引论文关注的话题更均匀广泛,标题更长,摘要可读性更差。该发现可能与语言研究的发展有关。语言问题的复杂化、研究技术和方法的进步以及新学科的兴起可能导致语言研究更加复杂、专业和多样。

该研究发现对于研究者选题和写作有两方面的重要启示。一方面,语言学研究者应该顺应时代潮流,应用新技术和方法对语言学相关问题进行更加深入和专业的探究。另一方面,论文摘要可读性变差的一个重要原因可能是,随着语言研究的深入,论文的专业性增强,使用的专业术语越来越多。但在专业词汇以及句子结构的使用上,研究者们还是需要尽量使用简单、高频的单词和句型,以减轻读者的阅读压力。

第9章 情感分析:文本可以揭示人的心理问题吗?

语言使用和心理状态紧密相关,语言特征或者语言风格反映了语言使用者的思维模式和心理状态,一定程度上可以揭示人的心理问题。因此,心理学研究者开始从语言使用角度出发探究抑郁、焦虑等心理疾病人群的文本,慢慢形成了心理语言学研究领域。近年来,随着数字人文的发展,研究者们也开始将情感分析等数字技术应用于文本分析当中,以此探究语言使用者的心理状态。本章以心理学领域的问题为导向,展示如何在 R 语言中利用情感分析技术对文本进行情感分析,从而揭示文本的情感和人的心理状态之间的关系。下面,我们先介绍心理状态相关研究,然后介绍情感分析及其在 R 语言中的实现过程。最后,我们将详细汇报得到的结果,并根据结果进行讨论。

9.1 研 究 背 景

社会的现代化发展推动了社会进步,给人类带来了空前的便利和物质资源,但同时现代化的浪潮也荡涤了传统文化,冲击了人们的思想观念(Sun & Ryder, 2016),导致心理问题频频发生。目前,心理问题已成为全球普遍存在的社会性问题,威胁着全人类的身心健康(Mojtabai et al., 2016; Zhang et al., 2022)。据世界卫生组织估计,全球有 3 亿多人饱受心理问题的折磨(World Health Organization, 2017)。尤其在 2019 年新冠肺炎疫情的影响下,全球心理问题发生率骤升 25%(World Health Organization, 2022)。

鉴于心理问题的严重性和普遍性,先前的研究开始从不同角度探究心理

问题,希望能揭露心理问题的本质,为心理问题的预防、诊断和治疗提供帮助
(Bathina et al., 2021; Leavey et al., 2016; Sears et al., 2011; Trotzek et al.,
2020)。例如,有些研究从生理和社会角度探究了心理问题出现的根源
(Leavey et al., 2016; Woolfson, 2019)。他们发现,基因遗传、病毒感染、工作
压力、种族歧视等生理和社会因素与心理疾病的发生紧密相关(Al-Haddad et
al., 2019; Sears et al., 2011; Woolfson, 2019)。

　　近年来,研究者还开始从文本角度出发分析不同心理状态人群的语言使
用特征(Al-Mosaiwi & Johnstone, 2018; Zimmermann et al., 2017)。这类研究
的依据在于,一个人的心理状态会影响其思维模式、情感状态和交流方式,从
而影响其使用的语言(American Psychiatric Association, 2013)。换言之,一个
人的语言使用特征或者文本风格反映了其心理状态(Lyons et al., 2018;
Tausczik & Pennebaker, 2010)。因此,我们可以通过文本分析探究不同心理
状态人群的语言使用特征,这有助于心理问题的早期诊断和识别以及心理状
态的追踪。

　　目前,从文本层面出发的研究主要围绕两个方面展开。一方面是探究不
同心理状态人群的词汇使用特征(Brockmeyer et al., 2015; Pennebaker et al.,
2003; Pulverman et al., 2015)。例如,Zimmermann et al.(2017)追踪调查了 29
名抑郁症患者日常对话中人称代词的使用情况。研究发现,"me""my"等第
一人称单数代词的使用可显著预测患者约 8 个月后的抑郁症状。其他类似的
研究也发现了第一人称代词使用和心理疾病之间的紧密关系(Eichstaedt et
al., 2018)。第一人称单数代词的过度使用可能说明说话者过度关注自我,喜
欢跟其他人保持一定的情感距离和社会距离,从而增加出现心理问题的风险
(Demiray & Gençöz, 2018; Pennebaker et al., 2003)。再如, Al-Mosaiwi 和
Johnstone(2018)分析了不同心理状态人群社交网络发文中绝对词(比如
"absolutely""all""totally""completely")的使用情况。结果表明,有抑郁、焦虑
等心理问题的人群比正常人群使用更多的绝对词。该结果说明,有心理问题
的人群思考问题时可能更加极端激进。

　　另外一方面,研究者们开始探究不同心理状态人群产出文本中的情感特
征(Choudhury et al., 2013; Kahn et al., 2007; Kim et al., 2019; Rude et al.,

2004）。例如，Rude et al.（2004）基于 LIWC（Linguistic Inquiry and Word Count）软件（Pennebaker et al.，2001）中的 262 个消极词和 345 个积极词词表，分析了抑郁症患者、抑郁症痊愈者和心理健康人群写作文章中情感词的使用情况。结果显示，与抑郁症痊愈者和心理健康人群相比，抑郁症患者在文章中会使用比较多的消极词，比如"gloom""sad""fight""homesick"等。消极词的高频使用可能反映了抑郁人群的消极思维（Trick et al.，2016）。也就是说，他们可能经常以悲观的态度对待周围的事物，总是只看到消极错误的一面，而忽略了事物的两面性。类似地，Herbert et al.（2018）也基于 LIWC 软件中的情感词表分析了抑郁人群和健康人群在描述消极、积极等个人经历时使用的情绪词汇。研究发现，抑郁人群会使用更多的消极词和悲伤词，反映了他们描述个人经历时的消极倾向（Negativity Bias）。

再如，Tsugawa et al.（2015）分析了不同程度的抑郁症患者在推特（Twitter）上的社交活动特征，比如发文频率、发文长度、发文的主题、积极词和消极词的使用等。其中，积极词和消极词的使用情况主要是根据自建的情感词表（760 个积极词汇和 862 个消极词汇）进行判断。研究发现，抑郁症患者和正常人群在消极词的使用上存在显著差异。抑郁症患者使用消极词的频率显著高于正常人群。Eichstaedt et al.（2018）则调查了脸书（Facebook）用户的社交活动特征和抑郁程度的关系。研究结果也表明，悲伤词等消极情感词的使用频率一定程度上反映了用户的社交障碍和低落情绪，因此这类词的使用情况能够有效预测用户的抑郁程度。

以上研究探究了文本情感和心理状态之间的关系，揭示了心理疾病人群在积极词汇和消极词汇上的使用特征。然而，综合来看，先前研究还存在以下两个方面的不足。首先，大部分研究的重点关注对象是抑郁症患者（比如 Eichstaedt, et al.，2018; Rude et al.，2004; Tsugawa et al.，2015），而忽略了焦虑、创伤后应激障碍等其他心理疾病患者。事实上，焦虑、创伤后应激障碍也是主要的心理疾病，全球有很大一部分人群饱受其困扰（Aron et al.，2019; Hull，2021）。其次，先前大部分研究主要基于事先编制的情感词表来计算文本中积极词和消极词的使用频次。然而，这些词表往往数量较小（如 262 个消极词和 345 个积极词）并且并未考虑其积极和消极程度，只是简单将其分为消极和积极两大类(Taboada et al., 2011)。例如,"bad"和"notorious"都是消极词,但是后者明显比前者更消极。情绪的积极和消极程度一定程度上也反映了心理问题的严重程度,因此值得研究者们关注和探究。为了弥补以上两个方面的不足,本研究主要利用情感分析技术探究正常人群和焦虑、创伤后应激障碍以及抑郁等人群在推特上发表文本的情感特征。在进行情感分析时,本研究将利用更大的情感词库并且考虑各个词的情感强度,因此能更加准确地分析文本的情感特征,从而深入挖掘文本情感状态和心理问题的关系。

9.2　情　感　分　析

情感分析(Sentiment Analysis)又称意见挖掘或者倾向性分析,主要是对带有情感色彩的主观性文本进行分析和处理,从中提取或者识别出对服务、产品、个人、组织、问题、主题、事件及其属性的情感、意见、评价和态度(D'Andrea et al., 2015; Mäntylä et al., 2018)。情感分析的结果一般以两种极性呈现,比如积极/消极、好/坏、高兴/不高兴、优点/缺点等。例如,"这个手机性能很好,推荐大家购买"这条评价就表达了消费者对该"手机"产品的积极评价。这类情感分析结果可以为企业、消费者、教育和医疗机构、政府机构等提供有关产品、服务等方面的反馈信息,为未来决策或者改进方向提供指引(Liu & Lei, 2018; Zunic et al., 2020)。

目前,情感分析主要基于两种方法:机器学习方法和词典方法(D'Andrea et al., 2015)。机器学习方法是一种基于分类的方法,主要过程分为三步。首先,通过人工标注一部分文本的情感作为训练语料。然后,利用人工标注好的数据训练模型,得出情感分类器。最后,利用训练好的情感分类器对新的测试数据进行情感分类。该方法的优点是,能够比较准确地分析文本的情感。但是,该方法需要大量事先标注好的语料,比较耗时耗力。另外,训练好的模型适用性较差,只适用于某一具体领域,对于不同领域(如商业和政治)的数据需要重新训练,成本相对较高(Liu & Lei, 2018)。

鉴于机器学习方法的局限性,有学者建议使用基于词典的方法进行情感分析(Mukhtar et al., 2018; Taboada et al., 2011)。该方法主要利用情感词典来确定文本的情感。情感词典就是一个包含各种情感词的词汇列表,包括积极词、消极词和中性词(Lei & Liu, 2021)。例如,"good"是积极词,"bad"是消极词,而"hello"是中性词。通过计算文本中包含的情感词,我们就能确定该文本的情感倾向。例如,句子"I am good."的情感倾向属于积极。此外,学者们还注意到了不同词的情感强度对句子情感的影响。比如,有些词典不仅将单词分为积极和消极两类,而且通过情感值或者配价(Sentiment Values/Valences)标注其积极和消极强度(如-1 到+1,负数表示该词是消极的,并且越接近-1 越消极,正数表示该词是积极的,并且越接近 1 越积极)。

情感词典的编撰方式主要有三种:人工标注方法、基于语料库标注方法和基于字典标注方法(D'Andrea et al., 2015; Taboada et al., 2011)。第一种人工标注方法就是研究者手工标注单词的情感属性,将其标注为积极/消极或者对单词进行正负分值的赋分。该方法在早期阶段较常使用,比如 Stone et al.(1966)开发的 Harvard General Inquirer 就是基于该方法编撰而来。但是,该方法比较耗费时间和人力,因此现在很少单独使用,很多时候都是配合其他两种方法使用(Zhang et al., 2014)。第二种基于语料库标注的方法主要将一部分已经人工标注好的情感单词作为种子词汇,然后利用互信息等统计方法从语料库中提取出与种子词汇语义上密切相关的单词,从而形成情感词典(Taboada et al., 2011)。该方法主要基于语境共现论,即积极的词总是跟积极的词共同出现,而消极的词也总是跟消极的词共同出现。因此,我们可以根据一小部分情感词提取出语义上跟它们紧密相关的词,从而扩充情感词典。比如,Al-Twairesh et al.(2016)的阿拉伯语情感词典(Arabic Sentiment Lexicons)和 Feng et al.(2015)的微博情感词典都基于语料库方法开发而来。第三种基于字典标注方法也是将一部分情感词作为种子词汇,然后利用现有的字典资源,比如词网(WordNet),来提取它们的近义词或者反义词来扩充情感词典(Kaity & Balakrishnan, 2020)。例如,Darwich et al.(2016)的马来语情感词典就是通过该方法编撰而来。

综合来看,基于词典的情感分析方法适用范围更广,可广泛用于不同领域文本的情感分析(Feldman, 2013),具有较强的跨领域性。另外,目前情感词典开发相对成熟,有许多现成的大型情感词典可以使用。因此,本研究将采用基于词典的方法对不同心理状态人群在推特上的发文进行情感分析。

下面,我们将介绍 R 语言中用于情感分析的包资源以及常用的情感词典。

R 语言中有许多现成的情感分析包,比如 syuzhet(Jockers, 2017)和 sentimentr(Rinker, 2018)。这些包中内置了各种词典,比如 syuzhet(Jockers, 2017)、AFINN(Nielsen, 2011)、bing(Hu & Liu, 2004)等等。这些词典包含的情感词汇数量各不相同,标注情感强度的方式也各不一样。表 9.1 总结了 syuzhet 和 sentimentr 包中常用的情感词典及其情感强度标识方式。

表 9.1　syuzhet 和 sentimentr 包中常用的情感词典总结

情感词典	情感词数量	情感值
Syuzhet (Jockers, 2017)	10 748	−1 到 1
AFINN (Nielsen, 2011)	2 477	−5 到 5
Bing (Hu & Liu, 2004)	6 789	−1 到 1
NRC (Mohammad & Turney, 2010)	13 901	"positive"或者"negative"
SenticNet (Cambria et al., 2016)	23 626	−1 到 1

syuzhet(Jockers, 2017)和 sentimentr(Rinker, 2018)在功能上大体相同,都可用于计算文本的情感(Lei & Liu, 2021)。使用者只需要调用包中的函数就可以快速计算出文本的情感值。因此,这两个包已被广泛应用于各类情感研究中,比如产品评价(Fang & Zhan, 2015)、政治话语分析(Liu & Lei, 2018)、新闻分析(Burscher et al., 2016)、学术文本分析(Wen & Lei, 2022)等等。需要注意的是,和 syuzhet 不同的是,sentimentr 包考虑了配价转移(Valence Shifters)问题(Rinker, 2018)。具体来说,sentimentr 包将否定词(如"never")、转折词(如"but")、程度词(如"very"和"slightly")等影响情感程度的词汇也考虑在内。比如,由于句子"I am not happy"中包含了积极词"happy",syuzhet 会将该句子的情感标注为积极,但是 sentimentr 考虑到句子中有否定词"not",因此该句子的情感会变成消极。从以上例子可以看出,sentimentr 能够更加准

确地估计出文本的情感(Rinker, 2018)。鉴于此,本研究将使用 sentimentr 包计算不同心理状态人群在推特上发文的情感。

9.3 研究目的和问题

本研究主要有两个研究目的。一是调查患有心理疾病人群的推特发文和正常人群的推特发文在情感上的差异特征。二是探究不同心理疾病人群(焦虑、创伤后应激障碍以及抑郁)的推特发文在情感上的差异。基于以上两个目的,本研究拟回答以下两个研究问题:

(1)心理疾病人群(焦虑、创伤后应激障碍以及抑郁)的推特发文和正常人群的发文在情感上是否存在显著差异?如果是,存在何种差异?

(2)不同心理疾病人群的推特发文在情感上是否存在显著差异?如果是,存在何种差异?

基于先前研究结果来看,心理疾病和文本的消极性之间呈正相关关系。因此,本研究主要有两个假设。一是从情感上来说,心理疾病人群的发文可能会比正常人群的发文更消极。二是心理疾病越严重,发表的文本就越消极。

9.4 研 究 方 法

本小节首先介绍该研究使用的语料,即不同心理状态人群在推特上的发文。然后,我们将详细描述在 R 语言中利用 sentimentr 包进行情感分析的过程,包括具体的步骤和实现代码。

9.4.1 语料

本研究使用的文本语料是不同心理状态的人群(正常、焦虑、创伤后应激障碍和抑郁)在推特上的发文,即"精神障碍人群推文和音乐数据集"(Twitter

Mental Disorder Tweets and Musics Dataset）①的一小部分。推特是美国的一家
社交网站，用户在该网站上可以将自己的动态或者想法以文字、照片、视频等
形式和其他用户分享。其中，有部分推特用户在网站上公开披露自己被诊断
患有心理疾病，比如抑郁、焦虑、创伤后应激障碍等。"精神障碍人群推文和音
乐数据集"主要收集了正常人群和这些患有心理疾病（包括焦虑、创伤后应激
障碍、抑郁、恐慌、边缘型人格和双向人格）的推特用户的推文。然而，本研究
只提取了正常、焦虑、创伤后应激障碍、抑郁人群推特发文的一部分数据作为
研究语料（详见表 9.2）。焦虑、创伤后应激障碍、抑郁是比较常见的心理疾
病，患者遍布全球，因此数据集中这类人群的推文数量较多，方便进行计量分
析。该语料中还包括恐慌、边缘型人格、双向人格等其他心理疾病人群的推
文，但是这些推文数量相对较小，因此暂时不纳入本研究中。本文使用的语料
文本经过人工清洁整理，删除了非英文推文以及包含乱码字符的推文（详见
Materials 文件夹中的 Mental_illness_tweets_cleaned.csv 文件）。

表 9.2　不同心理状态人群推特发文数据表

心理状态	推特条数
正常（control）	2 350
焦虑（anxiety）	2 821
创伤后应激障碍（PTSD）	3 004
抑郁（depression）	3 152
总计	11 327

9.4.2　数据处理和分析

本小节将展示如何在 R 语言中通过 sentimentr 包对不同心理状态人群的
推文进行情感分析。具体如下：

首先，我们需要安装并导入 sentimentr 包。同时，导入其他常用的包。请

---

① 下载地址：https://www.kaggle.com/datasets/rrmartin/twitter-mental-disorder-tweets-and-musics

看下面的代码。

code9. R

```
rm( list = ls( ) )
install. packages( "sentimentr")
library( sentimentr)
library( dplyr)
```

然后,我们可以读入不同心理状态人群的推文数据并利用 glimpse( )函数查看数据中的各变量细节。请看下面的代码。

code9. R

```
mydf <- read. csv( "C: /DH_R/Materials/Mental_illness_tweets_cleaned. csv")
glimpse( mydf)
```

返回结果如下所示:

```
Rows: 11,327
Columns: 3
$ element_id <int> 1, 2, 3, 4, 5, 6, 7, 8, 9, 10, 11, 12, ~
$ text       <chr> "Yet I've heard, many times, from doct ~
$ disorder   <chr> "ptsd", "depression", "anxiety", ~
```

从返回结果可知,该数据中主要包含了三列内容。第一列是数值型数据"element_id",是各条推文的序号;第二列是字符型数据"text",包含了不同心理状态人群的推文;第三列是字符型数据"disorder",标记了不同心理状态类型,主要包括"control"(正常)、"anxiety"(焦虑)、"PTSD"(创伤后应激障碍)和"depression"(抑郁)四类。

接着,我们对各条推文进行情感分析。在 sentimentr 包中,我们可以利用 sentiment_by( )函数计算文本情感。该函数的基本用法如下所示:

```
sentiment_by( text. var, by = NULL, polarity_dt . . . )
```

其中,参数 text. var 是准备用于情感分析的文本数据,by 可用于设置分组变量。另外,polarity_dt 可以设置情感分析的字典。需要注意的是,sentiment_by( )函数默认使用 syuzhet(Jockers, 2017)和 Rinker(2018)的字典。我们可以通过 show(lexicon: : hash_sentiment_jockers_rinker)语句查看该词典的情感词及其情感分值。请看下面的示例。

code9. R

```
show( lexicon: : hash_sentiment_jockers_rinker )
```

返回结果如下所示:

```
              x          y
  1:      a plus      1. 00
  2:     abandon    -0. 75
  3:   abandoned    -0. 50
  4:   abandoner    -0. 25
  5: abandonment    -0. 25
 ---
11706:     zenith     0. 40
11707:       zest     0. 50
11708:      zippy     1. 00
11709:     zombie    -0. 25
11710:    zombies    -0. 25
```

从返回结果可知,sentiment_by( )函数中默认的词典包含了 11 710 个情感单词及其情感打分。和先前的研究相比,该词典的情感词数量更大,情感分析更加全面准确。

如果想要使用其他字典(sentimentr 支持的词典可查看其文档说明查询(Rinker, 2018))进行情感分析,我们可以通过参数 polarity_dt 进行设置。例如,可以将参数 polarity_dt 设置为 lexicon: : hash_sentiment_senticnet 来使用 SenticNet 字典进行情感分析(Cambria et al. , 2016)。请看下面的示例。

code9. R

```
my_text <- "I'm not happy"
```

```
# To conduct the sentiment analysis based on the default sentiment dictionary
sentiment_by( my_text)

# To conduct the sentiment analysis based on SenticNet
sentiment_by( my_text,
                polarity_dt = lexicon: : hash_sentiment_senticnet)
```

返回的结果如下所示:

```
# The results based on the default sentiment dictionary
element_id word_count sd ave_sentiment
1:          1          3 NA  -0.4330127


# The results based on SenticNet
element_id word_count sd ave_sentiment
1:          1          3 NA  -0.1720504
```

从上面可知,默认情感词典和 SenticNet 词典得出的情感分析结果一致,均表明"I'm not happy"这句话是消极的。

接下来,我们将利用 sentiment_by( )函数计算各条推文的情感值,请看下面的代码。

code9. R

```
my_sent <- sentiment_by( get_sentences( mydf$text))
head( my_sent)
```

在上面的代码中,我们首先利用 get_sentences( )函数对每条推文进行分句,然后利用 sentiment_by( )函数对各句进行情感分析,最后根据各个句子的情感值计算整条推文的平均情感值。计算完成后,通过 head( )函数查看 my_sent,返回结果如下所示:

	element_id	word_count	sd	ave_sentiment
1:	1	34	0.1395367	0.01307781
2:	2	32	NA	0.42426407

3:	3	8	NA	−0.17686508
4:	4	10	NA	0.00000000
5:	5	8	NA	0.00000000
6:	6	13	0.0000000	0.00000000

　　从以上结果看出,返回的结果主要包含了四个变量,包括文本序号("element_id")、词数("word_count")、标准差("sd")和平均情感值("ave_sentiment")。在本研究中,我们主要需要各个文本的平均情感值,因此可以提取 my_sent 中的 ave_sentiment,将这一列变量合并到 mydf 中,用于后续分析。请看下面的代码。

code9. R

```
mydf2<-data. frame( mydf, ave_sentiment＝my_sent $ ave_sentiment)
glimpse( mydf2)
```

　　利用 glimpse( )函数查看新数据框 mydf2,返回结果如下所示:

```
Rows: 11,327
Columns: 4
$ element_id     <int> 1, 2, 3, 4, 5, 6, 7, 8, 9, 10, 11,~
$ text           <chr> "Yet I've heard, many times, from~
$ disorder       <chr> "ptsd", "depression", "anxiety", ~
$ ave_sentiment  <dbl> 0. 01307781, 0. 42426407, −0. 17686508,~
```

　　从以上结果可知,mydf2 数据框中已包含各条推文的平均情感值,即"ave_sentiment"这一列。

　　然后,我们计算不同心理状态人群推文情感值的描述性数据,并将结果保存为 sentiment_ds。请看下面的代码。

code9. R

```
sentiment_ds <- mydf2 %>%
  group_by( disorder) %>%
```

```
    summarise( Mean = mean( ave_sentiment) ,
              SD = sd( ave_sentiment) ,
              Max = max( ave_sentiment) ,
              Min = min( ave_sentiment) )
print( sentiment_ds)
```

打印查看 sentiment_ds,返回结果如下所示:

```
# A tibble: 4 x 5
  disorder     Mean      SD    Max      Min
  <chr>       <dbl>    <dbl>  <dbl>    <dbl>
1 anxiety     0.0588   0.271   1.40   -1.38
2 control     0.0745   0.284   1.61   -1.03
3 depression  0.0295   0.270   1.59   -1.38
4 ptsd        0.0433   0.269   1.29   -1.72
```

接下来,我们绘制柱状图展示不同心理状态人群推文的平均情感值。请看下面的代码。

code9. R

```
sentiment_ds$disorder <- factor( sentiment_ds$disorder,
        levels = c( "control","anxiety","ptsd","depression") ,
                            ordered = TRUE)

library( ggplot2)
p <- ggplot( sentiment_ds,
              aes( x = disorder, y = Mean, fill = disorder) )

p+geom_bar( stat = "identity") +
    xlab( "Mental states") +
    ylab( "Mean sentiment")
```

在上面的代码中,我们首先利用 factor( )函数将 disorder 变量转变为因子型数据,绘图时会根据指定的水平(levels)顺序显示,即柱状图显示出的顺序为"control""anxiety""ptsd"和"depression"。否则,绘图时默认根据字母的先

后顺序显示。然后,我们利用 ggplot( )函数和 geom_bar( )函数绘制出柱状图
(见图 9.1)。

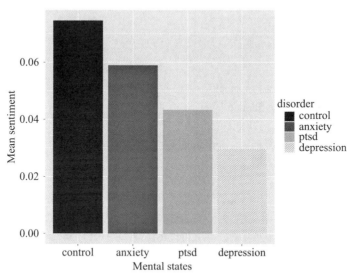

图 **9.1**　不同心理状态人群推文的平均情感值分布图

最后,我们利用方差分析检验不同心理状态人群的推文在情感上是否存
在显著差异。请看下面的代码。

code9. R

```
library( multcomp)

# To conduct the ANOVA analysis
fit <- aov( mydf2$ave_sentiment ~ mydf2$disorder)
summary( fit)

# To conduct the post-hoc test
TukeyHSD( fit)
```

方差分析结果返回如下:

	Df	Sum Sq	Mean Sq	F value	Pr(>F)	
mydf2$disorder	3	3.1	1.0302	13.86	5.08e-09	＊＊＊

```
Residuals       11323 841.4  0.0743
---
Signif. codes: 0 '***' 0.001 '**' 0.01 '*' 0.05 '.' 0.1 ' ' 1
```

事后检验结果返回如下:

```
Tukey multiple comparisons of means
    95% family-wise confidence level

Fit: aov(formula = mydf2$ave_sentiment ~ mydf2$disorder)

$' mydf2$disorder'
                        diff            lwr           upr       p adj
control-anxiety      0.01568735   -0.003874504   0.035249202  0.1662695
depression-anxiety  -0.02930822   -0.047461698  -0.011154745  0.0001976
ptsd-anxiety        -0.01557905   -0.033942518   0.002784415  0.1288874
depression-control  -0.04499557   -0.064084935  -0.025906206  0.0000000
ptsd-control        -0.03126640   -0.050555569  -0.011977233  0.0001839
ptsd-depression      0.01372917   -0.004130131   0.031588470  0.1974162
```

本小节的代码均存储在 code9.R 文件中。

9.5 结 果 和 讨 论

表 9.3 和图 9.1 展示了不同心理状态人群推文的情感值描述性数据。从表中可知,不同心理状态人群推文的平均情感值都是正数,但都趋近于零。该结果说明这些推特用户整体上还是倾向于发表中立或者积极的动态。然而,不同心理状态人群在平均情感值上存在差异。从图 9.1 可知,随着心理疾病的加重,推文的平均情感值呈现下降趋势。例如,正常人群的推文平均情感值最高,而抑郁人群的推文平均情感值最低。这说明心理状态是影响情感的一个重要因素。心理状态越差,推文可能越消极。

表 9.3　不同心理状态人群推文的情感值描述性数据

心理状态	均值	标准差	最大值	最小值
正常（control）	0.074 5	0.284	1.4	−1.03
焦虑（anxiety）	0.058 8	0.271	1.61	−1.38
创伤后应激障碍（PTSD）	0.043 3	0.269	1.29	−1.72
抑郁（depression）	0.029 5	0.27	1.59	−1.38

　　方差分析结果显示，不同心理状态人群的推文在情感上存在显著差异（F（3）= 13.84，p<0.000 1）。之后，我们进行了事后检验，结果见表 9.4。从表中可知，正常人群推文（control）和创伤后应激障碍以及抑郁人群的推文在情感值上存在显著差异。创伤后应激障碍和抑郁人群推文的情感值显著低于正常人群推文的情感值。该结果进一步证实了先前研究的发现，表明患有抑郁的人群可能会更消极（Herbert et al.，2018；Trick et al.，2016）。另外，该研究也分析了创伤后应激障碍人群的情感状态，证明了该人群也会更加消极，这是对先前研究的一个重要补充。

　　然而，需要注意的是，正常人群（control）和焦虑人群（anxiety）之间不存在显著差异（见表 9.4）。虽然正常人群推文的情感值略高于焦虑人群推特发文的情感值，但两者之间不存在显著差异。出现该研究结果的原因可能和当前社会人们普遍处于高压状态有关（Ahn et al.，2019）。随着工业化的快速发展，竞争问题、环境问题、疾病问题等矛盾和冲突愈演愈烈，现代社会的人们面临空前的经济压力和社会压力，因此他们的乐观和积极性下降，逐渐接近焦虑人群的心态（Ozge & Ayhan Balik，2021）。

　　从表中还可以看出，抑郁人群的推文和焦虑人群的推文在情感上存在显著差异，但和创伤后应激障碍人群的推文无显著差异。焦虑和创伤后应激障碍人群的推文在情感上无显著差异。该结果说明，文本的消极程度一定程度上反映了心理疾病的严重程度。心理问题越严重的人群（比如抑郁和创伤后应激障碍人群）在情感上会比正常人群更消极。

表 9. 4　不同心理状态人群推文情感的事后检验结果

对比小组	$p.$
anxiety-control	0. 169
ptsd-control	0. 000*
depression-control	0. 000*
ptsd-anxiety	0. 129
depression-anxiety	0. 000*
depression-ptsd	0. 198

9. 6　结　　论

　　本章利用情感分析探究了不同心理状态人群(正常、焦虑、创伤后应激障碍以及抑郁)的推特发文在情感上的差异。本研究主要发现,不同心理状态人群的推文在情感上确实存在差异,并且心理状态越差,文本的情感值越低。

　　该研究发现对于心理疾病的识别、预防和追踪有两方面的意义。一是我们可以通过分析用户在社交媒体上发表文本的情感来预测用户的心理状态并提供预防措施。例如,当某用户在社交媒体上发表的文本突然充满负面情绪并且该行为持续一段时间时,我们可以通过自动推送心理咨询服务等方式提醒该用户,帮助其及时调整心理状态。二是我们可以通过跟踪心理疾病人群在社交媒体上的发文或者其他文本的情感变化来追踪他们的心理状态变化和心理治疗效果。例如,在某段时间内,某心理疾病患者的发文在情感上有反常变化时,心理医生可以及时关注并提供必要的心理咨询服务。另外,本研究还发现正常人群的推文和焦虑人群的推文在情感上无显著差异,这可能说明现代社会人们可能普遍处于高压和焦虑状态。该发现可能也说明,未来心理问题会更加普遍,进一步威胁人类的身心健康。因此,我们需要更加重视心理健康问题，对心埋疾病相关问题进行深入探究和分析，积极寻求预防和治疗心理疾病的方法和途径。

最后，本研究也表明了情感分析技术在心理学问题探究上的可行性，为心理学、心理语言学等相关学科的未来研究提供了新思路。

第 10 章　主题建模:如何创作出受大众欢迎的歌曲?

　　传播学是一门涉及多个学科领域的交叉学科,其中自然也涉及语言学。一方面,语言文字是信息、文化、新闻传播的载体和媒介。另一方面,语言文字是具有温度和力度的社会符号,人们可以透过文字感受其传递的思想和情感。语言文字的表达方式一定程度上影响了传播的广度和深度,是引起听众或者读者共鸣的重要因素之一。因此,语言表达是传播学研究的重要对象。传播学研究者或者语言学研究者们通过分析文本特征或者语言风格探寻语言在传播中的作用。在文本分析中,语言数字人文技术可以提供强有力的方法支撑,帮助研究者们更加深入地探究传播学领域的问题。鉴于此,本章以传播学领域的问题为导向,展示语言数字人文技术在该学科应用的可能性。具体而言,本章将展示如何在 R 语言中利用主题建模技术提取出流行歌曲的主题词并探究其历时变化趋势。下面,我们先介绍流行歌曲的相关研究,然后介绍主题建模技术以及该技术在 R 语言中的实现过程。最后,我们将详细汇报得到的结果,并根据结果进行讨论。

10.1　研　究　背　景

　　流行歌曲作为流行文化的重要组成部分,一直以来都是传播学领域的重点研究方向之一(Chaffee, 1985; Frith, 2004; Lepa et al., 2020)。在该类研究中,研究者们关注的一个焦点是为什么有些歌曲会成为大众喜爱的音乐(Singhi & Brown, 2014; Yu　et al., 2015)。为了回答这个问题,先前的研究开始从不同角度探究流行歌曲的特征及其历时变化趋势(Pettijohn & Sacco, 2009a)。有些研究从乐理的角度出发分析了流行歌曲在节奏、曲调、速度、音调等方面的特征(Schellenberg & Scheve, 2012; White et al., 2022)。例如,Pettijohn 和 Sacco(2009b)调查了不同社会和经济情况下受大众欢迎的流行歌曲的特征。结果表明,在社会动荡或者经济萧条时,流行歌曲的节奏会更慢,旋律会更加舒缓浪漫。再如,White et al. (2022)对比了 2000 年之前和 2000 年之后美国流行歌曲在音调、节奏、旋律等方面的差异。研究发现,2000 年之后的流行歌曲旋律更加轻快,节奏重复更加频繁。

其他研究从语言学角度出发分析了流行歌曲的歌词特征(Choi & Stephen, 2019; Pettijohn & Sacco, 2009a; Singhi & Brown, 2014; Varnum et al., 2021)。例如,Choi 和 Stephen(2019)探究了流行歌曲歌词中单词具体度(Concreteness)的变化趋势。单词具体度衡量的是单词的具体程度。具体词描绘的是我们通过触觉、视觉等能够直接感受到的物品,比如"chair"和"table"。抽象词汇描述的则是想法和其他非物理概念,无法通过感官直接感受,比如"idea"和"justice"。研究发现,从 20 世纪 60 年代中叶开始,流行歌曲歌词中的单词具体度呈现下降趋势,但到了 90 年代开始呈现上升趋势。该上升趋势可能和说唱音乐流行以及歌词长度增加等因素有关。

近年来,还有研究探究了流行歌曲的主题特征及其历时变化趋势(Christenson et al., 2019; Climent & Coll-Florit, 2021; Madanikia & Bartholomew, 2014)。例如,Dukes et al. (2003)通过单词检索的方式探究了 1958 年到 1998 年之间公告牌(Billboard)百强歌单前 100 首流行歌曲中有关爱情、性和悲伤主题的变化。结果表明,有关爱情的流行歌曲呈现下降趋势,悲伤主题的流行歌曲则无显著变化。有关性的流行歌曲的变化趋势和歌手的性别有交互效应。1976 年到 1984 之间,女性歌手演唱的关于性主题的歌曲达到了顶峰,而在 1991 年到 1998 之间,男性歌手演唱的流行歌曲中有更多关于性的内容。类似地,Madanikia 和 Bartholomew 调查了 40 年来(1971 年到 2011 年)公告牌百强歌单中前 40 首流行歌曲有关性欲(Lust)和爱情主题的变化趋势。研究发现,随着时间的推移,以爱情为主题的歌曲和以情欲与爱情结合为主题的歌曲呈显著下降趋势。单独以情欲为主题的歌曲则呈现显著上升趋势。该主题变化趋势可能反映了一种社会文化的转变。

再如,Christenson et al.(2019)探究了 1960 年到 2010 年之间公告牌前 40 首流行歌曲(总共 1 040 首歌曲)的主题及其变化趋势。首先,该研究基于先前文献确定了 19 类常见的流行歌曲主题,比如爱情、性、跳舞、社会/政治问题、朋友等。然后,四位人文学院的大四本科生对这些流行歌曲进行主题编码。最后,作者对历年来流行音乐中各个主题的比例和变化进行回归分析和突变点检测。研究发现,爱情和性一直是流行音乐的重要主题。需要注意的是,虽然有关爱情主题的流行歌曲一直以来比例保持稳定,但与性相关的流行歌曲比例急剧上升。另外,和生活方式相关的歌曲,比如跳舞、酒精和毒品、地位/财富等,也大幅增加。其他社会/政治问题、宗教、种族等主题的流行歌曲则相对较少并且比例保持稳定。以上流行歌曲的主题变化趋势可能和社会变化有关,也和嘻哈文化的产生有关。

以上研究探究了流行音乐的主题和历时变化趋势,并且分析了该趋势变化与社会文化之间的关系,揭示了文化传播和发展的规律。然而,综合来看,以上关于流行歌曲主题的研究还存在以下几个方面的不足。第一,先前的研究大部分只关注歌曲中常见的几个话题(比如爱情和性)(Climent & Coll-Florit, 2021; Dukes et al., 2003)或者根据事先规定的特定主题进行分类(Christenson et al., 2019)。因此,先前的研究可能无法全面客观地分析流行歌曲的主题。我们应该从歌词文本本身出发挖掘流行歌曲的主题。第二,先前的研究主要根据主题相关单词或者通过人工细读对歌曲的主题进行分类。一方面,这种方法耗时耗力,需要投入大量的人力和时间资源。另一方面,根据相关词汇检索确定主题的方法不够准确和客观,很难穷尽所有相关词。为了弥补以上两方面的不足,本研究将利用主题建模方法(Topic Modelling)提取和分析流行歌曲的主题。下一小节将详细介绍主题建模技术以及该技术在主题提取中的优势。

10.2 主题建模

主题建模技术(Topic Modelling)主要利用潜在语义统计模型从一系列文

档集合中提取文本的话题或者主题（Deerwester et al.，1990；Li & Lei，2021）。该技术起源于潜在语义索引（Latent Semantic Indexing，LSI），其原理是通过分析和统计文档中词与词之间存在的潜在语义关系（比如近义词和多义词）来构造语义空间，从而计算出文档间、文档索引项间或者文档和文档索引项间的相似度大小（Deerwester et al.，1990；Kontostathis & Pottenger，2006）。早期的主题建模就是利用潜在语义索引方法找到文本与单词之间的语义关系来提取文本的主题（Deerwester et al.，1990；Papadimitriou et al.，1998）。然而，潜在语义索引存在的一个缺陷是两个文本可能并不包含相似的索引项，但是它们仍然高度相关（Li & Lei，2021）。

为了解决潜在语义索引的缺陷，Hofmann（1999）提出了概率潜在语义分析（Probabilistic Latent Semantic Analysis，PLSA）来提取主题。该技术是一种利用概率生成模型对文本集合进行话题分析的无监督学习方法。概率潜在语义分析的最大优势是引入了隐变量来表示主题，通过混合分解将主题视为单词的概率分布（Li & Lei，2021）。因此，相对于潜在语义索引，概率潜在语义分析在主题抽取表现上有明显进步。然而，概率潜在语义分析也并不完美，它无法将单词的概率分配给未经训练的文档，因此该方法存在严重的过度拟合问题（Leksin，2009）。

为了弥补概率潜在语义分析的不足，Blei et al.（2003）提出了潜在狄利克雷分类模型（Latent Dirichlet Allocation，LDA）来提取文本的主题。该模型将每个文本视为主题的混合体（比如文档 1 包含主题 A 和 B），然后又将每个主题视为单词的混合体（比如经济新闻可能包含"银行"和"股票"，娱乐新闻可能包含"电影""明星""票房"等词）。LDA 就是基于以上假设来查找与每个主题相关的单词集合，同时确定描述每个文档的主题分组。另外，LDA 使用狄利克雷分布作为先验分布，可以有效防止过度拟合问题。LDA 的学习过程主要是基于贝叶斯推理模型，可以解决语料库中单词数量不断增长的问题，从而更好地模拟人类自然语言（Li & Lei，2021）。因此，LDA 是目前最常使用的主题建模模型之一。

目前，主题建模技术已被广泛应用于各类研究和应用当中，比如新闻主题分类（Jacobi et al.，2016）、话语分析（Liu & Lei，2018）、文献计量分析（Hu et al., 2020)、作文自动评分(Chen et al., 2016)等等。例如,Liu 和 Lei(2018)利用 LDA 主题建模方法对特朗普和希拉里的总统竞选演讲文稿进行了定量分析,挖掘和对比了两位总统候选人演讲主题的异同点。研究发现,两位竞选人有共同关注的主题,比如家庭、工作、税收等等。这些主题和美国民众的生活息息相关,因此也是竞选者关注的重点话题。然而,两位竞选人之间也存在一些不同的主题。例如,希拉里的主题中还包括朋友、希望、未来、机会等充满积极向上的方面,而特朗普则有失败、谎言、边境等一些消极的主题。该研究通过主题词分析,一方面展示了美国两党在政策上的异同,另一方面也揭示了两位候选人鲜明的人物特征。

再如,Fang et al.(2018)利用 LDA 主题建模技术从会计学领域论文摘要中提取了论文主题以及这些主题十多年来(1992—2014)的历时变化趋势。该研究识别出了会计学领域关注的 32 个重要研究话题,比如审计、风险、债务等。另外,该研究还对这些主题进行了历时分析,从这些话题中进一步识别出了冷门话题(如产品、管理经验、决策等)和热门话题(如资金、投资人、预测分析等)。该研究通过主题建模技术探究了会计学领域的研究主题和趋势,为该领域研究人员提供了有效信息,为未来研究指明了方向。同时,该研究也展示了主题建模在文献计量学中的应用潜力。

综上所述,主题建模方法已发展得相对成熟,尤其是 LDA 主题建模技术能够有效提取出文本的主题,广泛应用于信息科学、语言学、新闻学等领域。鉴于主题建模在其他领域的良好表现,本研究认为该方法应该也可以有效提取歌词中的主题。因此,本研究将利用 LDA 主题建模方法挖掘流行歌曲的潜在主题并且分析其历时变化趋势。

10.3 研究目的和问题

本研究将利用 LDA 主题建模方法提取和分析流行歌曲的主题。具体而言,本研究主要有两个研究目的。一是通过主题建模方法分析公告牌百强歌曲的主题。二是探究 50 多年来(1965—2015)流行歌曲主题的历时变化趋势。

基于以上两个目的,本研究拟回答以下两个研究问题:

(1)公告牌百强榜单上的流行歌曲的主题是什么?

(2)50 多年来流行歌曲的主题是否发生了变化? 如果是,发生了何种变化?

10.4　研　究　方　法

本小节首先介绍该研究中使用的语料,即公告牌百强歌单上的流行歌曲。然后,我们将详细描述如何在 R 语言中利用主题建模方法提取歌词中的主题,包括具体的步骤和实现代码。

10.4.1　语料

公告牌百强单曲榜(*Billboard Hot 100*)是由美国权威音乐杂志《公告牌》(*Billboard*)发布的热门单曲排行榜。该榜单根据电台播放量、单曲销量和流媒体播放数据对各个歌曲进行排名,每周发布排名前 100 的歌曲。公告牌百强单曲榜上的歌曲就是当时在美国最受大众欢迎的歌曲(Whitburn, 2010)。因此,我们将公告牌百强单曲榜上的歌曲作为流行歌曲的语料进行主题分析,查看大众喜欢的歌曲的主题(Bradlow & Fader, 2001)。本研究使用的语料主要是 1965—2015 年上榜公告牌百强歌单的歌曲①。其中,非英文歌曲会被删除。另外,为了方便比较流行歌曲主题的历时变化趋势,本研究把 1965 年到 2015 年分成了五个时期,即 1965—1974 年、1975—1984 年、1985—1994 年、1995—2004 年和 2005—2015 年。各个时期具体的歌曲信息如表 10.1 所示。

表 10.1　1965—2015 年各个时期荣登公告牌百强单曲榜的歌曲信息

时期	歌曲数	单词数
1965—1974 年	903	188 176
1975—1984 年	925	228 897

① 下载地址: https://github.com/walkerkq/musiclyrics

(续表)

时　期	歌曲数	单词数
1985—1994 年	957	295 631
1995—2004 年	957	396 324
2005—2015 年	1 066	454 458
总计	4 808	1 563 486

10.4.2　数据处理和分析

本小节将展示如何在 R 语言中利用主题建模技术提取流行歌曲中的主题。具体如下:

首先,导入数据处理和分析需要使用的包。如果该包在电脑上未安装,需要先利用 install. packages( ) 函数安装之后再导入。请看下面的代码。

code10. R

```
rm( list = ls( ) )
library( dplyr)
install. packages( "tm")
library( tm)
```

然后,读入流行歌曲的数据。在进行主题分析之前,我们需要对文本进行预处理,包括去除停用词、标点符号、数字、多余的空格以及提取单词的词干。请看下面的代码。

code10. R

```
mydf <- read. csv( "C:/DH_R/Materials/Billboard_lyrics. csv")

# To add a new column to store doc_id
mydf <- data. frame( doc_id = c( 1: length( mydf$rank) ) , mydf)

# To create a corpus
mydf_corpus <- Corpus( DataframeSource( mydf) )
```

```
# To load the list of stop words
english_stopwords <- readLines("https://slcladal.github.io/resources/stopwords_en.
txt", encoding = "UTF-8")

# Text preprocessing
mydf_corpus <- mydf_corpus %>%
   tm_map(content_transformer(tolower)) %>%
   tm_map(removeWords, english_stopwords) %>%
   tm_map(removePunctuation,
              preserve_intra_word_dashes=TRUE) %>%
   tm_map(removeNumbers) %>%
   tm_map(stemDocument, language = "en") %>%
   tm_map(stripWhitespace)
```

在上面的代码中,我们首先载入数据并将其保存为 mydf。然后,新增一列"doc_id"来标记每首歌曲的序号,用于后续构建语料库。接着,我们利用函数 Corpus()建立一个类似于矩阵的文本语料库集合。然后,我们载入英语中的停用词用于后续文本处理。最后,我们利用 tm_map()函数对歌词文本进行预处理,包括将文本中的单词转换为小写,去除停用词、标点符号、数字,提取词干以及删除多余空格。

文本预处理完成之后,我们利用 DocumentTermMatrix()函数创建词频矩阵,把语料库中的内容以单词和文件名作为维度构建矩阵。其中,文件名是行,单词是列,矩阵中的数值对应的是每个文件中每个单词出现的词频。需要注意的是,在创建词频矩阵时,可以过滤掉一些低频词。这些词在歌词中出现的频率较低,无法代表歌曲的主题,因此可以删除。在该研究中,我们经过几轮试验后,将单词在语料库中出现的最低频次设置为了 30 次。读者可以根据自己语料库的大小和类型设置最低频次标准。下面是关于词频矩阵创建的代码。

code10. R

```
minFreq <- 30
mydf_dtm <- DocumentTermMatrix(mydf_corpus, control = list(bounds = list
(global = c(minFreq, Inf))))
```

由于我们设置了最低频次,低频词会被删除,所以在 mydf_dtm 中会出现一些空行。我们需要将这些空行给删除。请看下面的代码。

code10. R

```
raw_sum <- apply(mydf_dtm,1,FUN=sum)
mydf_first_dtm <- mydf_dtm[raw_sum! =0,]
```

在上面的代码中,我们首先利用 apply() 函数按行计算了频次总和,然后利用下标提取出每行不为 0 的数据。

在利用 LDA 主题建模时,我们需要提前设定主题的数量。如果设置的主题数量太少,提取出来的主题就会很宽泛,无法凸显不同歌曲的特征。反之,如果设置的主题数量太多,提取出来的主题可能会有很多重合并很难进行后续的定性分析。因此,主题建模关键的一步是设置主题的数量。我们应如何确定最佳主题数量呢?

目前,确定最佳主题数量的常见方法主要有两类。一类方法是根据当前研究领域的相关理论或者通过对文本的定性分析来确定最佳主题数量。另一类方法是通过不同主题数量的反复实验挑选出最佳主题数量。该方法通过评估不同主题数量下主题模型的困惑度(Perplexity)和一致性(Coherence)来选择最优主题数。困惑度指的是训练好的主题模型在识别文档主题时的不确定程度(Cao et al.,2009)。困惑度越低,说明该模型识别主题效果越好。一致性是衡量主题之间相关性和可解释性的指标(Deveaud et al.,2014)。一致性越高,说明提取主题的可解释性越强。因此,比较好的主题数量应该符合困惑度低而一致性高的标准。

本研究将采用第二种方法挑选流行歌曲的最佳主题数量(Murzintcev,2020)。在 R 语言中,我们可以通过 ldatuning 包中的 FindTopicsNumber() 函数来计算不同主题数量训练出来的主题模型的困惑度和一致性。然后,我们可以选择困惑度相对较低,而一致性相对较高的主题模型进行后面的主题分析。函数 FindTopicsNumber() 的基本句法如下所示:

```
FindTopicsNumber(
  dtm,
```

```
topics = seq(10, 40, by = 10),
metrics = "Griffiths2004",
method = "Gibbs",
control = list( ) )
```

其中,参数 dtm 是词频矩阵文件,topics 是一个包含不同主题数量的向量,默认的是 seq(10, 40, by = 10),表示以 10 为间隔生成 10 到 40 之间的数字,即 10、20、30 和 40。参数 metrics 用于设定模型困惑度和一致性指标,包括"CaoJuan2009""Arun2010""Griffiths2004""Deveaud2014"。其中,"CaoJuan2009" 和 "Arun2010" 用于衡量模型的困惑度,而 "Griffiths2004" 和 "Deveaud2014" 用于衡量模型的一致性。参数 method 用于设置拟合的方法,包括 "VEM" 和 "Gibbs" 两种方法,默认为 "Gibbs"。最后,参数 control 是一个用于估计的控制参数列表。

下面,我们将使用 FindTopicsNumber( ) 函数计算流行歌曲的最佳主题数量。请看下面的示例。

code10. R

```
install. packages("ldatuning")
library(ldatuning)

result <- FindTopicsNumber(
  mydf_dtm,
  topics = seq(from = 2, to = 20, by = 1),
  metrics = c("CaoJuan2009",  "Deveaud2014"),
  method = "Gibbs",
  control = list(seed = 77) )
```

在上面的代码中,我们将 topics 参数设置为了 2 到 20 个,metrics 参数设置为 "CaoJuan2009",用于计算困惑度,以及利用 "Deveaud2014" 计算一致性。参数 control 设置了随机种子 "seed = 77"(关于随机种子的介绍详见 3.1.3.7 小节),便于其他研究重复验证。

上述代码运行可能需要一段时间,读者在练习时需要耐心等待运行结果。运行完成之后,我们可以利用 FindTopicsNumber_plot( ) 函数绘制不同主题词数量下模型困惑度和一致性的趋势图。请看下面的代码。

code10. R

```
FindTopicsNumber_plot( result)
```

运行以上代码后,返回的结果如图 10.1 所示。其中,上半部分的圆圈折线图代表了不同主题数量下各个模型的困惑度,而下半部分的三角折线图代表了它们的一致性。由图中可知,随着主题数量的增加,模型的困惑度首先快速降低,然后逐渐平稳,一致性则先快速上升,之后慢慢平稳。上文提到,困惑度低、一致性高的主题模型是比较理想的模型。因此,综合主题数量、困惑度和一致性来看,我们挑选 12 作为本研究提取流行歌曲话题的最佳主题数量。一方面,该主题数量下训练好的模型困惑度较低,而一致性较高(见图 10.1)。另一方面,该主题数量适中,便于后续的定性分析。

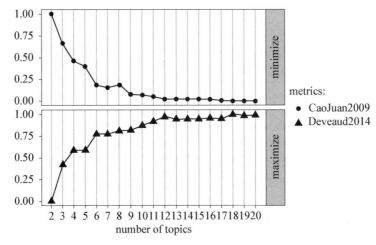

图 10.1 不同主题数量下的主题模型在困惑度和一致性上的表现

下面,我们将以 12 为主题数量训练主题模型,提取流行歌曲中的主题。请看下面的代码。

code10. R

```
install. packages( "topicmodels")
```

```
library(topicmodels)

mydf. model<-LDA(mydf_dtm,
                 k = 12,
                 method = "Gibbs",
                 control=list(iter=500,verbose=25,seed=1))
```

　　在上面的代码中，我们利用 LDA()函数进行主题模型训练。其中，第一个参数 mydf_dtm 是待提取主题的文档-单词矩阵文件，k 指定主题的数量为 12，参数 method 设置了拟合的方法为"Gibbs"，参数 control 中设置了循环 iter 为 500 次，verbose 表示每 25 次显示训练进程，最后用 seed 参数设置了随机种子，便于以后研究的重复实验。

　　运行以上代码之后，模型产生了两个后验概率分布(Posterior Probability Distributions)。一个是 theta 分布，主要是关于这 12 个主题在各个文件中的占比分布。另一个是 beta 分布，主要是各个主题下面包含的主题词。下面，让我们看一下具体的结果。

code10. R

```
tmResult <- posterior(mydf. model)

# To check the attributes of tmResult
attributes(tmResult)

# return:
# $names
#[1] "terms"   "topics"

# To extract terms and topics
beta <- data. frame(tmResult$terms)
theta <- tmResult$topics
print(beta)
head(theta)
```

　　在上面的代码中，我们利用 posterior()函数提取了该模型的两个概率分布。然后,我们提取了 beta 和 theta。其中,beta 包含了 12 个主题下的各个主题词,而 theta 是各个主题在各个文件中的占比分布情况。请看下面的返回结果。

```
# print( beta)
big chanc danc learn let letter lyric miscellan number pull rough thing...

# head( theta)
            1          2          3          4          5          6
1 0.06127451 0.06127451 0.09068627 0.09068627 0.06127451 0.06127451
2 0.16496599 0.05272109 0.05272109 0.06292517 0.08333333 0.07312925
3 0.13958333 0.06458333 0.05208333 0.05208333 0.05208333 0.11458333
4 0.22853535 0.15277778 0.03156566 0.05429293 0.08459596 0.04671717
5 0.04100529 0.07275132 0.03306878 0.07275132 0.08862434 0.06481481
6 0.11296296 0.14629630 0.04629630 0.05740741 0.09074074 0.05740741
            7          8          9         10         11         12
1 0.06127451 0.07598039 0.10539216 0.13480392 0.09068627 0.10539216
2 0.12414966 0.09353741 0.09353741 0.06292517 0.09353741 0.04251701
3 0.05208333 0.10208333 0.07708333 0.06458333 0.17708333 0.05208333
4 0.19823232 0.05429293 0.03156566 0.04671717 0.03914141 0.03156566
5 0.07275132 0.09656085 0.20767196 0.04894180 0.12830688 0.07275132
6 0.04629630 0.09074074 0.11296296 0.13518519 0.05740741 0.04629630
```

然后,我们可以提取一部分主题词进行后续的分析。请看下面的代码。

code10. R

```
mydf. terms <- as. data. frame( terms( mydf. model, 10),
                               stringsAsFactors = FALSE)
print( mydf. terms)
```

在以上代码中,我们利用 terms( ) 函数提取了 12 个主题的前 10 个主题词,打印后返回结果如下所示:

```
> print(mydf.terms)
   Topic 1 Topic 2 Topic 3 Topic 4 Topic 5 Topic 6 Topic 7 Topic 8 Topic 9
1    babi    back   nigga    make     eye    time    love    live     man
2    feel     boy   money    girl     run    move   heart   world    home
3   thing    call    fuck    give   dream    stop    hold    find    walk
4     bad    hand     hot    good   stand    show    wait    leav    real
5    kiss     put    shit   thing    word   shake    fall     cri    ride
6   woman    head   bitch   start    face    hard   sweet   peopl   heard
7   think   bring     wit    game   close    bodi   forev   place     sit
8   crazi    come     hit    kind   insid   break    lone    hurt   young
9    mind    citi     low    fine    free    mind    true    tear  pretti
10   take    jump    club   round    soul    work    deep     die    side
   Topic 10 Topic 11 Topic 12
1       day     life    night
2    friend    light     danc
3      talk   rememb     turn
4     chang     rain      let
5      miss     burn  tonight
6      made    smile     rock
7      stay     high     long
8       lie     fire     hear
9   thought      sun     play
10      end    shine     sing
```

根据各个主题的主题词和先前有关流行歌曲的主题研究,我们可以将这 12 个主题进行重新命名,以增强各个主题的可读性。例如,Topic7 中的主题词主要和爱情有关,比如"love""heart""sweet"等,因此我们可以将该主题命名为"love"。类似地,我们可以根据主题词对其他主题进行重新命名。之后,我们将这 12 个主题名称合并成一个向量,保存为 topicNames。请看下面的示例。

code10. R

```
topicNames<-c( "woman","boy","money","girl",
               "dream","time","love","world",
               "man","friend","life","entertainment")
```

然后,我们可以通过 theta 中各个主题在各个文件中的占比来计算各个主题在流行歌曲中的比例,由此查看各个主题的流行程度。请看下面的代码。

code10. R

```
# To calculate the proportion of each topic
topicProportions <- colSums( theta)/nDocs( mydf_dtm)
print( topicProportions)
```

在上面的代码中,colSums(theta)计算的是各个主题在各个文件中的比例总和,nDocs(mydf_dtm)计算文件数量,两者相除表示该主题的平均比例。最后,打印查看 topicProportions,返回的结果如下所示:

	1	2	3	4
	0.08297320	0.07825176	0.08505203	0.07968653
	5	6	7	8
	0.08483483	0.07967918	0.08957656	0.08733894
	9	10	11	12
	0.08265770	0.08614828	0.08192546	0.08187553

以上返回结果表示流行歌曲中出现该主题的比例。例如,流行歌曲中出现主题 1 的比例大概为 8.3%,出现主题 2 的比例大概是 7.8%。

之后,我们可以将 topicNames 和 topicProportions 合并成一个数据框,方便查看各个具体的主题及其比例。请看下面的代码。

code10.R

```
# topic_dist means topic distribution
topic_dist<-data.frame(topicNames, topicProportions)
print(topic_dist)
```

返回结果如下所示:

	topicNames	topicProportions
1	woman	0.08297320
2	boy	0.07825176
3	money	0.08505203
4	girl	0.07968653
5	dream	0.08483483
6	time	0.07967918
7	love	0.08957656
8	world	0.08733894
9	man	0.08265770
10	friend	0.08614828
11	life	0.08192546
12	entertainment	0.08187553

我们也可以利用图表展示各个主题及其比例。请看下面的示例。

code10. R

```
# To sort the topic_dist in a descending order according to the proportion of each topic
topic_dist<-topic_dist[order(topic_dist $ topicProportions, decreasing = FALSE),]

topic_dist $ topicNames<-factor(topic_dist $ topicNames,
                                levels=topic_dist $ topicNames,
                                order=TRUE)
library(ggplot2)
p <- ggplot(topic_dist, aes(x=topicNames, y=topicProportions, fill="red"))

p+geom_bar(stat="identity") +
    coord_flip(ylim=c(0.07,0.1)) +
    theme(legend.position = "none")+
    xlab("Topic names")+
    ylab("Topic proportions")
```

　　在上面的代码中,我们首先根据各个话题的比例大小对话题分布 topic_
dist 这个数据进行了降序排序。然后,将变量 topicNames 转换为因子型数据,
以便绘图时根据指定的水平进行排列。之后,利用 ggplot( )函数和 geom_bar
( )函数绘制柱状图。需要注意的是,我们利用 coord_flip( )函数将 x 轴和 y 轴
坐标进行了翻转对调。最后,返回的结果如下图所示:

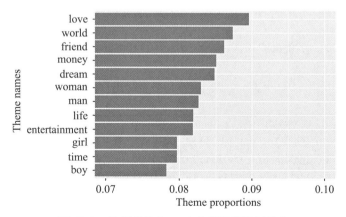

图 10. 2　流行歌曲中 12 个主题及其比例分布

接下来,我们分析各个主题的历时变化趋势。我们首先计算各个时期各个主题的比例。请看下面的代码。

code10. R

```
# To calculate the proportion of topics for each period
topic_prop_per_decade<-aggregate(theta, by = list(decade = mydf $ decade), mean)

# To name each topic
colnames(topic_prop_per_decade)[2:13] <- topicNames

print(topic_prop_per_decade)
```

在上面的代码中,topic_prop_per_decade 的第一列记录了 decade 这个变量,从第 2 列到 13 列才是 12 个主题的比例。因此,我们利用向量下标对列名重新命名时选取 2:13。打印查看 topic_prop_per_decade 后返回结果如下所示:

```
          decade      woman         boy        money        girl        dream
       time
1 1965 - 1974  0. 08363482  0. 07678518  0. 06217629  0. 07543668  0. 08425409
0. 07228476
2 1975 - 1984  0. 08063671  0. 07367033  0. 05841916  0. 07509207  0. 08897690
0. 08158255
3 1985 - 1994  0. 08666481  0. 07617253  0. 06351601  0. 07963251  0. 09215689
0. 08179188
4 1995 - 2004  0. 08668738  0. 07907202  0. 11063965  0. 08137211  0. 08178157
0. 07833616
5 2005 - 2015  0. 07779165  0. 08459978  0. 12390269  0. 08580859  0. 07790027
0. 08360033
          love       world         man       friend        life   entertainment
1 0. 09434299 0. 09758000 0. 09809844 0. 08419172 0. 09302850      0. 07818651
2 0. 09947148 0. 09048440 0. 08053450 0. 08910962 0. 08767316      0. 09434912
3 0. 10359143 0. 09214568 0. 07555845 0. 09004617 0. 07977684      0. 07894680
4 0. 08084575 0. 08313206 0. 07906901 0. 08987435 0. 07406947      0. 07512046
5 0. 07220908 0. 07539587 0. 08101542 0. 07839162 0. 07651433      0. 08287039
```

从以上结果可知,topic_prop_per_decade 是一个宽数据。为了绘制历时变化趋势图,我们需要将该宽数据转换成长数据(关于长宽数据的介绍和转换见 6.4 小节的数据转换)。请看下面的代码。

code10. R

```
library( reshape2)
vizDataFrame<-melt( topic_prop_per_decade,
                        id. vars = "decade")
head( vizDataFrame)
```

查看 vizDataFrame 变量的前六条数据,返回结果如下所示:

```
     decade    variable       value
1 1965-1974    woman 0. 08363482
2 1975-1984    woman 0. 08063671
3 1985-1994    woman 0. 08666481
4 1995-2004    woman 0. 08668738
5 2005-2015    woman 0. 07779165
6 1965-1974      boy 0. 07678518
```

从返回结果可知,该数据框主要包含了三个变量,第一个是"decade",表示不同时期;第二个是"variable",包含各个主题;第三个是"value",表示各个主题在该时期的比例。

最后,我们绘制各个主题的历时变化趋势。请看下面的代码。

code10. R

```
# To plot a line graph
p_topic<-ggplot( vizDataFrame,
                    aes( x = decade,
                        y = value,
                        color = variable,
                        group = variable) )

p_topic + geom_line( ) +
    geom_point( ) +
    facet_wrap( ~ variable, scales = "free") +
    theme( axis. text. x = element_text( size = 9, angle = 90) ,
```

```
            axis. text. y = element_text( size = 9) ,
            strip. text = element_text( size = 9) ,
            legend. position = "none") +
    xlab( "Decades") +
    ylab( "Theme proportions")
```

在上面的代码中,我们首先绘制了底图 p_topic,将 x 轴设置为时期,y 轴设置为主题占比情况,颜色和分组都按照主题进行分类。然后,在底图 p_topic 基础上,叠加折线图 geom_line 和点图 geom_point。facet_wrap( ) 函数主要按照 variable 主题进行分面处理。函数 theme( ) 主要用于设置各个分面的 x 轴和 y 轴上的刻度大小和角度、分面文本和图例。最后,xlab( ) 和 ylab( ) 函数用于设置 x 轴和 y 轴的标题。

运行以上代码后,返回的结果如下所示:

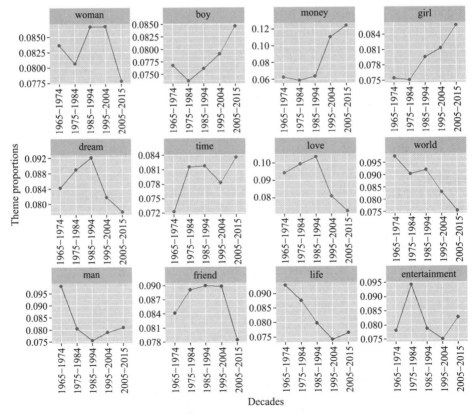

图 10.3　流行歌曲各个主题的历时变化趋势

本小节所有代码均存储在 code10.R 文件中。

10.5　结果和讨论

本小节首先汇报流行歌曲的主题,然后详细描述这些主题 50 多年来的变化趋势。

10.5.1　流行歌曲主题

表 10.2 和图 10.2 展示了公告牌百强歌单上流行歌曲的主题及其占比情况。由表中可知,流行歌曲的主题一般和人们的生活息息相关,比如爱情(love)、时间(time)、朋友(friend)、娱乐(entertainment)等等。从图 10.2 可知,流行歌曲中最常见的主题是爱情(love)。该结果与先前研究发现一致(Climent & Coll-Florit, 2021; Madanikia & Bartholomew, 2014)。除此之外,流行歌曲中常见的前几个主题还包括世界(world)、朋友(friend)、金钱(money)和梦想(dream)。这些主题也是先前流行音乐研究中最常关注的焦点(Christenson et al., 2019)。这些主题和人们的日常生活和事物紧密相关,是人生必不可少的一部分,因此能最大程度地引起听众的共鸣和兴趣,从而成为最受大众欢迎的歌曲。

表 10.2　流行歌曲 12 个主题及其主题词

主题序号	主题	主 题 词
Topic 1	woman	babi, feel, thing, bad, kiss, woman, think, crazi, mind, take
Topic 2	boy	back, boy, call, hand, put, head, bring, come, citi, jump
Topic 3	money	nigga, money, fuck, hot, shit, bitch, wait, hit, low, club
Topic 4	girl	make, girl, give, good, thing, start, game, kind, fine, round
Topic 5	dream	eye, run, dream, stand, word, face, close, inside, free, soul
Topic 6	time	time, move, stop, show, shake, hard, bodi, break, mind, work

主题序号	主题	主 题 词
Topic 7	love	love, heart, hold, wait, fall, sweet, forev, lone, true, deep
Topic 8	world	live, world, find, leav, cri, people, place, hurt, tear, die
Topic 9	man	man, home, walk, real, ride, heard, sit, young, pretti, side
Topic 10	friend	day, friend, talk, change, miss, made, stay, lie, thought, end
Topic 11	life	life, light, rememb, rain, burn, simile, high, fire, sun, shine
Topic 12	entertainment	night, danc, turn, let, tonight, rock, long, hear, play, sing

10.5.2 流行歌曲主题的历时变化

图 10.3 展示了 50 年来流行歌曲中 12 个主题的历时变化趋势。从图中可知,随着时代的改变,流行歌曲的主题发生了起起伏伏的变化。一方面,一些积极主题歌曲的比例呈下降趋势,比如梦想、爱情、生命、世界等主题的比重逐渐降低。该结果也部分验证了先前研究发现。例如,Madanikia et al. (2014)发现 1971 年到 2011 年之间流行歌曲中有关爱情的主题呈现下降趋势。本研究结果和该发现相呼应。

另外一方面,一些消极主题歌曲的比例呈上升趋势,比如金钱等主题的比重逐渐增加。尤其在 2005 年到 2015 年期间,流行歌曲中关于金钱主题的比重达到了 12%,一跃成为该时期最热门的音乐主题。该主题一般以消极词为主,比如"nigga""fuck""shit""bitch"等。该研究结果和先前研究的发现部分一致。例如,Christenson et al. (2019)探究了财富主题在 1960 年到 2010 年之间的变化。他们发现,该主题在流行音乐中的比例增长了六倍。本研究结果也验证了这一发现。

流行音乐主题的变化可能和各个年代的社会、文化发展息息相关(Barton, 2018)。音乐是人类社会的精神产物,和人类的生理、心理和行为紧密相关,也反映了当时社会的物质和文化特征(Blacking & Nettl, 1995; Longhurst & Bogdanović, 2014)。该结果可能从侧面反映了现代社会人们的价值取向和追求。该结果也和我们在第九章中的发现相呼应。在第九章中,我们对不同心理状态的人群在推特上的发文进行了情感分析。研究发现,正常人群的情感值和焦虑人群的情感值接近,无显著差异。该发现说明,当代人群可能普遍处于焦虑或者心理亚健康的状态,导致消极主题歌曲更加流行。

另外,该主题变化趋势可能还和说唱、嘻哈音乐的出现和流行有关(Chang, 2011)。在 20 世纪末和 21 世纪之初,说唱和嘻哈等美国黑人音乐逐渐流行并且占领了公告牌百强歌单。该流派的歌曲主要融合了财富、奢华、娱乐等元素(Armstrong, 2001; Hunter, 2011),这可能是 2000 年后有关金钱和娱乐主题的歌曲数量迅速上升的原因之一。

最后,本研究还发现,一些关于男人(man)和女人(woman)的主题呈现下降趋势,而关于男孩(boy)和女孩(girl)的主题呈现上升趋势。该结果说明,流行歌曲关注的对象可能从原来的成年人转移到了更年轻的一代。这个转移趋势可能和"青少年社会"(Adolescent Society)的出现和发展有关(Coleman, 1961; Matza, 1964)。也就是说,社会上慢慢出现了一个青少年文化领域,而流行歌曲反映了这一历史趋势,将音乐的主题转移到了男孩和女孩这群青年团体身上。

10.6　结　　论

本章主要利用 LDA 主题建模方法提取了流行歌曲的主题并且分析了这些主题 50 多年来的历时变化趋势。研究发现,流行歌曲的主题大部分都和日常生活或者人物有关,比如爱情、朋友、金钱、生命、梦想等等。另外,本研究还发现,在 50 年里这些主题的占比发生了变化。一些主题呈现下降趋势,比如爱情、梦想、生命等。另一些主题则呈上升趋势,比如金钱等。这些主题的历时变化可能和社会文化发展、说唱和嘻哈音乐的流行以及"青少年社会"的出现有关。同时,本研究也证明语言数字人文技术可以应用于传播学领域的研究,为学者们提供了新的研究方法,拓展了研究范围。

参 考 文 献

[1] Acock, A. C. 2005. Working with missing values [J]. *Journal Marriage and Family* 67(4): 1012 – 1028.

[2] Ahn, W. J., Ku, Y., & Kim, H. C. 2019. A novel wearable EEG and ECG recording system for stress assessment [J]. *Sensor* 19(9): 1991.

[3] Aksnes, D. W. 2003. Characteristics of highly cited papers [J]. *Research Evaluation* 12(3): 159 – 170.

[4] Aksnes, D. W., & Sivertsen, G. 2004. The effect of highly cited papers on national citation indicators [J]. *Scientometrics* 59(2): 213 – 224.

[5] Al-Haddad, B. J. S., Oler, E., Armistead, B., Elsayed, N. A., Weinberger, D. R., Bernier, R., Burd, I., Kapur, R., Jacobsson, B., Wang, C., Mysorekar, I., Rajagopal, L., & Adams Waldorf, K. M. 2019. The fetal origins of mental illness [J]. *American Journal of Obstetrics and Gynecology* 221(6): 549 – 562.

[6] Al-Mosaiwi, M., & Johnstone, T. 2018. In an absolute state: Elevated use of absolutist words Is a marker specific to anxiety, depression, and Suicidal Ideation [J]. *Clinical Psychological Science* 6(4): 529 – 542.

[7] Al-Twairesh, N., Al-Khalifa, H., & Al-Salman, A. 2016. Arasenti: large-scale twitter-specific Arabic sentiment lexicons [A]. In *Proceedings of the 54th Annual Meeting of the Association for Computational Linguistics* [C].

[8] American Psychiatric Association. 2013. *Diagnostic and Statistical Manual of Mental Disorders* [M]. Arlington: American Psychiatric Publishing.

[9] Amjad, T. 2021. Domain-specific scientific impact and its prediction [A]. In *International Conference on Artificial 2021* [C]. 16 – 21.

[10] Armstrong, E. G. 2001. Gangsta misogyny: A content analysis of the portrayals of violence against women in rap music, 1987 – 1993 [J]. *Journal of Criminal Justice and Popular Culture* 8(2): 96 – 126.

[11] Aron, C. M., Harvey, S., Hainline, B., Hitchcock, M. E., & Reardon, C. L. 2019. Post-traumatic stress disorder(PTSD) and other trauma-related mental disorders in elite athletes: A narrative review [J]. *British Journal of Sports Medicine* 53(12): 779 – 784.

[12] Barton, G. 2018. The relationship between music, culture, and society: Meaning in music. In

G. Barton (Ed.), *Music Learning and Teaching in Culturally and Socially Diverse Contexts* [C]. 23 – 41. New York: Springer.

[13] Bathina, K. C. , Thij, M. ten, Lorenzo-Luaces, L. , Rutter, L. A. , & Bollen, J. 2021. Individuals with depression express more distorted thinking on social media [J]. *Nature Human Behaviour* 5(4): 458 – 466.

[14] Bax, S. , & Chan, S. 2019. Using eye-tracking research to investigate language test validity and design [J]. *System* (83): 64 – 78.

[15] Berry, D. M. 2012. *Understanding Digital Humanities* [M]. New York: Palgrave Macmilla.

[16] Berthele, R. , & Udry, I. 2021. *Individual Differences in Early Instructed Language Learning: The Role of Language Aptitude, Cognition, and Motivation* [M]. Berlin: Language Science Press.

[17] Biber, D. , Reppen, R. , Schnur, E. , & Ghanem, R. 2016. On the (non) utility of Juilland's D to measure lexical dispersion in large corpora [J]. *International Journal of Corpus Linguistics*, 21(4): 439 – 464.

[18] Blacking, J. , & Nettl, B. 1995. *Music, Culture, and Experience: Selected Papers of John Blacking* [M]. Chicago: University of Chicago Press.

[19] Blei, D. M. , Ng, A. Y. , & Jordan, M. I. 2003. Latent dirichlet allocation [J]. *Journal of Machine Learning Research* 3: 993 – 1022.

[20] Blessinger, K. , & Hrycaj, P. 2010. Highly cited articles in library and information science: An analysis of content and authorship trends [J]. *Library & Information Science Research* 32 (2): 156 – 162.

[21] Bornmann, L. 2014. How are excellent (highly cited) papers defined in bibliometrics? A quantitative analysis of the literature [J]. *Research Evaluation* 23(2): 166 – 173.

[22] Bornmann, L. , & Marx, W. 2014. How to evaluate individual researchers working in the natural and life sciences meaningfully? A proposal of methods based on percentiles of citations [J]. *Scientometrics* 98(1): 487 – 509.

[23] Boyd, R. L. 2017. Psychological text analysis in the digital humanities [A]. In S. Hai-Jew (Ed.), *Data Analytics in Digital Humanities* [C]. 161 – 189. New York: Springer International Publishing.

[24] Bradlow, E. T. , & Fader, P. S. 2001. A bayesian lifetime model for the "Hot 100" Billboard songs [J]. *Journal of the American Statistical Association* 96(454): 368 – 381.

[25] Bresnan, J. 2016. Linguistics: The garden and the bush [J]. *Computational Linguistics* 42 (4): 599 – 617.

[26] Brockmeyer, T. , Zimmermann, J. , Kulessa, D. , Hautzinger, M. , Bents, H. , Friederich, H. -C. , Herzog, W. , & Backenstrass, M. 2015. Me, myself, and I: Self-referent word use as an indicator of self-focused attention in relation to depression and anxiety [J]. *Frontiers in Psychology* 6: 1564.

[27] Burscher, B. , Vliegenthart, R. , & Vreese, C. H. 2016. Frames beyond words: Applying cluster and sentiment analysis to news coverage of the nuclear power issue [J]. *Social Science Computer Review* 34(5): 530 – 554.

［28］Cambria, E., Poria, S., Bajpai, R., & Schuller, B. 2016. SenticNet 4: A semantic resource for sentiment analysis based on conceptual primitives. In Y. Matsumoto & R. Prasad (Eds.), *Proceedings of COLING 2016*. 2666 – 2677.

［29］Cao, J., Xia, T., Li, J., Zhang, Y., & Tang, S. 2009. A density-based method for adaptive LDA model selection [J]. *Neurocomputing* 72: 1775 – 1781.

［30］Chaffee, S. H. 1985. Popular music and communication research: An editorial epilogue. *Communication Research* 12(3): 413 – 424.

［31］Chang, J. 2011. *Can't Stop won't Stop: A History of the Hip-Hop Generation* [M]. New York: Picador.

［32］Chen, C., Härdle, W., & Unwin, A. 2008. *Handbook of Data Visualization* [M]. New York: Springer.

［33］Chen, H., & Ho, Y.-S. 2015. Highly cited articles in biomass research: A bibliometric analysis [J]. *Renewable and Sustainable Energy Reviews* 49: 12 – 20.

［34］Chen, S., Qiu, J., Arsenault, C., & Larivière, V. 2021. Exploring the interdisciplinarity patterns of highly cited papers [J]. *Journal of Informetrics* 15(1): 101124.

［35］Chen, Y., Yu, B., Zhang, X., & Yu, Y. 2016. Topic modeling for evaluating students' reflective writing [A]. In D. Gašević, G. Lynch, S. Dawson, H. Drachsler, & C. Penstein Rosé (Eds.), *Proceedings of the Sixth International Conference on Learning Analytics & Knowledge – LAK'16* [C]. 1 – 5.

［36］Cho, D., & Wallraven, C. 2022. Paperswithtopic: Topic identification from paper title only [A]. In *Asian Conference on Pattern Recognition* [C]. 254 – 267. New York: Springer.

［37］Choi, K., & Stephen, D. J. 2019. A trend analysis on concreteness of popular song lyrics [A]. In D. Rizo (Ed.), *6th International Conference on Digital Libraries for Musicology* [C]. 43 –52.

［38］Choudhury, M. de, Counts, S., & Horvitz, E. 2013. Predicting postpartum changes in emotion and behavior via social media [A]. In *Proceedings of the SIGCHI Conference on Human Factors in Computing Systems* [C]. 3267 – 3276.

［39］Christenson, P. G., Haan-Rietdijk, S. de, Roberts, D. F., & Bogt, T. F. 2019. What has America been singing about? Trends in themes in the U. S. top – 40 songs: 1960 – 2010 [J]. *Psychology of Music* 47(2): 194 – 212.

［40］Climent, S., & Coll-Florit, M. 2021. All you need is love: metaphors of love in 1946 – 2016 Billboard year-end number-one songs [J]. *Text & Talk* 41(4): 469 – 491.

［41］Coleman, J. S. 1961. *The Adolescent Society* [M]. New York: Free Press of Glencoe.

［42］Covington, M. A., Potter, I., & Snodgrass, T. 2015. Stylometric classification of different translations of the same text into the same language [J]. *Digital Scholarship in the Humanities* 30(3): 322 – 325.

［43］D'Andrea, A., Ferr, F., Grifoni, P., & Guzzo, T. 2015. Approaches, tools and applications for sentiment analysis implementation [J]. *International Journal of Computer Applications* 125(3): 26 – 33.

［44］Dale, E., & Chall, J. S. 1948. The concept of readability. *Elementary English* 26(1): 19 –

26.

[45] Darwich, M., Noah, S. A. M., & Omar, N. 2016. Automatically generating a sentiment lexicon for the Malay language [J]. *Asia-Pacific Journal of Information Technology and Multimedia* 5(1): 49 – 59.

[46] Daud, A., Amjad, T., Siddiqui, M. A., Aljohani, N. R., Abbasi, R. A., & Aslam, M. A. 2019. Correlational analysis of topic specificity and citations count of publication venues [J]. *Library Hi Tech* 37(1): 8 – 18.

[47] Dawson, R. 2011. How significant is a boxplot outlier? [J]. *Journal of Statistics Education* 19 (2).

[48] Deerwester, S., Dumais, S. T., Furnas, G. W., Landauer, T. K., & Harshman, R. 1990. Indexing by latent semantic analysis [J]. *Journal of the American Society for Information Science* 41(6): 391 – 407.

[49] Demiray, Ç. K., & Gençöz, T. 2018. Linguistic reflections on psychotherapy: Change in usage of the first person pronoun in information structure positions [J]. *Journal of Psycholinguistic Research* 47(4): 959 – 973.

[50] Deveaud, R., SanJuan, E., & Bellot, P. 2014. Accurate and effective latent concept modeling for ad hoc information retrieval [J]. *Document Numérique* 17(1): 61 – 84.

[51] Dolnicar, S., & Chapple, A. 2015. The readability of articles in tourism journals [J]. *Annals of Tourism Research* 52: 161 – 166.

[52] Dukes, R. L., Bisel, T. M., Borega, K. N., Lobato, E. A., & Owens, M. D. 2003. Expressions of love, sex, and hurt in popular songs: a content analysis of all-time greatest hits [J]. *The Social Science Journal* 40(4): 643 – 650.

[53] Eichstaedt, J. C., Smith, R. J., Merchant, R. M., Ungar, L. H., Crutchley, P., Preoţiuc-Pietro, D., Asch, D. A., & Schwartz, H. A. 2018. Facebook language predicts depression in medical records [A]. In Proceedings of the National Academy of Sciences of the United States of America [C]. 11203 – 11208.

[54] European Commission. 2001. Towards a European research area, key figures 2001 – indicators for benchmarking of national research policies [R]. Ministry of Education, Science and Sport.

[55] Fang, D., Yang, H., Gao, B., & Li, X. 2018. Discovering research topics from library electronic references using latent Dirichlet allocation [J]. *Library Hi Tech* 36(3): 400 – 410.

[56] Fang, X., & Zhan, J. 2015. Sentiment analysis using product review data [J]. *Journal of Big Data* 2(1): 1 – 14.

[57] Feldman, R. 2013. Techniques and applications for sentiment analysis [J]. *Communications of the ACM* 56(4): 82 – 89.

[58] Feng, S., Song, K., Wang, D., & Yu, G. 2015. A word-emoticon mutual reinforcement ranking model for building sentiment lexicon from massive collection of microblogs [J]. *World Wide Web* 18(4): 949 – 967.

[59] Fitzsimmons, P. R., Michael, B. D., Hulley, J. L., & Scott, G. O. 2010. A readability assessment of online Parkinson's disease information [J]. *The Journal of the Royal College of Physicians of Edinburgh* 40(4): 292 – 296.

［60］ Flesch, R. 1948. A new readability yardstick [J]. *Journal of Applied Psychology* 32(3): 221.

［61］ Franck, J. , Soare, G. , Frauenfelder, U. H. , & Rizzi, L. 2010. Object interference in subject－verb agreement: The role of intermediate traces of movement [J]. *Journal of Memory and Language* 62(2): 166－182.

［62］ Frith, S. 2004. *Popular Music: Critical Concepts in Media and Cultural Studies* [M]. Sussex: Psychology Press.

［63］ Gazni, A. 2011. Are the abstracts of high impact articles more readable? Investigating the evidence from top research institutions in the world. Are the abstracts of high impact articles more readable? Investigating the evidence from top research institutions in the world [J]. *Journal of Information Science* 37(3): 273－281.

［64］ Ghosh, D. , & Vogt, A. 2012. Outliers: An evaluation of methodologies [A]. In *Joint Statistical Meetings* [C].

［65］ Gogtay, N. J. , & Thatte, U. M. 2017. Principles of correlation analysis [J]. *Journal of the Association of Physicians of India* 65(3): 78－81.

［66］ Gries, S. T. 2008. Dispersions and adjusted frequencies in corpora [J]. *International Journal of Corpus Linguistics* 13(4): 403－437.

［67］ Guo, F. , Ma, C. , Shi, Q. , & Zong, Q. 2018. Succinct effect or informative effect: the relationship between title length and the number of citations [J]. *Scientometrics* 116(3): 1531－1539.

［68］ Hawkins, D. M. 1980. *Identification of outliers* [M]. London: Chapman and Hall.

［69］ Hartley, J. , Sotto, E. , & Pennebaker, J. 2002. Style and substance in psychology: Are influential articles more readable than less influential ones? [J]. *Social Studies of Science*, 32(2): 321－334.

［70］ Hayles, N. K. 2012. How we think: Transforming power and digital technologies [A]. In D. M. Berry (Ed.), Understanding Digital Humanities [C]. 42－66. New York: Palgrave Macmillan.

［71］ Herbert, C. , Bendig, E. , & Rojas, R. 2018. My sadness-our happiness: Writing about positive, negative, and neutral autobiographical life events reveals linguistic markers of self-positivity and individual well-being [J]. *Frontiers in Psychology* 9: 2522.

［72］ Hirsch, J. E. 2005. An index to quantify an individal's scientific research output. *PNAS* 102(46): 16569－16572.

［73］ Hockey, S. 2004. The history of humanities computing [A]. In S. Schreibman, R. Siemens, & J. Unsworth. (Eds.). *A Companion to Digital Humanities* [C]. 1－19. New Jersey: John Wiley & Sons.

［74］ Hofmann, T. 1999. Probabilistic latent semantic indexing [J]. In *Proceedings of the 22nd annual international ACM SIGIR conference on Research and development in information retrieval* [C]. 50－57.

［75］ Howell, D. C. , Rogier, M. , Yzerbyt, V. , & Bestgen, Y. 1998. *Statistical Methods in Human Sciences* [M]. New York: Wadsworth.

［76］ Hu, M. , & Liu, B. 2004. Mining and summarizing customer reviews [A]. In *Proceedings of the Tenth ACM SIGKDD International Conference on Knowledge Discovery and Data Mining* [C]. 168 – 177.

[77] Hu, Y. -H. , Tai, C. -T. , Liu, K. E. , & Cai, C. -F. 2020. Identification of highly-cited papers using topic-model-based and bibliometric features: the consideration of keyword popularity [J]. *Journal of Informetrics* 14(1): 101004.

[78] Huber, P. J. 1981. *Robust Statistics* [M]. New Jersey: John Wiley.

[79] Hudson, R. A. 2010. *An Introduction to Word Grammar* [M]. Cambridge textbooks in linguistics [M]. Cambridge: Cambridge University Press.

[80] Hull, M. 2021. Anxiety disorders facts and statistics [OL]. The Recovery Village. https://www. therecoveryvillage. com/mental-health/anxiety/related/anxiety-disorder-statistics/#: ~: text = According% 20to% 20the% 20World% 20Health% 20Organization% 2C% 203. 6% 20percent, are% 20affected% 20by% 20anxiety. % 20Statistics% 20on% 20Anxiety% 20Treatment.

[81] Hunter, M. 2011. Shake it, baby, shake it: Consumption and the new gender relation in hip-hop [J]. *Sociological Perspectives* 54(1): 15 – 36.

[82] Ivanović, L. , & Ho, Y. -S. 2019. Highly cited articles in the Education and Educational Research category in the Social Science Citation Index: A bibliometric analysis [J]. *Educational Review* 71(3): 277 – 286.

[83] Jacobi, C. , Van Atteveldt, W. , & Welbers, K. 2016. Quantitative analysis of large amounts of journalistic texts using topic modelling [J]. *Digital Journalism* 4(1): 89 – 106.

[84] Jacques, T. S. , & Sebire, N. 2010. The impact of article titles on citation hits: an analysis of general and specialist medical journals [J]. *Journal of the Royal Society of Medicine* 1(1): 1 – 5.

[85] Jensen, K. E. 2014. Linguistics in the digital humanities: (computational) corpus linguistics [J]. *MedieKultur: Journal of Media and Communication Research* 30(57): 115 – 134.

[86] Jockers, M. 2017. Syuzhet(Version 1. 04) [Computer software](DB). https://github. com/mjockers/syuzhet.

[87] Juilland, A. G. , Brodin, D. , Davidovitch, C. , & IGNATIUS, M. A. 1970. *Frequency Dictionary of French Words* [M]. Berlin: Mouton de Gruyter.

[88] Kahn, J. H. , Tobin, R. M. , Massey, A. E. , & Anderson, J. A. 2007. Measuring emotional expression with the linguistic inquiry and word count [J]. *The American Journal of Psychology* 120(2): 263.

[89] Kaiser, J. 2014. Dealing with missing values in data [J]. *Journal of Systems Integration* 5(1): 42 – 51.

[90] Kaity, M. , & Balakrishnan, V. 2020. Sentiment lexicons and non-English languages: A survey [J]. *Knowledge and Information Systems* 6(2): 4445 – 4480.

[91] Kim, K. , Choi, S. , Lee, J. , & Sea, J. 2019. Differences in linguistic and psychological characteristics between suicide notes and diaries [J]. *The Journal of General Psychology* 146(4): 391 – 416.

[92] Kim, T. K. 2015. T test as a parametric statistic [J]. *Korean Journal of Anesthesiology* 68(6): 540 – 546.

[93] Kirschenbaum, M. 2012. What is digital humanities and what's it doing in English departments? [A]. In M. K. Gold(Ed.), *Debates in the Digital Humanities* [C]. 3 – 11. Minnesota: University of Minnesota Press.

[94] Klare, G. R. 1963. *Measurement of Readability* [M]. Iowa State: The Iowa State University Press.

[95] Kontostathis, A. , & Pottenger, W. M. 2006. A framework for understanding Latent Semantic Indexing(LSI) performance [J]. *Information Processing & Management* 42(1): 56 – 73.

[96] Kullback, S. , & Richard A. Leibler 1951. On information and sufficiency [J]. *The Annals of Mathematical Statistics* 22(1): 79 – 86.

[97] Kyle, K. 2016. *Measuring syntactic Development in L2 Writing: Fine Grained Indices of Syntactic Complexity and Usage-based Indices of Syntactic Sophistication* [D]. Atlanta: Georgia State University.

[98] Kyle, K. , & Crossley, S. A. 2015. Automatically assessing lexical sophistication: Indices, tools, findings, and application [J]. *TESOL Quarterly* 49(4): 757 – 786.

[99] Lai, C. -L. 2020. Trends of mobile learning: A review of the top 100 highly cited papers [J]. *British Journal of Educational Technology* 51(3): 721 – 742.

[100] Larson, M. G. 2008. Analysis of variance [J]. *Circulation* 117(1): 115 – 121.

[101] Leavey, G. , Loewenthal, K. , & King, M. 2016. Locating the social origins of mental illness: The explanatory models of mental illness among clergy from different ethnic and faith backgrounds [J]. *Journal of Religion and Health* 55(5): 1607 – 1622.

[102] Lei, L. , Deng, Y. , & Liu, D. 2020. Examining research topics with a dependency-based noun phrase extraction method: a case in accounting [J]. *Library Hi Tech* 1 – 13.

[103] Lei, L. , & Jockers, M. L. 2020. Normalized dependency distance: Proposing a new measure [J]. *Journal of Quantitative Linguistics* 27(1): 62 – 79.

[104] Lei, L. , & Liu, D. 2018. The academic English collocation list [J]. *International Journal of Corpus Linguistics* 23(2): 216 – 243.

[105] Lei, L. , & Liu, D. 2021. *Conducting Sentiment Analysis* [M]. Cambridge: Cambridge University Press.

[106] Lei, L. , & Wen, J. 2020. Is dependency distance experiencing a process of minimization? A diachronic study based on the State of the Union addresses [J]. *Lingua* 239: 102762.

[107] Lei, L. , & Yan, S. 2016. Readability and citations in information science: evidence from abstracts and articles of four journals(2003 – 2012) [J]. *Scientometrics* 108(1): 1155 – 1169.

[108] Leksin, V. A. 2009. Symmetrization and overfitting in probabilistic latent semantic analysis [J]. *Pattern Recognition and Image Analysis* 19(4): 565 – 574.

[109] Lepa, S. , Steffens, J. , Herzog, M. , & Egermann, H. 2020. Popular Music as Entertainment Communication: How perceived semantic expression explains liking of previously unknown music [J]. *Media and Communication* 8(3): 191 – 204.

[110] Letchford, A. , Moat, H. S. , & Preis, T. 2015. The advantage of short paper titles [J]. *Royal Society Open Science* 2(8): 150266.

[111] Leys, C. , Ley, C. , Klein, O. , Bernard, P. , & Licata, L. 2013. Detecting outliers: Do

not use standard deviation around the mean, use absolute deviation around the median [J]. *Journal of Experimental Social Psychology* 49(4): 764 – 766.

[112] Li, X., & Lei, L. 2021. A bibliometric analysis of topic modelling studies(2000 – 2017) [J]. *Journal of Information Science* 47(2): 161 – 175.

[113] Liu, D., & Lei, L. 2018. The appeal to political sentiment: An analysis of Donald Trump's and Hillary Clinton's speech themes and discourse strategies in the 2016 US presidential election [J]. *Discourse, Context & Media* 25: 143 – 152.

[114] Liu, K., Liu, Z, & Lei, L. 2022. Simplification in translated Chinese: An entropy-based approach [J]. *Lingua* 275: 103364.

[115] Liu, H., Hudson, R., & Feng, Z. 2009. Using a Chinese treebank to measure dependency distance [J]. *Corpus Linguistics and Linguistic Theory* 5(2): 161 – 175.

[116] Liu, H., Xu, C., & Liang, J. 2017. Dependency distance: A new perspective on syntactic patterns in natural languages [J]. *Physics of Life Reviews* 21: 171 – 193.

[117] Longhurst, B., & Bogdanović, D. 2014. *Popular Music and Society* (3rd edition) [M]. Cambridge: Polity Press.

[118] Love, R., Abi, H., & Andrew, H. 2017. *The British National Corpus 2014: User Manual and Reference Guide* (version 1.0) [M]. ESRC Centre for Corpus Approaches to Social Science, Lancaster.

[119] Lu, X. 2010. Automatic analysis of syntactic complexity in second language writing [J]. *International Journal of Corpus Linguistics* 15(4): 474 – 496.

[120] Lupton, D. 2015. *Digital Sociology* [M]. New York: Routledge Taylor & Francis Group.

[121] Lyons, M., Aksayli, N. D., & Brewer, G. 2018. Mental distress and language use: Linguistic analysis of discussion forum posts [J]. *Computers in Human Behavior* (87): 207 – 211.

[122] Madanikia, Y., & Bartholomew, K. 2014. Themes of lust and love in popular music lyrics from 1971 to 2011 [J]. *SAGE Open* 4(3): 215824401454717.

[123] Mäntylä, M. V., Graziotin, D., & Kuutila, M. 2018. The evolution of sentiment analysis— A review of research topics, venues, and top cited papers [J]. *Computer Science Review* 27: 16 – 32.

[124] Marroquín, A., & Cole, J. H. 2015. Economical writing(or, "Think Hemingway") [J]. *Scientometrics* 103(1): 251 – 259.

[125] Matza, D. 1964. Position and behavior patterns of youth [A]. In R. E. Faris (Ed.), *Handbook of Modern Sociology* [C]. Jefferson City: Rand McNally.

[126] Maulud, D. H., Zeebaree, S. R. M., Jacksi, K., Sadeeq, M. A. M., & Sharif, K. H. 2021. State of art for semantic analysis of natural language processing [J]. *Qubahan Academic Journal* 1(2): 21 – 28.

[127] McEnery, T., Brezina, V., Gablasova, D., & Banerjee, J. 2019. Corpus linguistics, learner corpora, and SLA: Employing technology to analyze language use [J]. *Annual Review of Applied Linguistics* (39): 74 – 92.

[128] McLaughlin, G. H. 1969. SMOG grading-a new readability formula [J]. *Journal of Reading*

12(8): 639 – 646.

[129] Meho, L. I. 2007. The rise and rise of citation analysis [J]. *Physics World* 20(1): 32 – 36.

[130] Miller, J. 1991. Reaction time analysis with outlier exclusion: Bias varies with sample size [J]. *The Quarterly Journal of Experimental Psychology* 43(4): 907 – 912.

[131] Mohammad, S., & Turney, P. 2010. Emotions evoked by common words and phrases: Using mechanical turk to create an emotion lexicon [A]. In D. Inkpen & S. Szpakowicz (Eds.), *Proceedings of the NAACL HLT 2010 Workshop on Computational Approaches to Analysis and Generation of Emotion in Text* [C]. 26 – 34.

[132] Mojtabai, R., Olfson, M., & Han, B. 2016. National trends in the prevalence and treatment of depression in adolescents and young adults [J]. *Pediatrics* 138(6): e20161878.

[133] Moser, B. K., & Stevens, G. R. 1992. Homogeneity of variance in the two-sample means test [J]. *The American Statistician*, 46(1), 19 – 21.

[134] Mosteller, F., Hamilton, A., & WALLACE, D. L. 1964. *Inference and Disputed Authorship: The Federalist* [M]. New Jersey: Addison-Wesley Publishing Co.

[135] Mukhtar, N., Khan, M. A., & Chiragh N. 2018. Lexicon-based approach outperforms Supervised Machine Learning approach for Urdu Sentiment Analysis in multiple domains [J]. *Telematics and Informatics* 35(8): 2173 – 2183.

[136] Murzintcev, N. 2020. Select Number of Topics for Lda Model [OL]. https://cran. r-project. org/web/packages/ldatuning/vignettes/topics. html

[137] Nielsen, F. Å. 2011. A new ANEW: Evaluation of a word list for sentiment analysis in microblogs. In M. Rowe, M. Stankovic, A. -S. Dadzie, & M. Hardey (Eds.), *Proceedings of the ESWC2011 Workshop on "Making Sense of Microposts": Big things come in small packages*. 93 – 98.

[138] Nivre, J. 2005. Dependency grammar and dependency parsing [J]. MSI Report 5133 (1959): 1 – 32.

[139] Oakes, M. P. 1998. Statistics for corpus linguistics [A]. In A. McEnery & A. Wilson. (Eds.). *Edinburgh Textbooks in Empirical Linguistics* [C]. Edinburgh: Edinburgh University Press.

[140] Ozge, S., & Ayhan Balik, C. H. 2021. The impact of COVID – 19 pandemic on people with severe mental illness [J]. *Perspectives in Psychiatric Care* 57(2): 953 – 956.

[141] Paiva, C. E., Lima, J. P. S. N., & Paiva, B. S. R. 2012. Articles with short titles describing the results are cited more often [J]. *Clinics*(67): 509 – 513.

[142] Papadimitriou, C., Raghavan, P., Tamaki, H., & Vempala, S. 1998. Latent Semantic Indexing: A probabilistic analysis [A]. In *Proceedings of the seventeenth ACM SIGACT – SIGMOD – SIGART symposium on Principles of database systems* [C]. 159 – 168.

[143] Pascucci, A., Masucci, V., & Monti, J. 2019. Computational stylometry and machine learning for gender and age detection in cyberbullying texts [A]. In *8th International Conference on Affective Computing and Intelligent Interaction Workshops and Demos* [C].

[144] Pennebaker, J. W., Francis, M. E., & Booth, R. J. 2001. Linguistic inquiry and word count: LIWC 2001 [J]. *Mahway: Lawrence Erlbaum Associates* 7(1).

[145] Pennebaker, J. W., Mehl, M. R., & Niederhoffer, K. G. 2003. Psychological aspects of natural language use: Our words, our selves [J]. *Annual Review of Psychology* 54: 547 – 577.

[146] Peters, E., Noreillie, A. -S., Heylen, K., Bultéa, B., & Desmeta, P. 2019. The impact of instruction and out-of-school exposure to FL input on learners' vocabulary knowledge in two languages [J]. *Language Learning* 69(3): 747 – 782.

[147] Pettijohn, T. F., & Sacco, D. F. 2009a. The language of lyrics [J]. *Journal of Language and Social Psychology* 28(3): 297 – 311.

[148] Pettijohn, T. F., & Sacco, D. F. 2009b. Tough times, meaningful music, mature performers: popular Billboard songs and performer preferences across social and economic conditions in the USA [J]. *Psychology of Music* 37(2): 155 – 179.

[149] Plisson, J., Lavrac, N., & Mladenic, D. 2004. A rule based approach to word lemmatization [A]. *In Proceedings of IS* [C]. 83 – 86.

[150] Pulverman, C. S., Lorenz, T. A., & Meston, C. M. 2015. Linguistic changes in expressive writing predict psychological outcomes in women with history of childhood sexual abuse and adult sexual dysfunction [J]. *Psychological Trauma: Theory, Research, Practice, and Policy* 7(1): 50.

[151] Rinker, T. 2018. Sentimentr(Version 2. 6. 1) [Computer software] [DB]. https://github. com/trinker/sentimentr

[152] Rude, S., Gortner, E. -M., & Pennebaker, J. 2004. Language use of depressed and depression-vulnerable college students [J]. *Cognition & Emotion* 18(8): 1121 – 1133.

[153] Sagi, I., & Yechiam, E. 2008. Amusing titles in scientific journals and article citation [J]. *Journal of Information Science* 34(5): 680 – 687.

[154] Savoy, J. 2020. *Machine Learning Methods for Stylometry: Authorship Attribution and Author Profiling* [M]. New York: Springer International Publishing.

[155] Sawyer, A. G., Laran, J., & Xu, J. 2008. The readability of marketing journals: Are award-winning articles better written? [J]. *Journal of Marketing* 72(1): 108 – 117.

[156] Schellenberg, E. G., & Scheve, C. 2012. Emotional cues in American popular music: Five decades of the Top 40 [J]. *Psychology of Aesthetics, Creativity, and the Arts* 6(3): 196 – 203.

[157] Schnapp, J., Lunenfeld, P., & Presner, T. 2010. Digital Humanities 2. 0: A Report on Knowledge [R]. https://www.digitalmanifesto.net/manifestos/17/

[158] Sears, P. M., Pomerantz, A. M., Segrist, D. J., & Rose, P. 2011. Beliefs about the biological(vs. nonbiological) origins of mental illness and the stigmatization of people with mental illness [J]. *American Journal of Psychiatric Rehabilitation* 14(2): 109 – 119.

[159] Shannon, C. E. 1948. A mathematical theory of communication. [J]*Bell System Technical* 27 (3): 379 – 423.

[160] Shannon, C. E. 1951. Prediction and entropy of printed English [J]. *Bell System Technical* (30): 50 – 64.

[161] Shi, Y., & Lei, L. 2020. The evolution of LGBT labelling words: tracking 150 years of the interaction of semantics with social and cultural changes [J]. *English Today* 37(4): 33 – 39.

[162] Shi, Y., & Lei, L. 2021. Lexical use and social class: A study on lexical richness, word

length, and word class in spoken English [J]. *Lingua* 262: 103155.

[163] Shi, Y., & Lei, L. 2022. Lexical richness and text length: An entropy-based perspective [J]. *Journal of Quantitative Linguistics* 29(1): 62 – 79.

[164] Sharpe, D. 2015. Chi-square test is statistically significant: Now what?. *Practical Assessment, Research, and Evaluation* 20(1): 8.

[165] Simar, L., & Wilson, P. W. 2002. Non-parametric tests of returns to scale [J]. *European Journal of Operational Research* 139(1): 115 – 132.

[166] Singhi, A., & Brown, D. G. 2014. Hit song detection using lyric features alone [A]. In *Proceedings of 15th International Society for Music Information Retrieval(Vol. 30)* [C].

[167] Stone, P. J., Dunphy, D. C., & Smith, M. S. S. 1966. *The General Inquirer: A Computer Approach to Content Analysis* [M]. Massachusetts: M. I. T. Press.

[168] Straka, M., & Straková, J. 2017. Tokenizing, pos tagging, lemmatizing and parsing ud 2. 0 with udpipe [A]. In *Proceedings of the CoNLL 2017 shared task: Multilingual Parsing from raw text to universal dependencies* [C]. 88 – 99.

[169] Stremersch, S., Verniers, I., & Verhoef, P. C. 2007. The quest for citations: Drivers of article impact [J]. *Journal of Marketing* 71(3): 171 – 193.

[170] Sula, C. A., & Hill, H. V. 2019. The early history of digital humanities: An analysis of Computers and the Humanities(1966 – 2004) and Literary and Linguistic Computing(1986 – 2004) [J]. *Digital Scholarship in the Humanities* 38(4): 190 – 206.

[171] Sun, J., & Ryder, A. G. 2016. The Chinese experience of rapid modernization: Sociocultural changes, psychological consequences? [J]. *Frontiers in Psychology* (7): 477.

[172] Taboada, M., Brooke, J., Tofiloski, M., Voll, K., & Stede, M. 2011. Lexicon-based methods for sentiment analysis [J]. *Computational Linguistics* 37(2): 267 – 307.

[173] Tahamtan, I., Safipour Afshar, A., & Ahamdzadeh, K. 2016. Factors affecting number of citations: a comprehensive review of the literature [J]. *Scientometrics* 107(3): 1195 – 1225.

[174] Tankut, Ü., Esen, M. F., & Balaban, G. 2022. Analysis of tweets regarding psychological disorders before and during the COVID – 19 pandemic: The case of Turkey [J]. *Digital Scholarship in the Humanities* 37(4): 1269 – 1280.

[175] Taşkin, Z., & Al, U. 2018. A content-based citation analysis study based on text categorization [J]. *Scientometrics* 114(1): 335 – 357.

[176] Tausczik, Y. R., & Pennebaker, J. W. 2010. The psychological meaning of words: LIWC and computerized text analysis methods [J]. *Journal of Language and Social Psychology* 29 (1): 24 – 54.

[177] Terras, M. M., Nyhan, J., & Vanhoutte, E. 2013. *Defining Digital Humanities: A Reader* [M]. New York: Routledge.

[178] Thaller, M. 2012. Controversies around the digital humanities: An agenda [J]. *Historical Social Research/Historische Sozialforschung* 37(3): 7 – 23.

[179] Trick, L., Watkins, E., Windeatt, S., & Dickens, C. 2016. The association of perseverative negative thinking with depression, anxiety and emotional distress in people with long term conditions: A systematic review [J]. *Journal of Psychosomatic Research* 91: 89 –

参考文献 **325**

101.

[180] Trotzek, M. , Koitka, S. , & Friedrich, C. M. 2020. Utilizing neural networks and linguistic metadata for early detection of depression indications in text sequences [J]. *IEEE Transactions on Knowledge and Data Engineering* 32(3): 588 – 601.

[181] Tsugawa, S. , Kikuchi, Y. , Kishino, F. , Nakajima, K. , Itoh, Y. , & Ohsaki, H. 2015. Recognizing Depression from Twitter Activity [A]. In *Proceedings of the 33rd Annual ACM Conference on Human Factors in Computing Systems* [C]. 3187 – 3196.

[182] Van Gompel, R. P. , & Pickering, M. J. 2007. Syntactic parsing [A]. In P. , Levelt, & A. Caramazza, *The Oxford Handbook of Psycholinguistics* [C]. 289 – 307. Oxford: Oxford University Press.

[183] Van Wesel, M. , Wyatt, S. , & Haaf, J. 2014. What a difference a colon makes: How superficial factors influence subsequent citation [J]. *Scientometrics* 98(3): 1601 – 1615.

[184] Varnum, M. E. W. , Krems, J. A. , Morris, C. , Wormley, A. , & Grossmann, I. 2021. Why are song lyrics becoming simpler? A time series analysis of lyrical complexity in six decades of American popular music [J]. *PloS One* 16(1): e0244576.

[185] Vintzileos, A. M. , & Ananth, C. V. 2010. How to write and publish an original research article [J]. *American Journal of Obstetrics and Gynecology* 202(4): 341 – 346.

[186] Wang, R. , Huang, S. , Zhou, Y. , & Cai, Z. G. 2020. Chinese character handwriting: A large-scale behavioral study and a database [J]. *Behavior Research Methods* 52(1): 82 – 96.

[187] Wang, X. , Tan, X. , & Li, H. 2020. The evolution of digital humanities in China [J]. *Library Trends* 69(1): 7 – 29.

[188] Wen, J. , & Lei, L. 2022. Linguistic positivity bias in academic writing: A large-scale diachronic study in life sciences across 50 years [J]. *Applied Linguistics* 43(2): 340 – 364.

[189] Whitburn, J. 2010. *The Billboard Book of Top 40 Hits*(9th ed. , rev. and expanded.) [M]. Billboard.

[190] White, W. C. , Pater, J. , & Breen, M. 2022. A comparative analysis of melodic rhythm in two corpora of American popular music [J]. *Journal of Mathematics and Music* 16(2): 160 – 182.

[191] Wickham, H. 2009. *ggplot2: Elegant Graphics for Data Analysis*. New York: Springer.

[192] Woolfson, A. 2019. The biological basis of mental illness [J]. *Nature* 566(7743): 180 – 181.

[193] World Health Organization. 2017. Depression and Other Common Mental Disorders: Global Health Estimates [Press release]. https://www. who. int/westernpacific/health-topics/ mental-health#

[194] World Health Organization. 2022. COVID – 19 pandemic triggers 25% increase in prevalence of anxiety and depression worldwide [Press release]. https://www. who. int/news/item/02- 03-2022-covid-19-pandemic-triggers-25-increase-in-prevalence-of-anxiety-and-depression- worldwide

[195] Yitzhaki, M. 2002. Relation of the title length of a journal article to the length of the article [J]. *Scientometrics* 54(3): 435 – 447.

[196] Yu, J., Gloria C., & Ying, L. F. 2015. An analysis of repetitive motifs and their listening duration in selected western popular songs from 2000 to 2013 [A]. In *Procedia-Social and Behavioral Sciences* [C]. (185): 18 - 22.

[197] Zhang, H., Gan, W., & Jiang, B. 2014. Machine learning and lexicon based methods for sentiment classification: A survey [A]. In L. O'Conner(Ed.), *11th web information system and application conference* [C]. 262 - 265.

[198] Zhang, T., Schoene, A.M., Ji, S., & Ananiadou, S. 2022. Natural language processing applied to mental illness detection: A narrative review [J]. *NPJ Digital Medicine* 5(1): 1 - 13.

[199] Zhu, H., Lei, L., & Craig, H. 2021. Prose, verse and authorship in Dream of the Red Chamber: A stylometric analysis [J]. *Journal of Quantitative Linguistics* 28(4): 289 - 305.

[200] Zhu, X., Turney, P., Lemire, D., & Vellino, A. 2015. Measuring academic influence: Not all citations are equal [J]. *Journal of the Association for Information Science and Technology* 66(2): 408 - 427.

[201] Zimmermann, J., Brockmeyer, T., Hunn, M., Schauenburg, H., & Wolf, M. 2017. First-person pronoun use in spoken language as a predictor of future depressive symptoms: Preliminary evidence from a clinical sample of depressed patients [J]. *Clinical Psychology and Psychotherapy* 24(2): 384 - 391.

[202] Zinsser, W. K. 2021. *On Writing Well: The Classic Guide to Writing Nonfiction* [M]. New York: Harper Perennial.

[203] Zunic, A., Corcoran, P., & Spasic, I. 2020. Sentiment analysis in health and well-being: Systematic review [J]. *JMIR Medical Informatics* 8(1): e16023.

[204] 陈静. 2018. 当下中国"数字人文"研究状况及意义[J]. 山东社会科学 7:59 - 63.

[205] 戴炜栋,胡壮麟,王初明,李宇明,文秋芳,黄国文,& 王文斌. 2020. 新文科背景下的语言学跨学科发展[J]. 外语界(4):2 - 9+27.

[206] 葛诗利. 2010. 语料库间词汇差异的统计方法研究[J]. 现代外语 33(3):249 - 256.

[207] 雷蕾. 2020. 基于 Python 的语料库数据处理[M]. 北京:科学出版社.

[208] 雷蕾. 2023. 语言数字人文:"小帐篷"理论框架[J]. 外语与外语教学.

[209] 刘海涛. 2021. 数据驱动的应用语言学研究[J]. 现代外语(双月刊)7(4):462 - 469.

[210] 刘海涛. 2022. 数智时代语言研究的挑战与机遇[OL]. 中国社会科学报 008.

[211] 邱均平,吕红. 2013. 近五年国际图书情报学研究热点,前沿及其知识基础——基于 17 种外文期刊知识图谱的可视化分析[J]. 图书情报知识(3):4 - 15.

[212] 王晓光. 2009. "数字人文"的产生、发展与前沿[OL]. https://blog.sciencenet.cn/blog-67855-275758.html

[213] 陈大康. 1987. 从数理语言学看后四十回的作者——与陈炳藻先生商榷[J]. 红楼梦学刊(01):293 - 318.

[214] 高丹,何琳. 2022. 数智赋能视域下的数字人文研究:数据、技术与应用. 图书馆论坛:1 - 13.

[215] 秦洪武. 2021. 数字人文中的文学话语研究—理论和方法[J]. 中国外语(3):98 - 105.

[216] 王贺. 2020. "数字人文"取向的中国现代文学研究:问题与方法[J]. 文艺理论与批评

（2）:33 – 38.

[217] 王丽华,刘炜. 2021a. 助力与借力:数字人文与新文科建设[J]. 南京社会科学(7):
130 – 138.

[218] 王丽华,刘炜. 2021b. 数字人文理论建构与学科建设—读《数字人文:数字时代的知识与
批判》[J]. 数字人文研究(1):1 – 16.

[219] 王军,张力元. 2020. 国际数字人文进展研究[J]. 数字人文(1):1 – 23.

[220] 徐彤阳,王霞. 2021. 语料库语言学视域下数据驱动的数字人文研究——以《数字人文季
刊》为例[J]. 图书馆论坛 41(10):90 – 99.

[221] 许余龙,刘海涛,刘正光. 2020. 关于语言研究的理论与方法[J]. 外语教学与研究(01):
3 – 11.

[222] 张品慧,李旺,许鑫. 2021. 学科融合背景下的数字人文能否成为独立学科?[J]. 图书馆
论坛:1 – 11.